Leitfaden der Mechanik für Maschinenbauer

Mit zahlreichen Beispielen für den Selbstunterricht

Von

Professor Dr.-Ing. Karl Laudien

Oberstudiendirektor der Staatlichen Höheren Maschinenbau-, Schiffsingenieur-
und Seemaschinistenschule in Stettin

Erstes Heft
Statik und Dynamik

Zweite, vermehrte und verbesserte Auflage

Mit 246 Textabbildungen

Berlin
Verlag von Julius Springer
1927

ISBN-13:978-3-642-90023-5 e-ISBN-13:978-3-642-91880-3

DOI: 10.1007/978-3-642-91880-3

Aus dem Vorwort zur ersten Auflage.

Das vorliegende Buch ist aufgebaut auf den Vorträgen, die ich in Mechanik an einer staatlichen höheren Maschinenbauschule gehalten habe. Sie geben in erweiterter Form dasjenige, was ich meinen Hörern diktiert habe.

Der Umstand, daß das Diktieren viel Zeit kostet und daß es überhaupt nicht möglich ist, im Diktat auch nur annähernd so viel zu geben, daß ein Schüler, der einen Teil hat versäumen müssen, die Möglichkeit des selbständigen Nachholens in diesem Diktat fände, hat mich veranlaßt, das Buch herauszugeben. Ich habe im Laufe der letzten 15 Jahre wiederholt Kollegen aufgefordert, an die Herausgabe ihrer Ausarbeitungen zu gehen. Ich habe einen Erfolg damit nicht erzielt. So habe ich mich selbst entschlossen, dieses Buch herauszugeben.

Es bedarf nicht der besonderen Betonung, daß sich das Buch auf fremde Arbeit stützt. Im Laufe der Jahre habe ich alle mir vorkommenden Veröffentlichungen, welche das engbegrenzte Gebiet eines Lehrbuchs der Mechanik behandeln, durchgesehen, um für Aufbau des Ganzen und den Ausbau im Einzelnen Anregungen zu gewinnen. Ich will auch nicht unerwähnt lassen, daß sich das Ganze in weitgehendem Grade an das anschließt, was in der Hagener Schule, in die ich vor nunmehr 18 Jahren eintrat, damals von sämtlichen Kollegen gelehrt wurde. Daß ich bei dieser Anordnung geblieben bin, ist nicht darauf zurückzuführen, daß ich die andere Anordnungsart — Nachstellen der beschleunigten Bewegung und Behandlung der Gesetze von der Trägheit der Masse im Kapitel Dynamik — nicht kenne oder für falsch halte. Ich verhehle mir nicht die Vorzüge, welche dieser andere Aufbau hat. Trotzdem habe ich an der alten Anordnung festgehalten.

Ich glaube das Buch so aufgebaut zu haben, daß es sehr wohl auch dann zur Begleitung des Unterrichts dienen kann, wenn der Lehrer den anderen Weg geht. Es stehen die Teile, um deren gegenseitige Lage der Streit geht, in ihrer inneren Behandlung so selbständig da, daß sich aus einer Abweichung der Stoffolge Schwierigkeiten kaum ergeben werden.

Nicht unerwähnt soll dabei bleiben, daß es ungefährlich ist, im Unterricht Sprünge zu machen. Es ist aus pädagogischen Gründen oft sogar erwünscht, einzelne Teilstücke zunächst zurückzustellen und sie dann nachzutragen. Diese Behandlungsweise ist aber für ein Buch nicht angängig. Mit aus diesem Grunde wird man bei der Behandlung der Mechanik in Büchern vorwiegend die vorliegende Anordnung finden und nicht die Voranstellung der Kraftlehre.

Das Buch umfaßt in knapper Form das, was man von den Absolventen einer staatlichen höheren Maschinenbauschule verlangen muß. Dieses Pensum weicht nicht wesentlich von dem ab, was ein Hochschulabsolvent beherrschen muß. In der aus langer Lehrerfahrung gewonnenen Gewißheit, daß der Anfänger sich in die Mechanik einfühlen muß, und daß dieses Einfühlen dem Hochschüler viel leichter fällt, wenn er zunächst ohne die Benutzung der doch nicht spielend beherrschten höheren Mathematik an die Mechanikprobleme herantritt, halte ich das Buch zugleich geeignet für den Hochschüler, d. h. für den anfangenden Hochschüler. Es soll dabei nicht vergessen werden, daß die überwiegende Zahl aller Maschineningenieure einige 90% ihrer Mechanikaufgaben an Hand des im vorliegenden Buche Gebotenen wird lösen können.

Vorwort zur zweiten Auflage.

Die gute Aufnahme, die der von mir verfaßte kurze „Leitfaden der Mechanik für Maschinenbauer" gefunden hat, veranlaßt mich, dieses Buch bei der jetzt notwendig werdenden zweiten Auflage weiter zu entwickeln. Es wird durch die drei weiteren Bände „Hydraulik", „Festigkeitslehre", „Wärmemechanik", welche im Laufe der nächsten zwei Jahre erscheinen werden, zu einem das Gesamtgebiet der Mechanik für Maschinenbauer behandelnden Lehrbuch ausgebaut werden. Es erscheint mir das dringend, da die Mechanik ein so festgeschlossenes Ganze bildet, daß ein Einzelteil, mag er ein Teilgebiet auch vollkommen behandeln, ein Stückwerk bleibt. Bestimmend kam für mich die Erfahrung hinzu, daß es für die Lernenden wichtig ist, daß ihnen alle Teile in ähnlicher Art geboten werden. Mag auch der Stoff und der Aufbau bei allen Mechanikbüchern so ähnlich sein, daß man Teil für Teil aus verschiedener Hand nehmen kann, die Darstellungsart weicht in ihnen sehr stark ab und aus den Unterschieden in der Darstellungsart erwachsen dem Lernenden große Schwierigkeiten.

Die in dem vorstehenden Vorwort zur ersten Auflage angegebenen Grundsätze, werden auch bei der Abfassung der folgenden Bände für mich maßgebend sein. Es werden die Ableitungen, soweit irgend möglich, elementar durchgeführt. Alles für den Techniker wichtige wird durch Zahlenbeispiele erläutert werden. Diejenigen, die die höhere Mathematik beherrschen, finden im Anhang die gleichen Ableitungen mit höherer Mathematik.

Stettin, im Oktober 1927.

Dr.-Ing. **K. Laudien,**
Oberstudiendirektor der Staatlichen Höheren Maschinenbau-,
Schiffsingenieur- und Seemaschinistenschule in Stettin.

Inhaltsverzeichnis.

Einleitung.

Die Mechanik ist

die Lehre von den Kräften,
die Lehre von der Wirkung der Kräfte auf die Körper.

Die Wirkung der Kräfte kann sich in zweierlei Weise äußern:

erstens in einer Bewegungsänderung der Körper;
zweitens in einer Formänderung der Körper.

Den ersten Teil — die Lehre von den Kräften, soweit sie eine Bewegungsänderung der Körper, d. h. die Lage der Körper im Raume, betreffen — behandeln die beiden Kapitel

Statik und Dynamik.

Man schließt diese beiden Kapitel allgemein unter dem nun enger gefaßten Begriffe „Mechanik" zusammen. Den Trennungsstrich zwischen ihnen zieht man in folgender Weise:

Handelt es sich um eine Bewegungsänderung gleich Null, so gehört die Aufgabe in das Gebiet der Statik. (Man bezeichnet die Statik auch als Lehre vom Gleichgewicht der Körper.)

Handelt es sich um eine Bewegungsänderung, die nicht gleich Null ist, so fällt die Aufgabe in das Gebiet der Dynamik (siehe S. 145). (Eine Bewegungsänderung kann eine Änderung der Bewegungsrichtung, eine Änderung der Bewegungsgeschwindigkeit oder eine Änderung von beiden sein.)

Abb. 1 kennzeichnet eine Statikaufgabe. Es soll die Stützkraft X so bestimmt werden, daß der Balken B unter der Last Q keine Bewegungsänderung erfährt. — Mit anderen Worten: Der Balken soll in der gezeichneten Lage liegen bleiben.

Abb. 2 und 3 kennzeichnen Dynamikaufgaben. Es soll (Abb. 2) die Kraft X bestimmt werden, die das Geschoß B aus der Ruhelage auf eine bestimmte Geschwindigkeit bringt. — Es soll (Abb. 3) die Bewegungsänderung bestimmt werden, welche der Körper D erfährt, wenn die ihn stützende Unterlage U entfernt wird.

Den zweiten Teil der Mechanik — die Lehre von den Kräften, soweit sie eine Formänderung der Körper, d. h. die Lage der einzelnen Körperteilchen zueinander betreffen — behandelt das Kapitel

Elastizitäts- und Festigkeitslehre.

Abb. 4 kennzeichnet in dieses Gebiet fallende Aufgaben. Es sollen die Abmessungen x und y des Balkens B so bestimmt werden, daß er unter der Last Q nicht zerbricht. Es soll die Durchbiegung bestimmt werden, die der Balken B durch die Wirkung der Last Q erfährt.

Den Zusammenhang zwischen den beiden Teilen Mechanik und Elastizitäts- und Festigkeitslehre kennzeichnet folgendes Beispiel: Bevor man an die Berechnung eines Körpers nach der Festigkeitslehre gehen kann, muß man die auf ihn wirkenden Kräfte nach der Mechanik bestimmt haben. Es muß (Abb. 1) zunächst die Größe der Stützkraft X ermittelt werden, ehe (Abb. 4) die Abmessungen x und y des Balkens B berechnet werden können.

Früher unterteilte man die Mechanik nach den physikalischen Eigenschaften der Körper, indem man folgende Unterkapitel schuf:

Statik der festen, der flüssigen und der gasförmigen Körper;
Dynamik der festen, der flüssigen und der gasförmigen Körper.

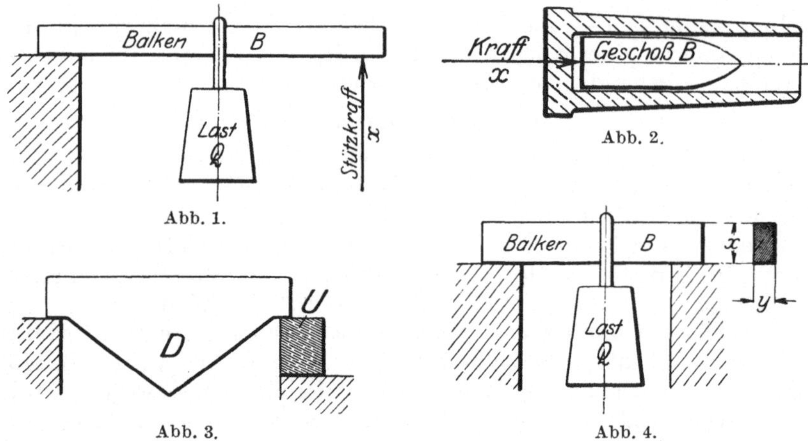

Abb. 1.

Abb. 2.

Abb. 3.

Abb. 4.

Heute gibt man der physikalischen Eigenschaft das Übergewicht und teilt zunächst nach ihr das ganze Gebiet ein, um dann nach Statik und Dynamik zu trennen. Damit ergibt sich folgende Einteilung:

1. Mechanik: Statik und Dynamik der festen Körper;
2. Hydraulik: Statik und Dynamik der flüssigen Körper;
3. Mechanik der gasförmigen Körper.

Dem letztgenannten Kapitel gibt man der einschneidenden Bedeutung der Wärmewirkung wegen die Bezeichnung Wärmemechanik.

Daraus ergibt sich die Gesamteinteilung:

I. 1. Mechanik. 2. Hydraulik. 3. Wärmemechanik.
II. Elastizitäts- und Festigkeitslehre.

Der Mechanik, der Lehre von den auf Bewegungsänderung hinwirkenden Kräften, müssen zwei einleitende Kapitel vorangestellt werden:

1. Ein Kapitel über Bewegungslehre.
2. Ein Kapitel über die physikalischen Grundgesetze der Kraftwirkungen.

A. Bewegungslehre.

Die Bewegungslehre behandelt die Beziehungen zwischen den Größen Weg und Zeit und den auf diesen zwei Größen aufgebauten Werten Geschwindigkeit und Beschleunigung.

1. Gleichförmige Bewegung.

Man nennt die Bewegung eines Körpers eine gleichförmige Bewegung, wenn der Körper in gleichen Zeiten gleiche Wegstrecken zurücklegt.

Bei gleichförmiger Bewegung kommt ein Körper in der zweiten Zeiteinheit um die gleiche Wegstrecke voran wie in der ersten — in der dritten Zeiteinheit um wieder die gleiche Wegstrecke wie in der zweiten usw. Bezeichnet man die Zeitdauer mit t, die Weglänge mit s und den in der Zeiteinheit zurückgelegten Weg mit v, so folgt: $s = v \cdot t$;

$s = $ Weglänge (spatium),
$v = $ der in der Zeiteinheit zurückgelegte Weg (velocitas),
$t = $ Zeitdauer (tempus).

Die in der Zeiteinheit zurückgelegte Wegstrecke bezeichnet man als Geschwindigkeit. Mit dieser Bezeichnung lautet die obige Gleichung in Worten:

Weg gleich Geschwindigkeit mal Zeit.

Aus der Gleichung: $s = v \cdot t$ folgt $v = \dfrac{s}{t}$.

Nach den in dem Einzelfalle für Weg und Zeit gewählten Maßeinheiten bestimmt sich die Maßeinheit der Geschwindigkeit. Mißt man den Weg in „Meter" und die Zeit in „Sekunden", so ist das Maß der Geschwindigkeit „Meter in der Sekunde" oder „Meter pro Sekunde". Setzt man den Weg in „Kilometer" und die Zeit in „Stunden" ein, so wird das Maß für die Geschwindigkeit „Kilometer in der Stunde". In anderen Fällen wird man nach Millimetern und Minuten, Kilometern und Sekunden, Meilen und Stunden messen und damit die Geschwindigkeitsmaße „Millimeter in der Minute", „Kilometer in der Sekunde", „Meilen in der Stunde" erhalten usw.

(Das Kurzzeichen für „Sekunde" ist „s". Es stimmt formal mit dem Formelzeichen für die Weglänge „s" überein. Das Kurzzeichen für „Stunde" ist „h". Um Irrtümer zu vermeiden, ist die Schreibweise „sek" für Sekunde und „st" für Stunde beibehalten.)

Man schreibt diese Bezeichnungen:

m/sek = Meter in der Sekunde;
km/st = Kilometer in der Stunde.

$$s = v \cdot t. \tag{1}$$

Bei einer Messung des Weges in Metern und der Zeit in Sekunden ist

$$s = \text{Meter}, \quad t = \text{Sekunden}, \quad v = \text{m/sek}.$$

Neben den obigen Bezeichnungen findet man die Ausdrücke „Sekundenmeter, Stundenkilometer". Dieselben kennzeichnen die gleichen Werte wie Meter in der Sekunde, Kilometer in der Stunde, obschon sie scheinbar Meter mal Sekunden, Kilometer mal Stunden bedeuten.

a) Gradlinige Bewegung.

Beispiel 1. Welchen Weg legt ein Zug in 1 Stunde zurück, wenn er sich in gleichförmiger Bewegung mit einer Geschwindigkeit von 4 m in der Sekunde bewegt?

$$t = 1 \text{ Stunde} = 3600 \text{ Sekunden}, \quad v = 4 \text{ m in der Sekunde} = 4 \text{ m/sek}.$$

Nach Gleichung (1)

$$s = v \cdot t = 4 \cdot 3600 = 14400 \text{ m} = 14,4 \text{ km} = 14,4 \text{ Kilometer}.$$

Beispiel 2. Mit welcher Geschwindigkeit bewegt sich ein Körper, wenn er bei gleichförmiger Bewegung in 10 Minuten den Weg von 120 Meter zurücklegt?

$$t = 10 \text{ Minuten} = 600 \text{ sek}, \quad s = 120 \text{ m}.$$

$$s = v \cdot t, \quad v = \frac{s}{t} = \frac{120}{600} = 0,2 \text{ m/sek} = 0,2 \text{ Meter in der Sekunde}.$$

b) Kreisende Bewegung.

Zur Kennzeichnung einer kreisenden Bewegung benutzt man den Begriff „Umlaufzahl", „Drehzahl" — Zahl der in 1 Minute gemachten Umdrehungen. Man bezeichnet die Umlaufzahl (Tourenzahl) mit dem Buchstaben n.

In n Umdrehungen durchläuft ein Körper n-mal den Weg einer Umdrehung. Bei einer Bahn vom Durchmesser D beträgt der Weg einer Umdrehung $D \cdot \pi$. Der Weg in n Umdrehungen ist $D \cdot \pi \cdot n$. Bei n Umdrehungen in einer Minute wird also der Weg $D \cdot \pi \cdot n$ in einer Minute zurückgelegt. Die Zeiteinheit 1 Minute in 60 Sekunden verwandelt, ergibt für die Umfangsgeschwindigkeit

$$v = \frac{s}{t} = \frac{D \cdot \pi \cdot n}{60} \text{ m/sek},$$

$$v = \frac{D \cdot \pi \cdot n}{60}. \tag{2}$$

$v =$ Umfangsgeschwindigkeit in m/sek,
$D =$ Durchmesser der Bahn in Metern,
$n =$ Drehzahl in der Minute.

Beispiel 3. Welche Umfangsgeschwindigkeit hat eine Scheibe von 4 m Durchmesser bei 240 Umdrehungen in der Minute?
Nach Gleichung (2)

$$v = \frac{D \cdot \pi \cdot n}{60} = \frac{4 \cdot \pi \cdot 240}{60} = 50,26 \text{ m/sek}.$$

Beispiel 4. Mit welchem Durchmesser ist eine Riemenscheibe auszuführen, wenn sie eine Riemengeschwindigkeit (Umfangsgeschwindigkeit der Scheibe) von 25 m/sek bei $n = 180$ Umdrehungen pro Minute ergeben soll?

Nach Gleichung (2)

$$v = \frac{D \cdot \pi \cdot n}{60}, \qquad D = \frac{v \cdot 60}{\pi \cdot n} = \frac{25 \cdot 60}{\pi \cdot 180} = 2{,}65\,\text{m}.$$

Aus dem Werte n „Umdrehungszahl in der Minute", welcher angibt, wie oft pro Minute jeder Punkt der sich drehenden Scheibe einen Winkelweg von $360°$ zurücklegt, wird der Begriff der Winkelgeschwindigkeit abgeleitet. Man bezeichnet als Winkelgeschwindigkeit — gemessen im Bogenmaß — die Umfangsgeschwindigkeit am Radius "1".

In jeder Minute legt ein Punkt den Weg $2 \cdot \pi \cdot n$ zurück; seine Geschwindigkeit, bezogen auf Sekunden als Zeiteinheiten, beträgt danach $\frac{2 \cdot \pi \cdot n}{60}$. Man gibt der Winkelgeschwindigkeit den griechischen Buchstaben ω.

$$\omega = \frac{2 \cdot \pi \cdot n}{60},$$

$$\omega = \frac{\pi \cdot n}{30}. \qquad\qquad (3)$$

$\omega =$ Winkelgeschwindigkeit 1/sek. (Gesprochen: Eins durch Sekunde.)
$n =$ Umlaufzahl in der Minute.

Die Winkelgeschwindigkeit hat das Maß 1/sek. Der Zähler des Bruches $\frac{\pi \cdot n}{30}$ ist eine Zahl, da der Durchmesser "2" nicht "2 Meter" bedeutet, sondern nur die "Zahl 2"; der Nenner 30 ist aus dem Werte 60 Sekunden entstanden. Der Nenner ist also in Sekunden gemessen.

Beispiel 5. Welche Winkelgeschwindigkeit hat eine Scheibe bei 300 Umdrehungen in der Minute?
Nach Gleichung (3)

$$\omega = \frac{\pi \cdot n}{30} = \frac{\pi \cdot 300}{30} = 10 \cdot \pi = 31{,}4 \quad 1/\text{sek}.$$

Die Winkelgeschwindigkeit ω und die Umfangsgeschwindigkeit v sind durch die Gleichung verbunden:

$$v = \omega \cdot r. \qquad\qquad (4)$$

$v =$ Unfangsgeschwindigkeit m/sek;
$r =$ Radius der Kreisbahn m;
$\omega =$ Winkelgeschwindigkeit 1/sek.

Die Winkelgeschwindigkeit, d. i. die Geschwindigkeit am Radius **1**, verwandelt sich in die Umfangsgeschwindigkeit, wenn man für die **Zahl 1** den Radius r **Meter** einsetzt.

Beispiel 6. Welche Umfangsgeschwindigkeit hat ein 2 m vom Mittelpunkt entfernt liegender Scheibenpunkt, wenn die Scheibe mit der Winkelgeschwindigkeit $\omega = 30$ umläuft?
Nach Gleichung (4)

$$v = \omega \cdot r = 30 \cdot 2 = 60\,\text{m/sek}.$$

c) Graphische Darstellung der Größen: Zeit, Weg, Geschwindigkeit.

Die drei Größen — Zeit, Weg, Geschwindigkeit — lassen sich graphisch in dreierlei Art darstellen. Erstens in einem Zeit-Weg-Diagramm, zweitens in einem Zeit-Geschwindigkeit-Diagramm und drittens in einem Weg-Geschwindigkeit-Diagramm.

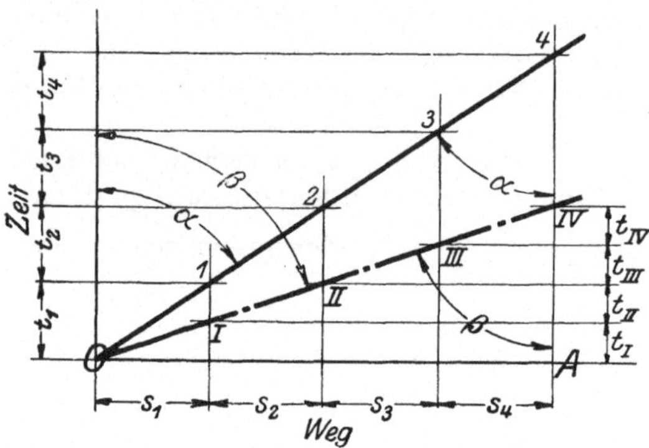

Abb. 5. Zeit-Weg-Diagramm für gleichförmige Bewegungen.

Abb. 5 zeigt das Zeit-Weg-Diagramm eines mit gleichförmiger Geschwindigkeit bewegten Körpers. Als Ordinaten sind die Zeiten, als Abszissen die Wege aufgetragen. Es legt der Körper in der ersten Zeitspanne t_1 die Wegstrecke s_1 zurück. Die Auftragung von t_1 und s_1 gibt den Punkt 1. Er legt darauf in der zweiten, gleichlangen Zeitspanne t_2 den gleichlangen Weg s_2 zurück. Diese Auftragung gibt den Punkt 2. Durch weitere Auftragung für eine dritte Zeitspanne t_3 und den dazugehörenden Weg s_3 erhält man den Punkt 3 usf. Der Bewegungsvorgang wird durch die Grade $0—1—2—3—4 \ldots$ dargestellt.

Die dritte Größe, die Geschwindigkeit v des Bewegungsvorganges $0—1—2 \ldots$ ist in diesem Diagramm durch den Tangens des Neigungswinkels α der Linie $0—1—2—3 \ldots$ gegen die Ordinatenachse dargestellt.

$$v = s/t\,,$$

s dargestellt durch die Abszissen, t durch die Ordinaten ergibt

$$v = s/t = \frac{0\,A}{4\,A} = \operatorname{tg}\alpha\,.$$

Die Linie $0—I—II—III$ verbildlicht eine gleichförmige Bewegung mit größerer Geschwindigkeit. Es werden bei dieser Bewegung die gleichen Wegstrecken $s_1\ s_2\ s_3$ in den kürzeren Zeiten $t_I\ t_{II}\ t_{III}$ zurückgelegt. $\operatorname{tg}\beta$ ist größer als $\operatorname{tg}\alpha$.

In der Praxis findet das Zeit-Weg-Diagramm Verwendung zur graphischen Auftragung von Fahrplänen. Abb. 6 kennzeichnet einen solchen technischen Eisenbahnfahrplan. Die Zeit wird hierbei von oben nach unten gemessen und unter Angabe der Tagesstunden aufgetragen. Auf der Abszissenachse werden die Wegstrecken als die Länge von Station zu Station gekennzeichnet. Die Stationen sind mit $A\,B\,C \ldots$ benannt.

Der Linienzug 1 bis 13 stellt die Bewegung eines von A nach G fahrenden Zuges dar. Der Zug geht um $4^{\mathrm{h}}\,35^{\mathrm{m}}$ in A ab, er erreicht die Station B um $4^{\mathrm{h}}\,44^{\mathrm{m}}$. Dort hält er bis $4^{\mathrm{h}}\,45^{\mathrm{m}}$, um dann nach C weiterzufahren, wo er um 4ʰ 56ᵐ eintrifft. Der Aufenthalt auf der Station B ist durch die kurze vertikale Strecke *2—3* gekennzeichnet. Die Geschwindigkeit des Zuges ist während dieser Zeit (4ʰ 44ᵐ bis 4ʰ 45ᵐ) gleich Null. Da der Tangens des Neigungswinkels die Geschwindigkeit darstellt, ergibt sich die V e r t i k a l strecke im Linienzuge ($v = \mathrm{tg}\,\alpha = $ Null; $\alpha = $ Null). Deren Verlauf erklärt sich im übrigen auch dadurch, daß während einer gewissen Zeit kein Weg zurückgelegt wird, d. h. einem Fortschreiten in der Richtung des Zeitverlaufes (vertikal) kein Fortschritt in Richtung des Wegverlaufs (horizontal) zufällt. Die Geschwindigkeiten auf den einzelnen Streckenstücken sind verschieden groß.

Es fährt der Zug auf der Strecke B—C langsamer als auf der Strecke C—D. $\mathrm{tg}\,\beta$ ist kleiner als $\mathrm{tg}\,\alpha$.

Für die Benutzung eines solchen Eisenbahnfahrplanes darf die Richtung der Bewegung nicht unberücksichtigt bleiben. Es ist bei den vorstehenden Gleichungen stillschweigend angenommen, daß nur die Länge des Weges in den Gleichungen in Erscheinung tritt. Bei Aufgaben, in denen nur eine Bewegungsrichtung verfolgt wird, kommt die Richtung nicht in Betracht. In allen Fällen, in denen es sich um ein Hin- und Hergehen handelt, muß sowohl für den Weg als auch für die Geschwindigkeit ein Unterschied zwischen den beiden Richtungen gemacht werden. Man trennt die Richtungen durch das Vorzeichen. Die eine Richtung wird durch +, die andere durcn — gekennzeichnet.

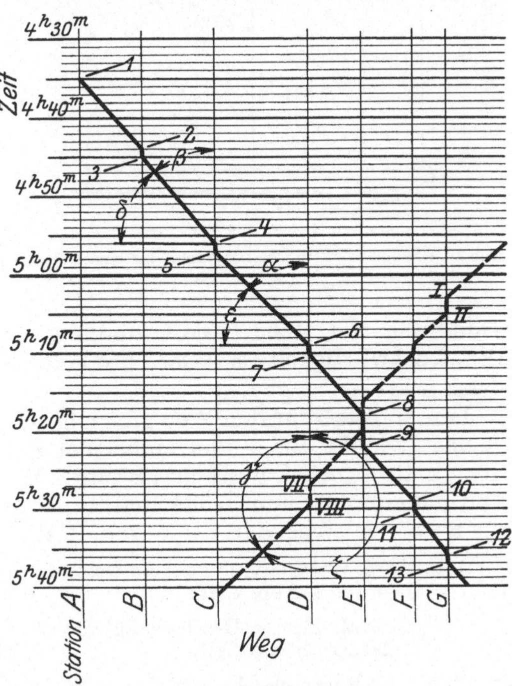

Abb. 6. Zeit-Weg-Diagramm.
(Technischer Eisenbahnfahrplan.)
Zeit von oben nach unten gemessen. (Abb. 5 zeigt die umgekehrte Meßrichtung.)

Mit dem Minuszeichen wird man die Wege einzusetzen haben, welche der von G nach D fahrende Zug, dessen Bewegung die geknickte Linie I—VIII darstellt, durchmißt. Mit dem Minuszeichen wird man zugleich auch die Geschwindigkeit einzusetzen haben, mit welcher dieser Zug fährt. Dieses Minuszeichen für die Geschwindigkeit ist zugleich durch die Gleichung $v = \mathrm{tg}\,\gamma$ fixiert. Da γ größer ist als 90°, ist $\mathrm{tg}\,\gamma$ negativ. Im übrigen ist es für die Anwendung der Gleichung $s = v \cdot t$ gleichgültig, ob v und s beide das negative Vorzeichen haben oder das positive. Die Zeit t wird in jedem Falle eine positive Größe.

Ein Zeit-Geschwindigkeit-Diagramm zeigt Abb. 7. Die Zeiten sind als Abszissen aufgetragen, die Geschwindigkeiten als Ordinaten.

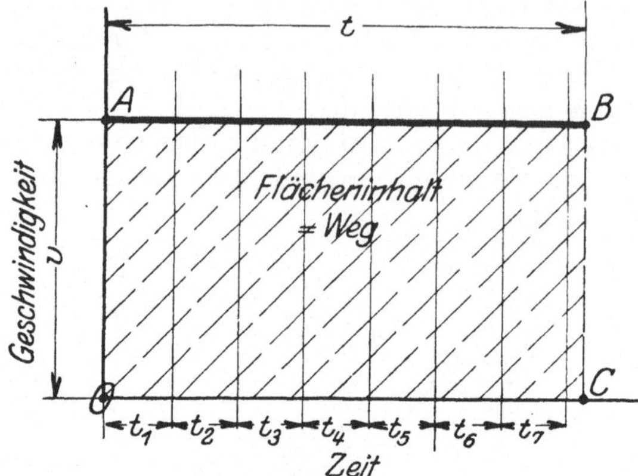

Abb. 7. Geschwindigkeit-Zeit-Diagramm für eine gleichförmige Bewegung.

Die gleichförmige Bewegung wird durch eine zur Abszissenachse parallel laufende Gerade dargestellt. Es bleibt die Geschwindigkeit v unverändert.

Die dritte Größe, der Weg, ist durch den Flächeninhalt des zwischen der Parallelen und der Abszissenachse liegenden Rechtecks dargestellt. Der Flächeninhalt ist geometrisch bestimmt durch die Gleichung: Fläche gleich Grundlinie mal Höhe. Die Grundlinie stellt die Zeit t dar, die Höhe die Geschwindigkeit v. Das Produkt $v \cdot t$ ist nach Gleichung (1) gleich s.

Den Maßstab für den Weg gibt folgende Überlegung: 1 qmm Fläche ist das Produkt aus 1 mm Höhe mal 1 mm Breite. Bedeutet 1 mm Höhe z. B. $^1/_3$ m/sek und 1 mm Breite z. B. 2 sek so stellt der aus dieser Multiplikation (1 mm Höhe mal 1 mm Breite) hervorgehende qmm $^1/_3 \cdot 2 = {}^2/_3$ m Weg dar. $^1/_3$ m/sek $\cdot$ 2 sek $= {}^2/_3$ m.

Beispiel 7. Welchen Weg stellt ein Geschwindigkeitsdiagramm für $v=3,0$ m/sek und $t = 104$ s nach Abb. 7 dar?

Maßstab für die Geschwindigkeit: 1 m pro Sekunde = 10 mm;
Maßstab für die Zeit: 1 Sekunde = $^1/_2$ mm.

Die Höhe des Rechtecks beträgt 30 mm (3,0 m/sek $\cdot$ 10 mm). Die Grundlinie des Rechtecks hat die Länge von 52 mm (104 sek $\cdot$ $^1/_2$ mm). Der Flächeninhalt des Rechtecks beträgt damit $30 \cdot 52 = 1560$ qmm.

1 mm Höhe bedeutet 0,1 m/sek. 1 mm Breite bedeutet 2 sek. 1 qmm Fläche bedeutet $0,1 \cdot 2 = 0,2$ m Weg. Danach beträgt der Weg $1560 \cdot 0,2 = 312$ m.

$$(s = v \cdot t = 104 \cdot 3 = 312 \text{ m}).$$

Das Geschwindigkeit-Weg-Diagramm unterscheidet sich bei der gleichförmigen Bewegung zeichnerisch nicht vom Geschwindigkeit-Zeit-Diagramm. Bei einer Auftragung der Geschwindigkeit auf der Ordinatenachse und einer Auftragung der Wege in Richtung der Abszissenachse ist die Bewegung als Parallele zur Abszissenachse dargestellt.

Die dritte Größe, die Zeit, wird gleichfalls durch die Abszissen gegeben. Es nimmt t proportional s zu, da $t = s/v$ ist und v konstant bleibt. Es stellen die Abszissen sowohl die Wege als auch die Zeiten dar. Der Maßstab für die Zeitdarstellung berechnet sich aus dem Maßstab für den Weg und aus der Geschwindigkeit. Ist z. B. die Geschwindigkeit der Bewegung 2 m/sek und hat man den Wegmaßstab mit 12 mm gleich 1 m Weg aufgetragen, so bedeuten die 12 mm zugleich die Zeit von $1/_2$ Sekunden. Denn bei $v = 2$ m/sek wird zu dem (durch 12 mm dargestellten) 1 m Weg die Zeit von $1/_2$ Sekunden benötigt. Der Zeitmaßstab ist also 24 mm gleich 1 Sekunde.

2. Ungleichförmige Bewegung.

Als ungleichförmige Bewegung bezeichnet man eine Bewegung, bei welcher in gleichen Zeiten ungleiche Wegstrecken zurückgelegt werden.

Bei ungleichförmiger Bewegung kommt ein Körper in der zweiten Zeiteinheit um eine andere Wegstrecke voran als in der ersten usw. Er bewegt sich mit veränderter Geschwindigkeit.

Die Geschwindigkeit v, der Quotient aus Wegstrecke durch Zeiteinheit, ist nicht konstant, da zu den gleichen Zeiteinheiten (gleiche Nenner des Quotienten) ungleiche Wegstrecken (ungleiche Zähler des Quotienten) gehören. Es gibt die Gleichung $v = s/t$ für die verschiedenen Zeitpunkte verschieden hohe Werte v. Dabei muß man die Zeiteinheit überhaupt außerordentlich klein annehmen, um zu einer richtigen Beurteilung der Geschwindigkeit, die in dauerndem Wechsel begriffen ist, zu kommen. Man ist gezwungen, sich den in einem verschwindend kurzen Zeitteilchen bestehenden Zustand auf eine längere Zeit — z. B. eine ganze Sekunde — erstreckend zu denken, um die alten Maße m/sek usw. anwenden zu können.

In Wirklichkeit wird innerhalb einer jeden Sekunde die Geschwindigkeit verschieden hohe Werte haben (siehe Anm. 1 am Schluß des Buches).

Abb. 8 gibt die Darstellung einer ungleichförmigen Bewegung im Geschwindigkeit - Zeit - Diagramm. Nach Ablauf der Zeitlänge t_1 beträgt die Geschwindigkeit für ein unendlich kleines Zeitteilchen v_1. Nach t_2 hat sie die Größe v_2 angenommen, nach t_3 die Größe v_3 usw.

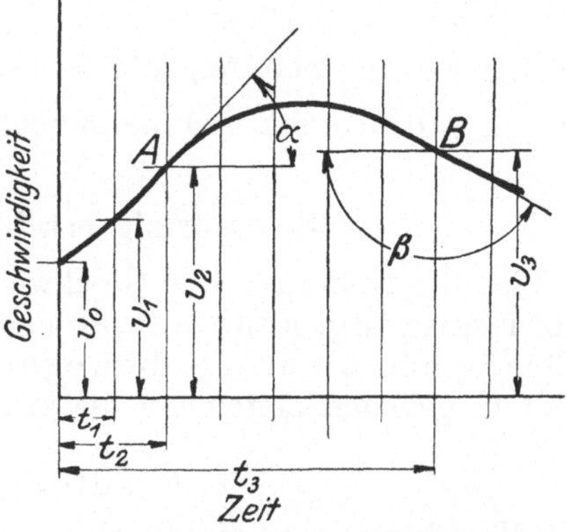

Abb. 8. Geschwindigkeit-Zeit-Diagramm für eine ungleichförmige Bewegung.

Bei der gleichförmigen Bewegung stellt eine Parallele zur Abszissenachse die Geschwindigkeit dar (siehe Geschwindigkeitskurve der Abb. 7). Die Darstellung der ungleichförmigen Bewegung zeigt ein Abweichen von der parallelen Lage in dem Punkte A um den Winkel α, im Punkte B um den Winkel β. Der Tangens dieser Abweichungswinkel tg α, tg β usw. charakterisiert die Geschwindigkeitsänderungen in den einzelnen Punkten (siehe Anm. 2 am Schluß des Buches).

Legt man (Abb. 9) zur Bestimmung des $\operatorname{tg}\alpha$ in A die Tangente an die Geschwindigkeitskurve, so bestimmt sich der Tangens als der Quotient $(v_2 - v_1)$ durch $(t_2 - t_1)$. Der Zähler dieses Bruches — die Differenz der Geschwindigkeiten — hat den Wert m/sek. Der Nenner — die Differenz der Zeitlängen — hat den Wert sek. Die Änderung der Geschwindigkeit $(v_2 - v_1)$, bezogen auf Zeitdauer während ihres Verlaufes $(t_2 - t_1)$, bezeichnet man als Beschleunigung. Der Wert der Beschleunigung ist gleich

$$\operatorname{tg}\alpha = \text{m/sek} : \text{sek} = \text{m/sek}^2$$

(sprich Meter durch Sekundenquadrat).

Beträgt z. B. in Abb. 9 die Differenz zwischen v_2 und v_1 27 mm, so bedeutet diese Differenz in dem gewählten Geschwindigkeitsmaßstab von 36 mm = 1 m/sek $^3/_4$ m/sek. Ist der zeitliche Abstand von 1 nach 2 23,5 mm im gewählten Zeitmaßstab 2,5 mm = 1 sek also 9 sek so beträgt die Beschleunigung im Augenblicke

$$\frac{^3/_4}{9} = \frac{1}{12} \text{ m/sek}^2.$$

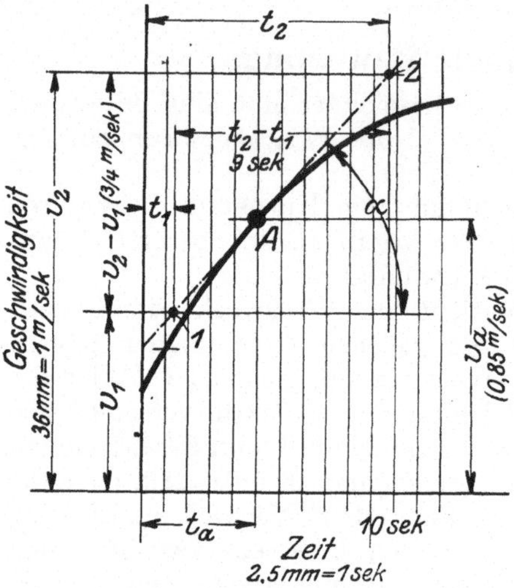

Abb. 9. Geschwindigkeit-Zeit-Diagramm für eine ungleichförmige Bewegung.

Es herrscht in einem Augenblicke nach Ablauf von t_a sek die Geschwindigkeit $v_a = 0{,}85$ m/sek und die Beschleunigung $p = \dfrac{1}{12}$ m/sek².

Gleichförmig beschleunigte Bewegung.

Ist die Änderung der Geschwindigkeit in der Zeiteinheit, die Beschleunigung, konstant, so nennt man die Bewegung eine gleichförmig beschleunigte Bewegung. Es ändert sich die Geschwindigkeit in gleichen Zeiten um die gleichen Größen.

α) Gradlinige Bewegung.

Man bezeichnet die Beschleunigung mit dem Buchstaben p. Bei konstanter Beschleunigung ändert sich die Geschwindigkeit in jeder Sekunde um den gleichen Betrag p. Beträgt die Geschwindigkeit zu Beginn des Vorganges v_0 (Anfangsgeschwindigkeit) und bezeichnet man mit v_5 die nach 5 sek erreichte Geschwindigkeit, so gilt

$$v_5 = v_0 + 5 \cdot p.$$

In allgemeiner Formel gilt:

$$\boldsymbol{v = v_0 + p \cdot t}. \tag{5}$$

$v_0 =$ Anfangsgeschwindigkeit   m/sek;

$v =$ Endgeschwindigkeit nach Ablauf von t Sekunden   m/sek;

$t =$ Anzahl der Sekunden sek;

$p =$ Beschleunigung (Zunahme der Geschwindigkeit in der Sekunde), m/sek^2.

Beispiel 8. Welche Geschwindigkeit erreicht ein Körper nach 10 Sekunden, wenn die Anfangsgeschwindigkeit 5 m/sek beträgt und die Beschleunigung $p = 3$ m/sek^2 ist?

$$v = v_0 + p \cdot t, \qquad v_5 = 5 \text{ m/sek}, \qquad t = 10 \text{ sek}, \qquad p = 3 \text{ m/sek}^2,$$

$$v = 5 + 3 \cdot 10 = \textbf{35 m/sek.}$$

Handelt es sich **nicht** um ein **Größer**werden der Geschwindigkeit, sondern um ein **Kleiner**werden derselben, so hat der Wert p das Minuszeichen. Es lautet die Gleichung (5) unverändert $v = v_0 + p \cdot t$. Nur ist in diese Gleichung der Wert p mit dem negativen Vorzeichen einzusetzen. Man nennt p dann Verzögerung.

Beispiel 9. Welche Endgeschwindigkeit erreicht ein Körper in 6 Sekunden, wenn er von der Anfangsgeschwindigkeit $v_0 = 28$ m/sek ausgehend eine Verzögerung von $p = -3$ m/sek^2 erfährt?

$$v_0 = 28 \text{ m/sek},$$
$$p = -3 \text{ m/sek}^2,$$
$$t = 6 \text{ sek},$$
$$v = v_0 + p \cdot t = 28 + (-3) \cdot 6 = 28 - 18 = \textbf{10 m/sek.}$$

Beispiel 10. Welche Beschleunigung hat ein Körper erfahren, wenn er in 6 Sekunden von der Geschwindigkeit -120 m/s auf 180 m/sek kommt?

$$v = 180 \text{ m/sek}, \qquad v_0 = 120 \text{ m/sek}, \qquad t = 6 \text{ sek},$$
$$v = v_0 + p \cdot t, \qquad 180 = 120 + p \cdot 6,$$
$$60 = 6\,p,$$
$$p = \textbf{10 m/sek}^2.$$

Beispiel 11. Welche Beschleunigung liegt bei einem Körper vor, der in 6 Sekunden von der Geschwindigkeit -180 m/s auf 120 m/s kommt?

$$v = 120 \text{ m/sek}, \qquad v_0 = 180 \text{ m/sek}, \qquad t = 6 \text{ sek},$$
$$v = v_0 + p \cdot t, \qquad 120 = 180 + p \cdot t,$$
$$-60 = 6\,p,$$
$$p = \textbf{-10 m/sek}^2.$$

Es handelt sich nicht um eine Beschleunigung, sondern um eine Verzögerung, denn p ist negativ.

Abb. 10 gibt für die gleichförmig beschleunigte Bewegung den Verlauf der Geschwindigkeit nach der Zeit aufgetragen: die Geschwindigkeiten-Ordinaten; die Zeiten-Abszissen. Es nimmt die Geschwindigkeit in der ersten Sekunde um den Betrag $1 \cdot p$ zu. Sie nimmt in der zweiten Sekunde um wiederum $1 \cdot p$ zu und, ganz allgemein gefaßt, in t Sekunden um die Größe $t \cdot p$. Es ist

$$v_1 = v_0 + 1 \cdot p, \qquad v_2 = v_1 + 1 \cdot p, \qquad v = v_0 + p \cdot t.$$

Der Geschwindigkeitsverlauf ergibt eine Gerade. Die Neigung derselben, ihre Abweichung von der Horizontalrichtung, ist

$$\operatorname{tg}\alpha = \frac{p \cdot t}{t} = p.$$

Die Gleichung für den Weg, der bei einer gleichförmigen beschleunigten Bewegung zurückgelegt wird, leitet man an Hand des Geschwindigkeit-Zeit-Diagramms ab (Abb. 11).

Das Trapez $OABC$, das zur Geschwindigkeitslinie AB gehört, zerlegt man durch Vertikallinien in viele kleine Trapezchen. Jedes dieser

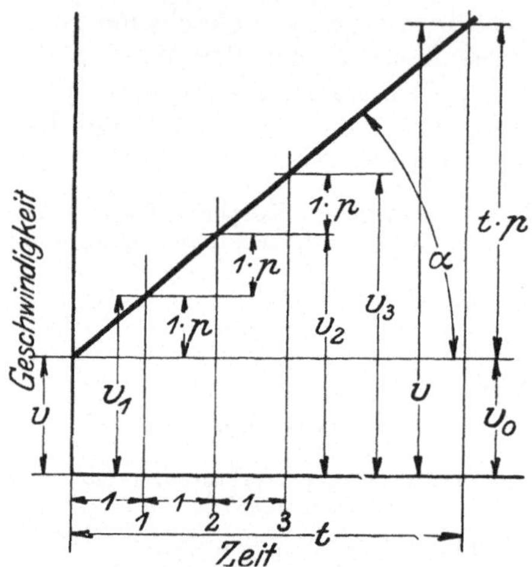

Abb. 10. Geschwindigkeit-Zeit-Diagramm für eine
gleichförmig beschleunigte Bewegung.

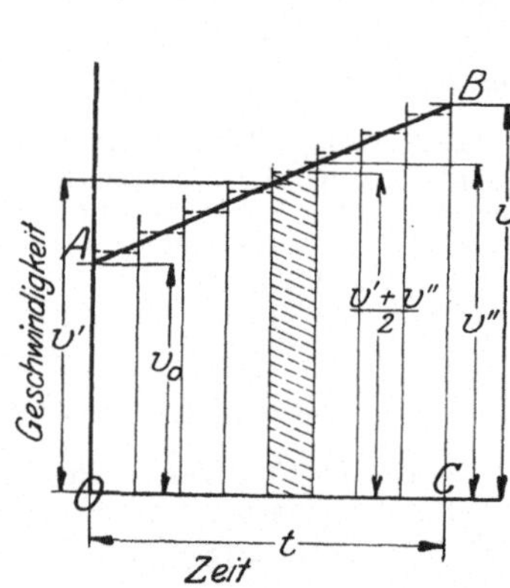

Abb. 11. Geschwindigkeit-Zeit-Diagramm
für eine gleichförmig beschleunigte Bewegung. — Bestimmung der Weglänge.
Gleichung (8).

kleinen Trapezchen kann der Geringfügigkeit des Unterschiedes zwischen Anfangsgeschwindigkeit v' und Endgeschwindigkeit v'' wegen durch ein Rechteck von der mittleren Höhe $\dfrac{v' + v''}{2}$ ersetzt werden. Diese Rechtecke stellen dann Geschwindigkeitsdiagramme für viele einzelne Bewegungsvorgänge gleichförmiger Bewegung in der bei Abb. 7 erklärten Art und Weise dar. Der Flächeninhalt aller dieser kleinen Rechtecke ist ein Maß für den in den einzelnen kleinen Zeitteilchen zurückgelegten Weg, und die Summe aller dieser kleinen Rechteckflächen stellt den Gesamtweg dar. Da die Flächeninhalte der kleinen Rechtecke denjenigen der kleinen Trapezchen gleich sind, stellt auch die Summe der kleinen Trapezflächen den Gesamtweg dar. Da schließlich die kleinen Trapezflächen in ihrer Gesamtheit die Fläche des großen Trapezes $OABC$ bilden, ist diese ein Maß für den Gesamtweg bei der gleichförmig beschleunigten Bewegung, die mit der Anfangsgeschwindigkeit $v_0 = OA$ beginnend in t Sekunden (OC) auf die Endgeschwindigkeit v (BC) kommt.

Aus den geometrischen Werten der Abb. 11 leitet sich folgende Gleichung für die Wegstrecke ab.

Inhalt der Trapezfläche

$$OABC = \frac{OA + BC}{2} \cdot OC,$$

$$s = \frac{v_0 + v}{2} \cdot t. \tag{6}$$

$v_0 = $ Anfangsgeschwindigkeit   m/sek;
$v = $ Endgeschwindigkeit   m/sek;
$t = $ Zeit   Sekunden.
$s = $ Weg   m .

Den Bruch $\frac{v_0 + v}{2}$ bezeichnet man als mittlere Geschwindigkeit und ersetzt ihn durch den Buchstaben v_m. Man schreibt dann die Gleichung (6) in der Form

$$s = v_m \cdot t. \tag{7}$$

Diese Form zeigt den gleichen Aufbau wie die Gleichung (1), welche für die gleichförmige Bewegung gilt. Man berechnet nach ihr den Weg, der in gleichförmig beschleunigter Bewegung zurückgelegt ist, wie den Weg, der in gleichförmiger Bewegung zurückgelegt ist, indem man die konstante Geschwindigkeit der gleichförmigen Bewegung durch das arithmetische Mittel $v_m = \frac{v_0 + v}{2}$ ersetzt (s. Anm. 3 am Schluß des Buches).

Beispiel 12. Welchen Weg legt ein Körper bei gleichförmig beschleunigter Bewegung in 8 Sekunden zurück, wenn seine Anfangsgeschwindigkeit $v_0 = 4$ m/sek und seine Endgeschwindigkeit $v = 6$ m/sek beträgt?

$$s = \frac{v_0 + v}{2} \cdot t = \frac{4 + 6}{2} \cdot 8 = \frac{10}{2} \cdot 8 = 40 \text{ m}.$$

Durch die Vereinigung der Gleichung (5) und (6) lassen sich eine Reihe weiterer Gleichungen bilden.

Von den fünf Größen (v_0, v, t, p, s), die in diesen beiden Gleichungen vorkommen, müssen stets drei gegeben sein, da sich nur zwei Bestimmungsstücke aus den zwei Gleichungen berechnen lassen. Je nachdem die einen oder anderen drei Stücke gegeben sind, und nur das eine oder andere der zwei übrigen Größen berechnet werden soll, wird man mit der einen oder anderen der weiteren Gleichungen am schnellsten zum Ziele kommen. (Es bieten diese weiteren Gleichungen (8) bis (10) im Grunde keine neuen Bestimmungsmöglichkeiten gegenüber den alten Gleichungen (5) und (6), die letzten Endes zur Lösung aller Aufgaben genügen.)

Setzt man in die Gleichung (6) für v den in Gleichung (5) gegebenen Wert $v_0 + p \cdot t$ ein, so folgt:

$$s = \frac{v_0 + v_0 + p \cdot t}{2} \cdot t,$$

$$s = v_0 \cdot t + \frac{p \, t^2}{2}. \tag{8}$$

Diese Teilung des Wertes s in die zwei Teile $v_0 t$ und $\frac{p t^2}{2}$ kennzeichnet die Abb. 12. Das Rechteck $OADC$ entspricht dem ersten Werte $v_0 t$, das darüberliegende Dreieck dem zweiten Werte $\frac{p t^2}{2}$

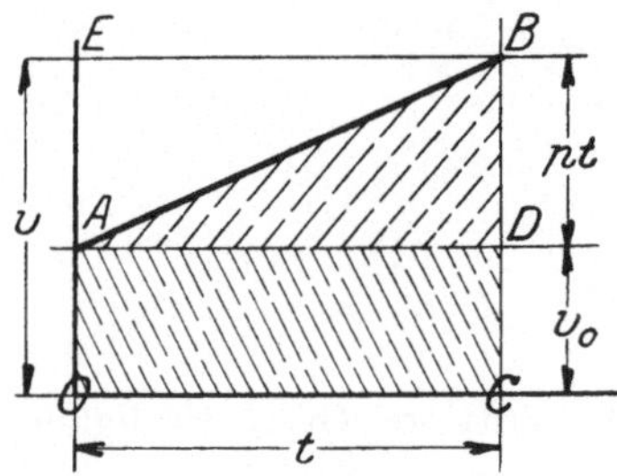

Abb. 12. Geschwindigkeit-Zeit-Diagramm für eine gleichförmig beschleunigte Bewegung. — Zerlegung des Weges nach Gleichung (8) und (9).

$\left(\text{Grundlinie } t; \text{ halbe Höhe } \frac{p \cdot t}{2}\right)$.

Setzt man für v_0 den Wert $v - p \cdot t$ ein, so ergibt sich die neue Gleichung:

$$s = \frac{v - p \cdot t + v}{2} \cdot t,$$

$$s = v \cdot t - \frac{p t^2}{2}. \tag{9}$$

Die Teilung des Wertes s in die zwei Teile $v \cdot t$ und $-\frac{p t^2}{2}$ kennzeichnet ebenfalls die Abb. 12. Das Rechteck $OEBC$ entspricht dem ersten Werte $v \cdot t$, das davon abzuziehende Dreieck EAB dem zweiten Werte $-\frac{p \cdot t^2}{2}$.

Beispiel 13. Welchen Weg legt ein Körper in 10 Sekunden zurück, wenn er eine Anfangsgeschwindigkeit $v_0 = 5$ m/sek besitzt und sich mit einer Beschleunigung $p = 2$ m/sek^2 bewegt?

$$v = v_0 + pt = 5 + 10 \cdot 2 = 25 \text{ m/sek.}$$

$$s = \frac{v_0 + v}{2} t = \frac{5 + 25}{2} \cdot 10 = \mathbf{150\ m},$$

$$\left(s = v_0 \cdot t + \frac{p t^2}{2} = 5 \cdot 10 + \frac{2 \cdot 10^2}{2} = 150 \text{ m}\right).$$

Beispiel 14. Welchen Weg legt ein Körper in 12 Sekunden zurück, wenn seine Endgeschwindigkeit $v = 40$ m/s beträgt und er sich mit einer Verzögerung $p = -3$ m/sek^2 bewegt?

$$v = v_0 + p \cdot t, \qquad 40 = v_0 + (-3) \cdot 12, \qquad v_0 = 76 \text{ m/sek},$$

$$s = \frac{v_0 + v}{2} t = \frac{76 + 40}{2} \cdot 12 = \mathbf{696\ m},$$

$$\left(s = vt - \frac{p t^2}{2} = 40 \cdot 12 - \frac{(-3) \cdot 12^2}{2} = 696 \text{ m}\right).$$

Setzt man in die Gleichung (6) den aus Gleichung (5) gewonnenen Wert $t = \frac{v - v_0}{p}$ ein, so geht dieselbe aus $s = \frac{v_0 + v}{2} t$ über in

$$s = \frac{v_0 + v}{2} \cdot \frac{v - v_0}{p},$$

$$s = \frac{v^2 - v_0^2}{2 p}. \tag{10}$$

Beispiel 15. Welchen Weg legt ein Körper zurück, während er mit der Beschleunigung $p = 3$ m/sek^2 von 40 m/sek auf 70 m/sek kommt?

$$v_0 = 40 \text{ m/s}, \qquad v = 70 \text{ m/s}, \qquad p = 3 \text{ m/sek}^2,$$

$$v = v_0 + p \cdot t, \qquad 70 = 40 + 3 \cdot t, \qquad t = 10 \text{ sek},$$

$$s = \frac{v_0 + v}{2} \cdot t = \frac{40 + 70}{2} \cdot 10 = 550 \text{ m},$$

$$\left(s = \frac{v^2 - v_0^2}{2\,p} = \frac{70^2 - 40^2}{2 \cdot 3} = \frac{4900 - 1600}{6} = 550 \text{ m} \right).$$

β) Der freie Fall.

Ein Spezialfall der gleichförmig beschleunigten Bewegung ist der freie Fall.

Frei fallende und frei aufsteigende Körper bewegen sich, wenn man den Einfluß des Luftwiderstandes auf den Bewegungsvorgang vernachlässigt, gleichförmig beschleunigt bzw. gleichförmig verzögert. Die Beschleunigung hat den Wert von 9,81 m/sek^2. Man gibt derselben den Buchstaben g.

Damit lauten die Gleichungen (5), (8), (9), (10)

$$v = v_0 + gt,$$

$$v = v_0 t + \frac{g t^2}{2} = vt - \frac{g t^2}{2},$$

$$s = \frac{v^2 - v_0^2}{2g}.$$

Beispiel 16. Welchen Weg durchfällt ein Körper in den ersten 5 Sekunden nach dem Loslassen?

$$v_0 = 0, \qquad p = g = 9{,}81 \text{ m/sek}^2, \qquad v = v_0 + g \cdot t = 0 + 9{,}81 \cdot 5 = 49{,}05 \text{ m/sek},$$

$$s \quad \frac{v_0 + v}{2} \cdot t = \frac{0 + 49{,}05}{2} \cdot 5 = 122{,}625 \text{ m}.$$

Da man es beim freien Fall in den meisten Fällen mit einer Anfangsgeschwindigkeit gleich Null zu tun hat, vereinfacht man die Gleichungen (5), (8) für diese Sonderaufgaben

$$v = g \cdot t, \qquad s = \frac{g t^2}{2}. \tag{11}$$

Da es sich um eine vertikal liegende Wegstrecke handelt, setzt man ferner für den Buchstaben s den Buchstaben h (Höhe) ein. Damit lautet die Gleichung

$$h = \frac{g t^2}{2}. \tag{12}$$

Aus der Gleichung (10) folgt bei $v_0 = 0$

$$s = \frac{v^2}{2g} = h, \qquad v^2 = 2gh,$$

$$v = \sqrt{2gh}. \tag{13}$$

$h =$ Fallhöhe   m ;

$v =$ Aufschlaggeschwindigkeit   m/sek ;

$g =$ Erdbeschleunigung   m/sek^2.

Beispiel 17. Mit welcher Geschwindigkeit schlägt ein aus 45 m Höhe fallender Körper auf?

$$g = \infty\, 10 \text{ m/sek}^2, \quad v = \sqrt{2 \cdot 10 \cdot 45} = \sqrt{900} = \mathbf{30 \text{ m/sek}}.$$

Beispiel 18. Mit welcher Geschwindigkeit geht ein senkrecht aufwärts mit einer Anfangsgeschwindigkeit von 150 m/sek emporgeschleuderter Körper durch eine 1000 m höher liegende Niveaufläche?

$$v_0 = 150 \text{ m/sek}, \qquad g = -10 \text{ m/sek}^2, \qquad s = 1000 \text{ m},$$

$$v = v_0 + (-10)\,t, \qquad t = \frac{v - 150}{-10} = \frac{150 - v}{10},$$

$$s = \frac{v_0 + v}{2} \cdot t = \frac{150 + v}{2} \cdot \frac{150 - v}{10}, \qquad 1000 \cdot 2 \cdot 10 = 150^2 - v^2,$$

$$- v^2 = 20000 - 22500 = 2250 - v = \mathbf{47{,}3 \text{ m/sek}}.$$

Beispiel 19. Welchen Weg durchfällt ein Körper in der vierten Sekunde? Zu Anfang der vierten Sekunde, d. i. nach 3 Sekunden, hat der Körper die Geschwindigkeit $v_0 = g \cdot t = 10 \cdot 3 = 30$ m/sek. Zu Ende der vierten Sekunde beträgt seine Geschwindigkeit $v = g \cdot t = 10 \cdot 4 = 40$ m/sek,

$$s = \frac{v_0 + v}{2} \cdot t = \frac{30 + 40}{2} \cdot 1 = \mathbf{35 \text{ m}}.$$

γ) Kreisende Bewegung.

Für die gleichförmig beschleunigte Bewegung eines Körpers in einer Kreisbahn kann man die Gleichungen (5) und (6) benutzen:

$$v = v_0 + p \cdot t, \qquad s = \frac{v_0 + v}{2}\, t.$$

$v_0 =$ Umfangsgeschwindigkeit bei Beginn des Beschleunigungsvorganges   m/sek ;

$v =$ Umfangsgeschwindigkeit bei Ende des Beschleunigungsvorganges   m/sek ;

$t =$ Zeitdauer des Beschleunigungsvorganges   sek ;

$p =$ Umfangsbeschleunigung (Beschleunigung am Umfange im Umlaufsinn, d. h. tangential gemessen)   m/sek^2 ;

$s =$ Umfangsweg m .

Beispiel 20. Mit welcher Umfangsbeschleunigung bewegt sich ein Punkt am Umfange einer Scheibe von 4 m Durchmesser, die in 10 Sekunden von der Umdrehungszahl 120 auf die Umdrehungszahl 180 in gleichförmig beschleunigter Bewegung gebracht wird?

$$v_0 = \frac{D\pi n_0}{60} = \frac{4 \cdot \pi \cdot 120}{60} = 8\pi, \qquad v = \frac{4 \cdot \pi \cdot 180}{60} = 12\pi, \qquad t = 10,$$

$$v = v_0 + pt = 12\pi = 8\pi + p \cdot 10, \qquad p = \frac{12\pi - 8\pi}{10} = 0{,}4\pi \text{ m/sek}^2.$$

Man verfolgt die Beschleunigungsvorgänge an kreisenden Körpern jedoch besser durch ein Rechnen mit den **Winkelgeschwindigkeiten** und charakterisiert den Verlauf der Beschleunigung dann durch die Winkelbeschleunigung.

Geht eine Scheibe von der Winkelgeschwindigkeit ω_0 in t Sekunden bei gleichförmig beschleunigter Bewegung zur Winkelgeschwindigkeit ω über und bezeichnet man die Winkelbeschleunigung mit ε, so gilt

$$\omega = \omega_0 + \varepsilon \cdot t; \qquad (14)$$

$\omega_0 =$ Winkelgeschwindigkeit bei Beginn   1/sek;
$\omega =$ Winkelgeschwindigkeit zu Ende   1/sek;
$t =$ Zeitdauer in Sekunden;
$\varepsilon =$ Winkelbeschleunigung   1/sek².

Daraus folgt

$$\varepsilon = \frac{\omega - \omega_0}{t}.$$

Da der Zähler in (1/sek — 1/sek) in 1/sek gemessen ist und der Nenner Sekunden bedeutet, folgt für ε der Wert 1/sek/sek = 1/sek² (s. Anm. 4 am Schluß des Buches).

Beispiel 21. Welche Winkelbeschleunigung erfährt eine Scheibe, wenn sie bei gleichförmiger Beschleunigung in 10 Sekunden von einer Umlaufzahl $n_1 = 120$ Umdrehungen in der Minute auf $n_2 = 240$ Umdrehungen in der Minute kommt?
Die Winkelgeschwindigkeit beträgt zu Beginn

$$\omega_1 = \frac{\pi \cdot n_1}{30} = \frac{\pi \cdot 120}{30} = 4 \cdot \pi.$$

Die Winkelgeschwindigkeit hat am Ende den Wert

$$\omega_2 = \frac{\pi \cdot n_2}{30} = \frac{\pi \cdot 240}{30} = 8 \cdot \pi.$$

Die Winkelbeschleunigung

$$\varepsilon = \frac{\omega_2 - \omega_1}{t} = \frac{8\pi - 4\pi}{10} = 0,4\,\pi \ \ 1/\text{sek}^2.$$

Die Winkelbeschleunigung ε (Beschleunigung am Radius $r = 1$) hängt mit der Umfangsbeschleunigung p zusammen nach der Gleichung

$$p = r \cdot \varepsilon; \qquad (15)$$

$p =$ Beschleunigung am Umfang (m/sek²) in tangentialer Richtung;
$r =$ Radius der Kreisbahn   m;
$\varepsilon =$ Winkelbeschleunigung   1/sek².

Diese Gleichung ergibt sich, wenn man in Gleichung (4) $v = r \cdot \omega$ für den Wert v $p \cdot t$ und für den Wert ω $\varepsilon \cdot t$ einsetzt,

$$p \cdot t = r \cdot \varepsilon \cdot t, \qquad p = r \cdot \varepsilon.$$

Beispiel 22. Welche Größe erreicht die Umfangsgeschwindigkeit einer Scheibe von 4 m Durchmesser, wenn dieselbe 10 Sekunden lang mit der Winkelbeschleunigung $\varepsilon = 2$ 1/sek² von der Anfangsdrehungszahl $n_0 = 240$ aus beschleunigt wird?

$$\omega_0 = \frac{\pi \cdot n_0}{30} = \frac{\pi \cdot 240}{30} = 8 \cdot \pi,$$

$$\omega = \omega_0 + \varepsilon \cdot t = 8 \cdot \pi + 2 \cdot 10 = \infty 45 \ 1/\text{sek},$$

$$v = \omega \cdot r = 45 \cdot 2 = 90 \ \textbf{m/sek}.$$

Den Kreisweg berechnet man bei gleichförmig beschleunigter Bewegung als Umfangsweg nach den Gleichungen (6), (8), (9)

$$s = \frac{v + v_0}{2}\, t = v_0 \cdot t + \frac{p t^2}{2} = v \cdot t - \frac{p \cdot t^2}{2}\,;$$

$v_0 =$ Umfangsgeschwindigkeit bei Beginn der Bewegung　m/sek;
$v =$ Umfangsgeschwindigkeit am Ende der Bewegung　m/sek;
$p =$ Umfangsbeschleunigung　m/sek^2;
$t =$ Zeitdauer in Sekunden　sek.

Beispiel 23. Welchen Weg legt ein in einer Bahn von 5 m Durchmesser mit gleichförmig beschleunigter Bewegung kreisender Körper in 10 Sekunden zurück. wenn die Umlaufzahl in dieser Zeit von $n_0 = 120$ Umdrehungen pro Minute auf $n = 150$ Umdrehungen pro Minute steigt?

$$v_0 = \frac{D \pi n_0}{60} = \frac{5 \cdot \pi \cdot 120}{60} = 10\pi\,, \qquad v = \frac{D \pi n}{60} = \frac{5 \cdot \pi \cdot 150}{60} = 12{,}5\,\pi\,,$$

$$s = \frac{v_0 + v}{2} \cdot t = \frac{10\pi + 12{,}5\,\pi}{2} \cdot 10 = 112{,}5 \cdot \pi = \mathbf{354\ m}\,.$$

Für ein Rechnen mit den Winkelgeschwindigkeiten ω_0 und ω und der Winkelbeschleunigung ε gilt die Gleichung: Winkelweg = mittlere Winkelgeschwindigkeit mal Zeit

$$2 \cdot i \cdot \pi = \frac{\omega_0 + \omega}{2} \cdot t$$

(i Anzahl der zurückgelegten Umdrehungen).

Dieselbe folgt aus der Gleichung $s = \dfrac{v_0 + v}{2} \cdot t$, wenn man für den Umfangsweg s den Wert $i \cdot D \cdot \pi$ einsetzt, und für die Geschwindigkeiten v_0 und v die Werte $r \cdot \omega_0 = \dfrac{D}{2}\,\omega_0$ und $r \cdot \omega = \dfrac{D}{2}\,\omega$ einführt.

$$i \cdot D \cdot \pi = \frac{D \cdot \omega_0 + D \cdot \omega}{2 \cdot 2} \cdot t\,,$$

$$\mathbf{2 \cdot i \cdot \pi = \frac{\omega_0 + \omega}{2} \cdot t\,;} \qquad\qquad (16)$$

$i =$ Anzahl der zurückgelegten Umdrehungen;
$\omega_0 =$ Winkelgeschwindigkeit zu Beginn　1/sek;
$\omega =$ Winkelgeschwindigkeit zu Ende　1/sek;
$t =$ Zeit　sek.

Man rechnet auch hier, ähnlich wie bei der geradlinigen Bewegung (s. S. 13) mit der **mittleren Winkelgeschwindigkeit**. Es geht beim Einsetzen von ω_m für $\dfrac{\omega_0 + \omega}{2}$ die Gleichung (16) über in

$$2 \cdot i \cdot \pi = \omega_m \cdot t\,.$$

Beispiel 24. Wieviel Umdrehungen legt eine Scheibe zurück, wenn sie vom Stillstande in 15 Sekunden bei gleichförmig beschleunigter Bewegung auf die Winkelgeschwindigkeit $12\,\pi$ kommt?

$$\omega_m = \frac{0 + 12}{2} = 6\pi\,, \qquad 2 \cdot i \cdot \pi = 6 \cdot \pi \cdot 15\,, \qquad i = \frac{6 \cdot \pi \cdot 15}{2 \cdot \pi} = \mathbf{45}\,.$$

Beispiel 25. Welche Zeit vergeht bis zum Stillstande einer Scheibe, wenn dieselbe von einer Winkelgeschwindigkeit $\omega = 8\pi$ ausgehend bei gleichförmig verzögerter Bewegung bis zum Stillstande noch 70 Umdrehungen zurücklegt?

$$2 \cdot i \cdot \pi = \omega_m \cdot t, \qquad \omega_m = \frac{8\pi + 0}{2} = 4\pi, \qquad i = 70,$$

$$2 \cdot 70 \cdot \pi = 4 \cdot \pi \cdot t, \qquad t = \frac{2 \cdot 70 \cdot \pi}{4 \cdot \pi} = \mathbf{35\ sek.}$$

Der Techniker rechnet bei derartigen Beschleunigungs- und Verzögerungsvorgängen nicht mit der mittleren Winkelgeschwindigkeit, sondern mit der mittleren Umlaufzahl. Ein von n_0 auf n sich in gleichförmig beschleunigter Bewegung beschleunigendes Rad hat eine mittlere Umlaufzahl $n_m = \frac{n_0 + n}{2}$. Die Gleichung (16) geht unter Einsetzen von

$$\omega_0 = \frac{\pi \cdot n_0}{30} \qquad \text{und} \qquad \omega = \frac{\pi \cdot n}{30}$$

in

$$2\pi \cdot i = \frac{\omega_0 + \omega}{2} \cdot t \qquad \text{über in} \qquad \frac{\pi \cdot n_0 + \pi \cdot n}{30 \cdot 2} t = 2 \cdot \pi \cdot i,$$

$$i = \frac{n_0 + n}{2 \cdot 60} \cdot t; \tag{17}$$

$i =$ Anzahl der Umdrehungen;
$n_0 =$ Umdrehungszahl in der Minute zu Beginn;
$n =$ Umdrehungszahl in der Minute zu Ende;
$t =$ Sekunden.

Durch Einführen der Minutenzahl t_1 geht die Gleichung (17) über in

$$i = \frac{n_0 + n}{2} \cdot t_1$$

Beispiel 26. Die Auslaufbewegung einer Scheibe von $n_0 = 100$ bis $n = 0$ ergibt volle 80 Umdrehungen. Welche Zeit vergeht bis zum Stillstand der Scheibe, wenn die Verzögerung gleichförmig ist?

$$i = \frac{n_0 + n}{2} t,$$

$$80 = \frac{100 + 0}{2}. \qquad t = 1{,}6\ \text{Minuten} = \mathbf{96\ Sekunden.}$$

δ) **Graphische Darstellung der Größen: Zeit, Weg, Geschwindigkeit, Beschleunigung bei der gleichförmig beschleunigten Bewegung.**

Die vier Größen 1. Zeit, 2. Weg, 3. Geschwindigkeit und 4. Beschleunigung lassen sich graphisch in sechserlei Art darstellen. Man kann ein Zeit-Weg-, ein Zeit-Geschwindigkeit-, ein Zeit-Beschleunigung-, ein Weg-Geschwindigkeit-, ein Weg-Beschleunigung- und schließlich ein Geschwindigkeit-Beschleunigung-Diagramm auftragen. Wichtig ist neben dem bereits bei der Ableitung der Gleichung (6) benutzten Geschwindigkeit-Zeit-Diagramm nur noch das Zeit-Weg-Diagramm.

Zur Auftragung desselben berechnet man die zu den einzelnen Zeiten gehörenden Wege nach der Gleichung $s = \dfrac{v_0 + v}{2} t$ und trägt sie dann auf. Dabei wählt man im Gegensatz zu dem bei den technischen Eisenbahnfahrplänen üblichen Verfahren der Auftragung der Zeiten als Ordinaten eine Auftragung der Zeiten als Abszissen.

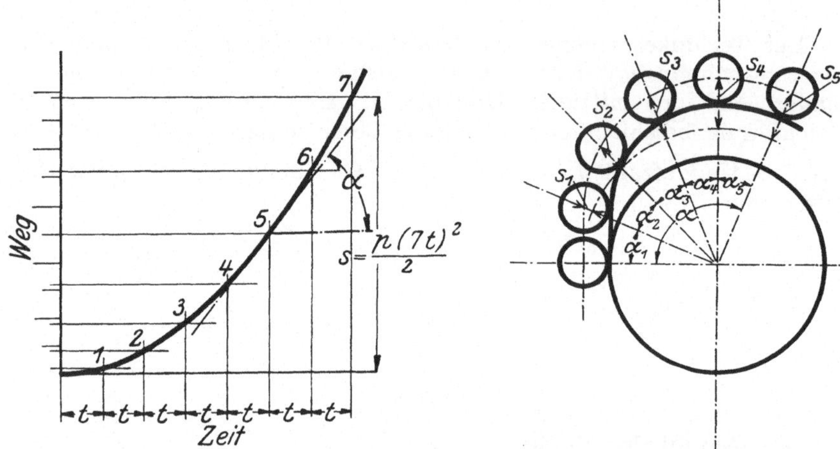

Abb. 13. Weg-Zeit-Diagramm für eine gleichförmig beschleunigte Bewegung.

Abb. 14. Nocken für gleichförmig beschleunigte Bewegung der Rolle R.

Abb. 13 zeigt ein Weg-Zeit-Diagramm für den Sonderfall $v_0 = 0$, also

$$s = \frac{p \cdot t^2}{2}, \qquad s_1 = \frac{p \cdot 1^2}{2} = \frac{p \cdot 1}{2}, \qquad s_2 = \frac{p \cdot 2^2}{2} = \frac{p \cdot 4}{2},$$

$$s_3 = \frac{p \cdot 3^2}{2} = \frac{p \cdot 9}{2} \ldots, \qquad s_7 = \frac{p \cdot 7^2}{2} = \frac{p \cdot 49}{2}.$$

Die Wegkurve ist eine Parabel. Die Geschwindigkeiten werden in jedem Augenblicke durch den $\operatorname{tg}\alpha$ dargestellt, α ist der Neigungswinkel der an die Kurve gelegten Tangente

$$\operatorname{tg}\alpha = \frac{s}{t} = v.$$

Diese Parabel kann man benutzen, wenn man einen Nocken konstruieren will, der eine gleichförmig beschleunigte Bewegung erzeugen soll. Abb. 14 kennzeichnet eine solche Konstruktion. Die Rolle R, d. h. ihr Mittelpunkt, wird bei der Drehung des Nockens um den Winkel α um s_5 gehoben. Auf $\alpha_1 = \frac{1}{5}\alpha$ kommt dann der Hub $s_1 = s_5/25$, auf $\alpha_2 = \frac{2}{5}\alpha$ kommt $s_2 = \frac{4}{25} s_5$ usw.

3. Aus gleichförmiger und gleichförmig beschleunigter Bewegung zusammengesetzte Bewegungsvorgänge.

Die Bewegungsvorgänge der Technik setzen sich in den meisten Fällen aus einem Beschleunigungsvorgange, einem Verzögerungsvorgange ,und einer dazwischenliegenden gleichförmigen Bewegung zusammen. Die Aufzüge z. B. fahren aus dem Ruhezustande mit Beschleunigung an, verharren dann einige Zeit mit gleichförmiger Bewegung auf ihrer Höchstgeschwindigkeit und verzögern dann ihre Geschwindigkeit bis zum Stillstehen. Auch bei den Zügen handelt es sich um eine solche Zusammensetzung dreier verschiedener Bewegungsvorgänge. Wenn in der Aufgabe 1 die Bewegung eines Zuges einfach als eine gleichförmige Bewegung angesetzt wurde, so ist dabei nur ein Zeitteil der Gesamtbewegung eines Zuges verfolgt. Der einleitende Beschleunigungsvorgang und der abschließende Verzögerungsvorgang sind nicht berücksichtigt. Im allgemeinen sind bei Zügen diese beiden Zeiten für Anfang und Ende so kurz, daß man

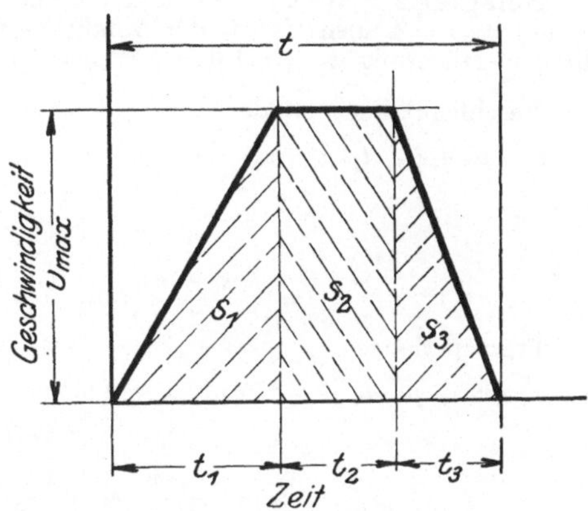

Abb. 15. Geschwindigkeit-Zeit-Diagramm für einen aus einer gleichförmig beschleunigten, einer gleichförmigen und einer gleichförmig verzögerten Bewegung zusammengesetzten Bewegungsvorgang.

auf ihre rechnerische Verfolgung verzichten kann. Nur bei der Berechnung von Fahrzeiten auf ganz kurzen Strecken — Straßenbahnfahrzeiten — kommt eine Berücksichtigung des Anfahr- und Bremsvorganges in Betracht.

Das Geschwindigkeit-Zeit-Diagramm verläuft nach Abb. 15:

$t_1 =$ Zeit für den Beschleunigungsvorgang sek;
$t_2 =$ Zeit für die gleichförmige Bewegung sek;
$t_3 =$ Zeit für den Verzögerungsvorgang sek;
$s_1 =$ Weg für die Anfahrperiode m;
$s_2 =$ Weg für die gleichförmige Bewegung m;
$s_3 =$ Weg für die Verzögerungsperiode m.

Bezeichnet man die Höchstgeschwindigkeit mit v_{max} und setzt die Anfangsgeschwindigkeit der ersten Periode sowie die Endgeschwindigkeit der dritten Periode mit Null ein (Stillstand), so ergeben sich die drei Gleichungen:

$$s_1 = \frac{v_0 + v}{2} t_1 = \frac{0 + v_{max}}{2} t_1 = \frac{v_{max}}{2} t_1,$$

$$s_2 = v \cdot t_2 = v_{max} \cdot t_2,$$

$$s_3 = \frac{v_0 + v}{2} t_3 = \frac{v_{max} + 0}{2} t_3 = \frac{v_{max}}{2} t_3.$$

Der Gesamtweg $s = s_1 + s_2 + s_3$ ist

$$s = (t_1 + t_3) \frac{v_{max}}{2} + t_2 \cdot v_{max},$$

$$= (t_1 + t_2 + t_3) \frac{v_{max}}{2} + t_2 \cdot \frac{v_{max}}{2}. \tag{18}$$

Bezeichnet man die Gesamtzeit mit t, so lautet die Gleichung

$$s = \frac{v_{\max}}{2}\, t + \frac{v_{\max}}{2} \cdot t_2 \,. \tag{19}$$

Beispiel 27. Welche Gesamtzeit braucht ein Aufzug für 30 m Höhe, wenn er mit $v_{\max} = 4$ m/sek fährt, die Anfahrbeschleunigung $p_1 = 0{,}8$ m/sek^2 und die Bremsverzögerung $p_3 = -1{,}0$ m/sek^2 beträgt?

Beschleunigungsperiode:

$$v = v_0 + p_1 \cdot t_1\,, \qquad v_0 = 0\,, \qquad v = v_{\max} = 4\,\text{m/sek}\,, \qquad p_1 = 0{,}8\,\text{m/sek}^2\,,$$

$$t_1 = \frac{4}{0{,}8} = 5\,\text{sek}\,,$$

$$s_1 = \frac{v_0 + v}{2} \cdot t_1 = \frac{0 + 4}{2} \cdot 5 = 10\,\text{m}\,.$$

Bremsperiode:

$$v = v_0 + p_3 \cdot t_3\,, \qquad v_0 = v_{\max} = 4\,\text{m/sek}\,, \qquad v = 0\,, \qquad p_3 = -1\,\text{m/sek}^2\,,$$

$$t_3 = \tfrac{4}{1} = 4\,\text{sek}\,,$$

$$s_3 = \frac{v_0 + v}{2} \cdot t_3 = \frac{4 + 0}{2} \cdot 4 = 8\,\text{m}\,.$$

Gleichförmige Bewegung:

$$s = s_1 + s_2 + s_3\,, \qquad s_2 = s - s_1 - s_3 = 30 - 10 - 8 = 12\,\text{m}\,,$$

$$s_2 = v \cdot t_2\,, \qquad\qquad v = v_{\max}\,,$$

$$t_2 = \frac{s_2}{v_{\max}} = \frac{12}{4} = 3\,\text{sek}\,,$$

$$\boldsymbol{t = t_1 + t_2 + t_3 = 5 + 3 + 4 = 12\,\text{sek}\,.}$$

Beispiel 28. Mit welcher Höchstgeschwindigkeit muß ein Aufzug für 32,4 m Hubhöhe betrieben werden, wenn er mit einer Gesamtzeit von 17 Sekunden auskommen soll, bei einer Anfahrbeschleunigung von 0,6 m/sek^2 und einer Bremsverzögerung von 0,8 m/sek^2?

$$t_1 + t_2 + t_3 = 17\,, \qquad s_1 + s_2 + s_3 = 32{,}4\,,$$

$$p_1 = 0{,}6\,\text{m/sek}^2\,, \qquad p_3 = -0{,}8\,\text{m/sek}^2\,,$$

$$v_{\max} = 0 + 0{,}6\,t_1\,, \qquad 0 = v_{\max} + (-0{,}8)\,t_3\,,$$

$$t_1 = \frac{v_{\max}}{0{,}6}\,, \qquad\qquad t_3 = \frac{v_{\mathrm{mxa}}}{0{,}8}\,.$$

Nach Gleichung (19) ist

$$17 \cdot \frac{v_{\max}}{2} + t_2 \cdot \frac{v_{\max}}{2} = 32{,}4\,,$$

$$t_2 = 17 - t_1 - t_3 = 17 - \frac{v_{\max}}{0{,}6} - \frac{v_{\max}}{0{,}8}\,.$$

Durch Einsetzen dieses Wertes von t_2 in die vorstehende Gleichung wird:

$$8{,}5\,v_{\max} + \left(17 - \frac{v_{\max}}{0{,}8} - \frac{v_{\max}}{0{,}6}\right)\frac{v_{\max}}{2} = 32{,}4\,,$$

$$4{,}08\,v_{\max} + 4{,}08\,v_{\max} - 0{,}3\,v_{\max}^2 - 0{,}4\,v_{\max}^2 = 15{,}552\,,$$

$$0{,}7\,v_{\max}^2 - 8{,}16\,v_{\max} = 15{,}552\,,$$

$$\boldsymbol{v_{\max} = 2{,}4\,\text{m/sek.}}$$

4. Ungleichförmig beschleunigte Bewegung.

Abb. 16 gibt in dem kurvenartigen Verlauf der nach der Zeit aufgetragenen Geschwindigkeit die Darstellung einer ungleichförmig beschleunigten Bewegung. Von Augenblick zu Augenblick ändert sich die Neigung der Kurve gegenüber der Horizontalen, d. h. es ändert sich dauernd α und die dem $\operatorname{tg}\alpha$ gleiche Beschleunigung p (s. Abb. 9).

Die ungleichförmig beschleunigte Bewegung entzieht sich damit der Verfolgung des ganzen Bewegungsvorganges in einer einzigen Rechnung. Man ist bei solchen Bewegungsvorgängen gezwungen, den ganzen Vorgang zu unterteilen und die einzelnen Teile desselben angenähert als gleichförmige oder gleichförmig beschleunigte Bewegungen

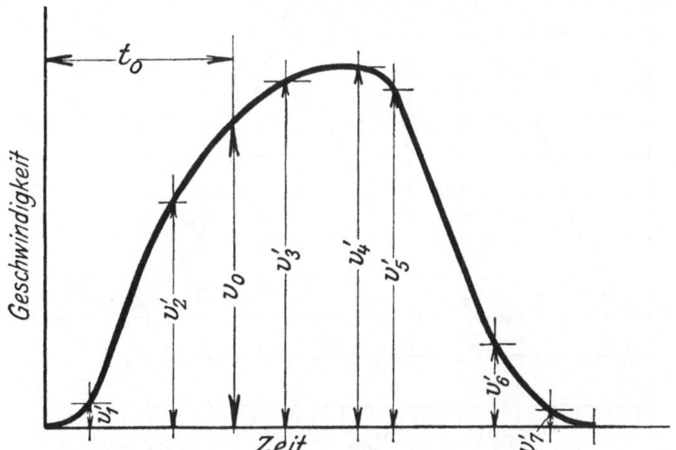

Abb. 16. Geschwindigkeit-Zeit-Diagramm. Tachographendiagramm.

zu behandeln. Man ersetzt zu diesem Zweck die Kurve durch einen ihr sich anpassenden Zug gerader Linienstücke. Dann charakterisiert jedes einzelne gerade Linienstückchen eine gleichförmige oder gleichförmig beschleunigte Bewegung, deren rechnerische Verfolgung nach den Gleichungen in Abschnitt 1 und 2 erfolgen kann.

In der Mehrzahl der Fälle ist der Bewegungsvorgang durch ein mittels Tachographen aufgenommenes Geschwindigkeit-Zeit-Diagramm gegeben, und es wird die Berechnung der Weglänge und des Beschleunigungsdiagramms verlangt.

Abb. 17 zeigt ein solches Tachographendiagramm. Dasselbe ist in der oben gekennzeichneten Art in 8 Teile unterteilt.

Für den ersten Teil berechnet sich aus dem Dreieck $O1A$, d. h. aus der Endgeschwindigkeit v_1 und der Zeit t_1 der Weg mit $s_1 = \dfrac{0 + v_1}{2}\, t_1$.

In gleicher Weise ergibt sich aus dem Trapez $1AB2$ der Weg

$$s_2 = \frac{v_1 + v_2}{2}\, t_2 \, .$$

Es ergeben sich für den Verlauf des Tachographendiagramms nach der geknickten Linie der Abb. 17 die Werte

$t_1 = 3$	$t_2 = 5,7$	$t_3 = 7,5$	$t_4 = 5$	$t_5 = 2,3$	$t_6 = 6,9$
$v_0 = 0$ $v_1 = 0,4$	$v_2 = 5,85$	$v_3 = 8,6$	$v_4 = 8,8$	$v_5 = 8,3$	$v_6 = 2,1$

$$t_7 = 3,8 \qquad t_8 = 2,8 \text{ sek}$$
$$v_7 = 0,35 \qquad v_8 = 0 \text{ m/sek.}$$

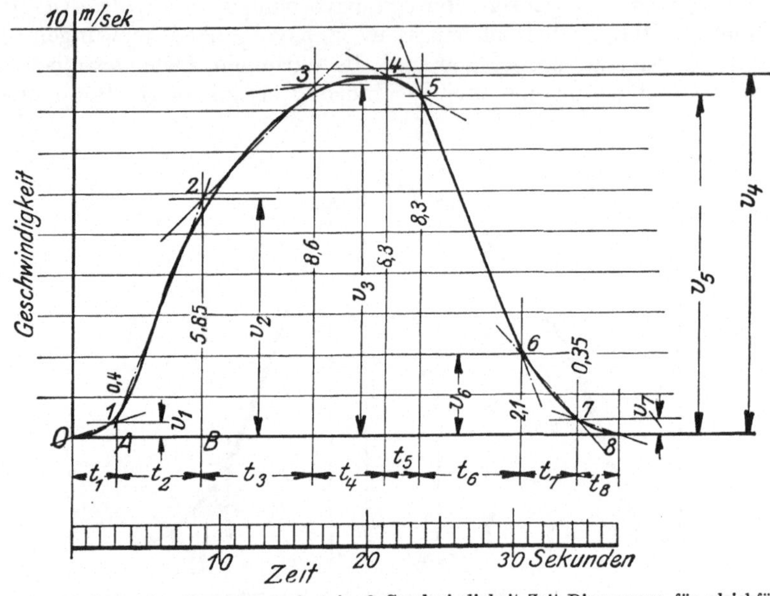

Abb. 17. Tachographendiagramm zerlegt in 8 Geschwindigkeit-Zeit-Diagramme für gleichförmig beschleunigte bzw. verzögerte Bewegungen.

Daraus berechnen sich mit:

$$s_1 = \frac{0 + 0,4}{2} \cdot 3, \qquad s_2 = \frac{0,4 + 5,85}{2} \cdot 5,7, \qquad s_3 = \frac{5,85 + 8,6}{2} \cdot 7,5 \ldots$$

die Werte:

$$s_1 = 0,6 \text{ m},$$
$$s_2 = 17,8 \text{ m},$$
$$s_3 = 54 \text{ m},$$
$$s_4 = 43,5 \text{ m},$$
$$s_5 = 19,6 \text{ m},$$
$$s_6 = 35,9 \text{ m},$$
$$s_7 = 4,7 \text{ m},$$
$$s_8 = 0,49 \text{ m}.$$

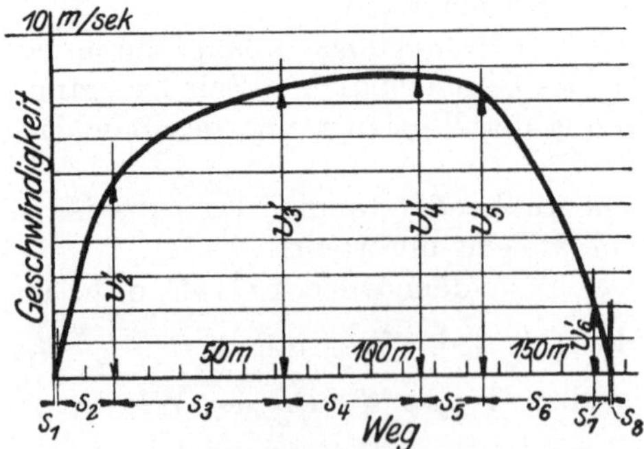

Abb. 18. Geschwindigkeit-Weg-Diagramm zu dem Tachographendiagramm Abb. 17.

Das Geschwindigkeit-Weg-Diagramm verläuft dann nach der Abb. 18.

In ähnlicher Weise konstruiert man aus einer gegebenen Nockenform die Beschleunigungen in den verschiedenen Augenblicken (Abb. 19). Die Teilung von α in 5 Teile α_1, α_2 ... ergibt die Wegstrecken s_1, s_2 ... Aus der Weg-Zeit-Kurve Abb. 20 bestimmt sich die Geschwindigkeit-Zeit-Kurve Abb. 21. Es sind einzelne Tangenten an die Weg-Zeit-Kurve gelegt. Ihre Neigungen δ_1, δ_2, δ_3 ... bestimmen in den Werten $\operatorname{tg}\delta_1$, $\operatorname{tg}\delta_2$, $\operatorname{tg}\delta_3$ ... die Geschwindigkeiten v_1, v_2, v_3 ... (s. Abb. 8). Die

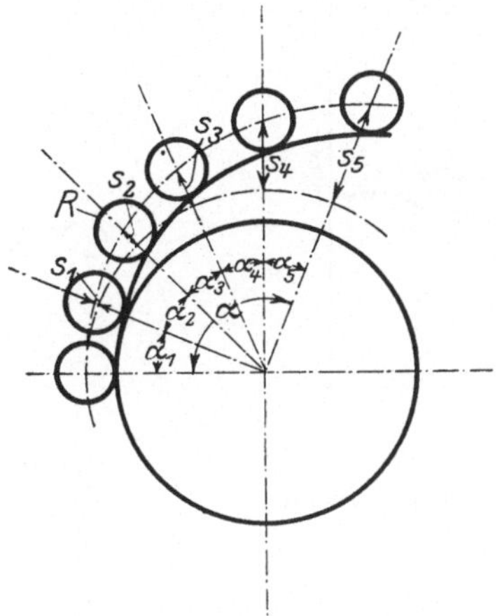

Abb. 19. Nocken.

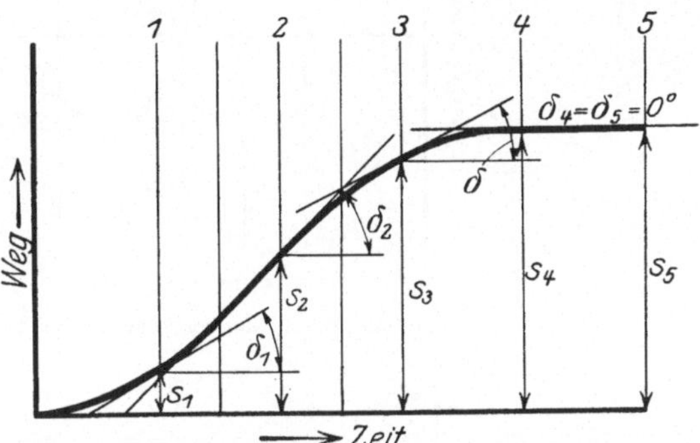

Abb. 20. Weg- und Zeitkurve zu dem Nocken (Abb. 19).

an verschiedene Punkte der Geschwindigkeit-Zeit-Kurve gelegten Tangenten bestimmen mit ihren Neigungen β_1, β_2, β_3 ... die Beschleunigungen p_1, p_2, p_3 ... (s. Abb. 8). Daraus folgt Abb. 22, welche die Beschleunigungen nach der Zeit aufgetragen zeigt. Es geht aus Abb. 22 hervor, daß eine große Beschleunigung am Anfange vorhanden ist und dann eine stetig sinkende Beschleunigung.

Für den Kurbeltrieb nach Abb. 23 ergeben sich folgende Daten. Man kann die Pleuelstange S in jedem Augenblicke als um den Punkt M sich drehend ansehen. Es bewegt sich der eine Endpunkt von ihr (1)

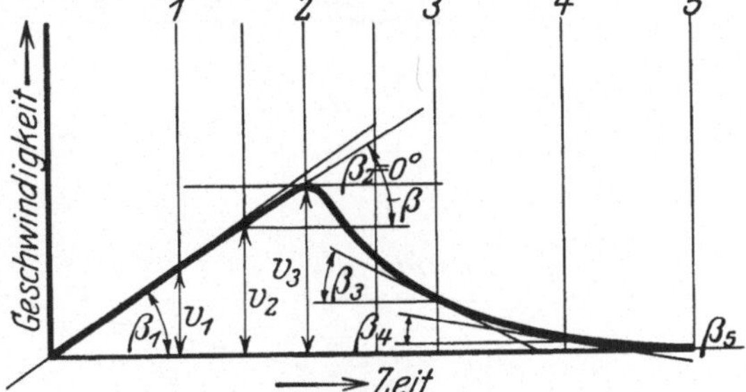

Abb. 21. Geschwindigkeit-Zeit-Kurve zu dem Nocken (Abb. 19).

auf der Geraden I—I, das ist eine Drehbewegung, um einen Pol, der auf der Linie N liegen muß; der andere Endpunkt (2) hat die Bewegungsrichtung u, die auf der Linie R—R senkrecht steht. Ihre Bewegung kann aufgefaßt werden als ein Sichdrehen um einen auf R—R liegenden Pol. Der Schnittpunkt von N—N und R—R ist M. M ist also der zu der augenblicklichen Stellung von S gehörende Pol. Diese Drehbewegung ergibt folgenden Schluß: Die Geschwindigkeit v des Punktes 1 verhält sich zur Geschwindigkeit u des Punktes 2 wie $M1 : M2$.

Die Ähnlichkeit der Dreiecke $1M2$ und $AO2$ ergibt mit $v:u = M1:M2$

$$v:u = OA:O2, \qquad v = u \cdot \frac{OA}{O2},$$

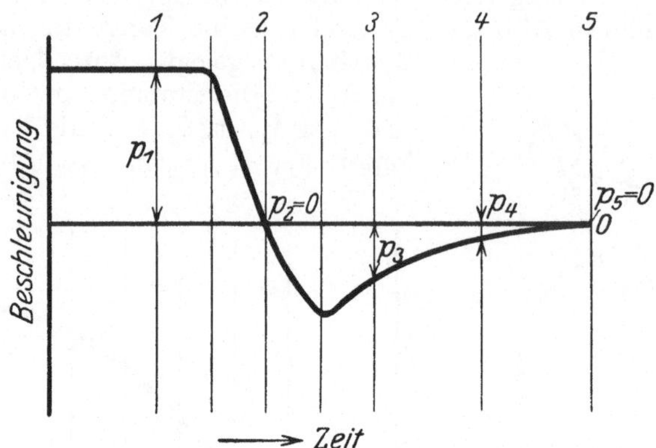

Abb. 22. Beschleunigung-Zeit-Kurve zum Nocken (Abb. 19).

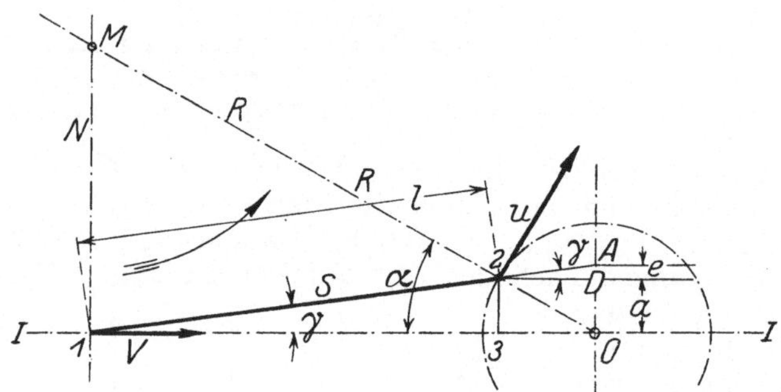

Abb. 23. Kurbeltrieb.

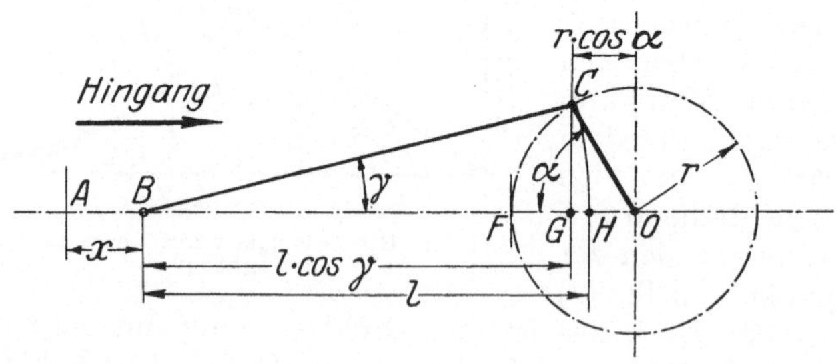

Abb. 24.

$O2$ ist der Kurbelradius r,

OA setzt sich zusammen aus OD und DA. $OD = r \cdot \sin\alpha$,

$DA = 2D \cdot \mathrm{tg}\,\gamma = r \cdot \cos\alpha \cdot \mathrm{tg}\,\gamma$.

γ bestimmt sich aus $r \cdot \sin\alpha = 2\,3$ und $l \cdot \sin\gamma = 2\,3$ mit

$$\sin\gamma = \frac{r}{l}\cdot\sin\alpha\,, \qquad \mathrm{tg}\,\gamma = \frac{\sin\gamma}{\cos\gamma} = \frac{\frac{r}{l}\sin\alpha}{\sqrt{1-\left(\frac{r}{l}\sin\alpha\right)^2}}\,,$$

$$a + e = r\sin\alpha + r\cdot\cos\alpha\,\mathrm{tg}\,\gamma\,,$$

$$a + e = r\cdot\sin\alpha + r\cdot\cos\alpha\cdot\frac{\frac{r}{l}\sin\alpha}{\sqrt{1-\left(\frac{r}{l}\sin\alpha\right)^2}}\,,$$

$$v = u\left(\sin\alpha + \frac{\frac{r}{l}\sin\alpha\cdot\cos\alpha}{\sqrt{1-\left(\frac{r}{l}\sin\alpha\right)^2}}\right).$$

Für die üblichen Werte $l/r \geqq 4$ kann man mit genügender Genauigkeit setzen

$$v = u\left(\sin\alpha + \frac{1}{2}\cdot\frac{r}{l}\sin 2\alpha\right).$$

Für den Rückgang gilt

$$v = u\left(\sin\alpha - \frac{1}{2}\cdot\frac{r}{l}\sin 2\alpha\right).$$

Der Weg x für eine Stellung der Kurbel unter dem Winkel α berechnet sich nach Abb. 24 $x = OH = OG - GH = r - r\cdot\cos\alpha - (l - l\cdot\cos\gamma)$.

Unter Einsetzen von $\cos\gamma = \sqrt{1-\left(\frac{r}{l}\sin\alpha\right)^2}$ folgt

$$x = r\,(1 - \cos\alpha) + l\,(1 - \cos\gamma)$$

$$= r\,(1 - \cos\alpha) + l\left(1 - \sqrt{1-\left(\frac{r}{l}\sin\alpha\right)^2}\right).$$

Für die üblichen Werte $l/r \geqq 4$ kann man setzen

$$x = r\,(1 - \cos\alpha) + \frac{r^2}{2l}\sin^2\alpha\,.$$

Für den Rückgang gilt

$$x = r\,(1 - \cos\alpha) - \frac{r^2}{2l}\cdot\sin^2\alpha\,.$$

(Siehe Anm. 5 am Schluß des Buches.)

5. Zusammengesetzte Bewegung.

Legt ein Körper einen Weg auf einer gleichfalls bewegten Unterlage zurück, so setzt sich seine Bewegung gegenüber dem stillstehenden Raume aus zwei Einzelbewegungen zusammen: aus seiner Bewegung gegenüber dem anderen Körper und aus der Bewegung dieses anderen Körpers selbst. So ist (Abb. 25) die Bewegung des Körpers A gegenüber dem Raume abzuleiten aus der Bewegung von A auf B und aus der Bewegung von B selbst.

Die Bewegung eines Körpers in bezug auf einen anderen Körper nennt man Relativbewegung. Um eine Bewegung besonders zu kennzeichnen als gemessen gegenüber dem stillstehenden

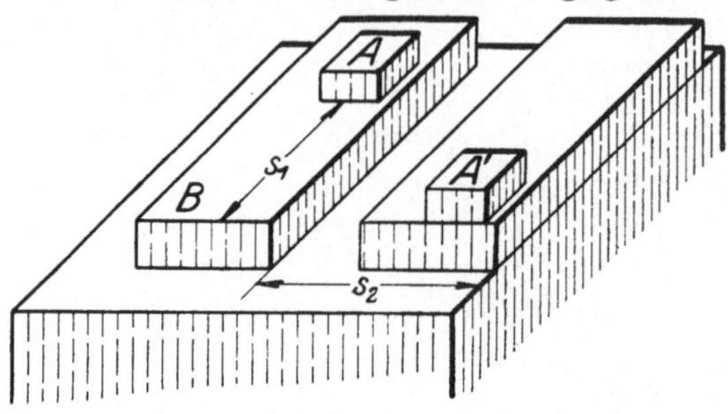

Abb. 25. Bewegung eines Körpers A auf dem gleichfalls bewegten Körper B.

Raume, spricht man von einer absoluten Bewegung. Es hat A eine Relativbewegung gegenüber B (naturgemäß auch B gegenüber A). Beide Körper haben eine Absolutbewegung gegenüber dem stillstehenden Raume.

Beim Gehen auf der festen Erde führt man eine Absolutbewegung aus. Bei einem Gehen im fahrenden Zuge bewegt man sich relativ gegenüber dem Zuge, während der Zug selbst eine Absolutbewegung auf der Erde ausführt. Um die eigene Absolutbewegung gegenüber der Erde zu bestimmen, muß man die Relativbewegung gegenüber dem Zuge und dessen Absolutbewegung gegenüber der Erde zusammensetzen.

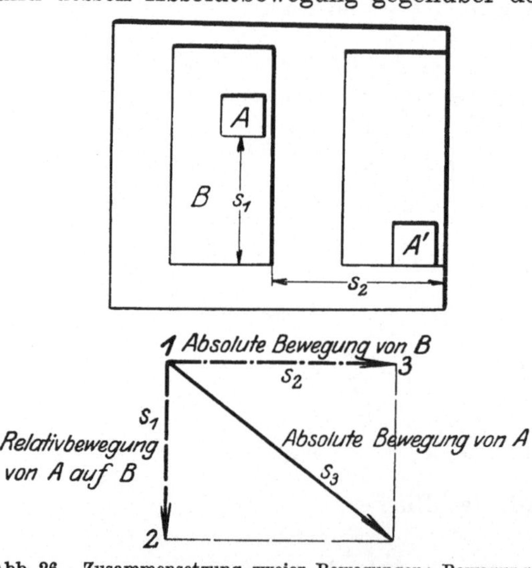

Abb. 26. Zusammensetzung zweier Bewegungen; Bewegung eines Körpers (A) auf einem sich gleichfalls bewegenden Körper (B).

Abb. 26 zeigt die Art einer solchen Zusammensetzung. Bewegt sich A auf B um die Strecke s_1, während B sich um die Strecke s_2 bewegt, so kommt der Körper A in die mit A' gekennzeichnete Lage. Sein Absolutweg ist also die Diagonale in einem aus den Wegen s_1 und s_2 gebildeten Parallelogramm.

Wie sich die Wege zusammensetzen, so setzen sich auch die Geschwindigkeiten zusammen. Es sind die Geschwindigkeiten nichts anderes als auf eine besondere Einheit, d. h. auf eine Zeiteinheit bezogene Wegteile. Es sind die Werte $s_1 = v_1 \cdot t$, $s_2 = v_2 \cdot t$ gewissermaßen nur Vielfache von v_1 und v_2, und zwar die gleichen Vielfachen, die t Sekundenfachen.

Die Zusammensetzung zweier Geschwindigkeiten eines Körpers erfolgt nach dem Satze vom Parallelogramm der Geschwindigkeiten. Die Seiten des Parallelogramms sind die Einzelgeschwindigkeiten; die Diagonale ist die absolute Geschwindigkeit. Die Strecke *1—2* für s_1 kann auch als Darstellung von v_1 — Relativgeschwindigkeit von A gegenüber B — gelten und die Strecke *1—3* als Darstellung der Geschwindigkeit v_2 von B gegenüber dem stillstehenden Raume. s_3 ist dann die Darstellung der absoluten Geschwindigkeit von A gegenüber dem stillstehenden Raume.

Abb. 27 verdeutlicht die Bewegung eines Bootes auf einer selbstbewegten Wasserfläche, auf einem Flusse. Das Boot hat gegenüber der Wasserfläche die Geschwindigkeit v_1. (Es wird durch seine Motor- oder Ruderkraft mit der Geschwindigkeit v_1 getrieben.) Das Wasser selbst fließt mit der Geschwindigkeit v_2. So ergibt sich für das Boot die Absolutgeschwindigkeit v_3. Sein Kiel hat, wie eingetragen, dauernd die Richtung von v_1; das Boot bewegt sich aber in Wirklichkeit absolut in der Richtung von v_3.

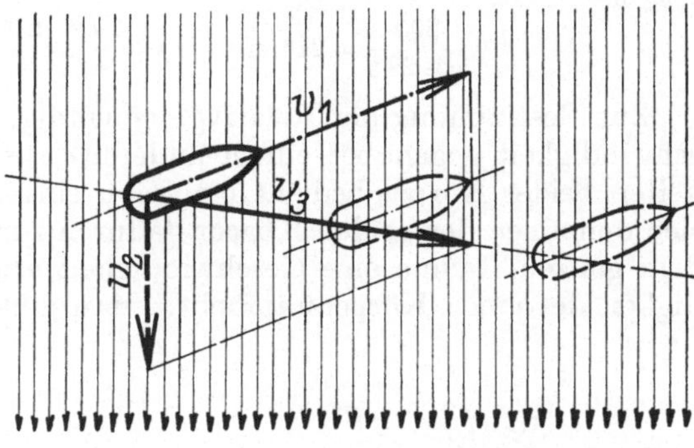

Abb. 27. Fahrt eines Bootes auf sich bewegendem Wasser.

Beispiel 29. Wo und nach welcher Zeit landet ein Boot am anderen Ufer des 200 m breiten Flusses, der mit der Geschwindigkeit von 1,5 m/sek fließt, wenn es unter dem Winkel $\alpha = 20°$ (stromaufwärts gemessen) gesteuert wird und eine Geschwindigkeit von 3 m/sek hat? Abb. 28. Bei stillstehender Wasseroberfläche würde das Boot, das bei A abstößt, bei B landen. Die

Strecke AB hat die Größe $AB = \dfrac{200}{\cos 20°} = 213\,\text{m}$.

Da die Fahrgeschwindigkeit in Steuerrichtung mit 3 m/sek gegeben ist, würde das Boot bei stillstehendem Wasser in B nach $\frac{213}{3} = 71$ sek landen. Während dieser Zeit wird das Boot aber um den Weg s_2 abgetrieben, den die Wasseroberfläche in dieser Zeit zurücklegt. Es berechnet sich diese Strecke BD mit $s = v$

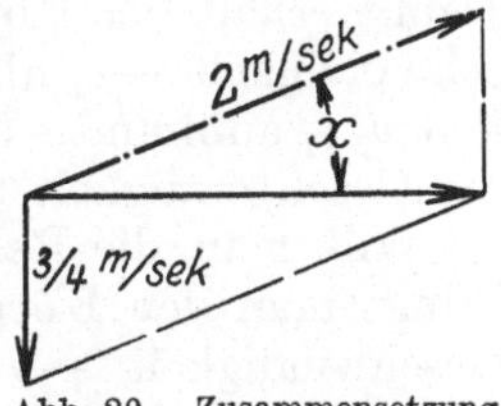

Abb. 28. Wegbestimmung für ein unter α Grad über einen Fluß gesteuertes Boot.

Abb. 29. Zusammensetzung zweier Geschwindigkeiten.

$\cdot t = 1,5 \cdot 71 = 106$ m. Es landet also das Boot um 106 m unterhalb B. Da $BC = 200$ tg $20° = 73$ m ist, liegt D um 33 m stromabwärts A.

Beispiel 30. Wie muß ein Boot, das eine Fahrgeschwindigkeit von 2 m/sek besitzt, gesteuert werden, damit es quer über den mit $^3/_4$ m/sek fließenden Strom kommt?

Die resultierende Geschwindigkeit soll quer zur Flußrichtung gehen. Sie bildet also mit der Flußgeschwindigkeit einen rechten Winkel. Daraus folgt nach

Abb. 29 $\sin x = \dfrac{^3/_4}{2} = {}^3/_8$, $x = 22°$. Die Absolutgeschwindigkeit v_3 beträgt dann

$2 \cdot \cos 22° = 1{,}85$ m/sek. Bei dieser Geschwindigkeit braucht das Boot zum Durchqueren eines 200 m breiten Flusses die Zeit von $\dfrac{200}{1{,}85} = 108$ sek. Rechnet man die Zeit für das Fahren auf stillstehendem Wasser aus mit der Geschwindigkeit von 2 m/sek, so ergibt sich das gleiche Resultat aus folgenden Zwischenwerten. Der Weg ist

$$\frac{200}{\cos 22°} = 216\ \text{m}, \qquad t = \frac{s}{v} = \frac{216}{2} = 108\ \text{sek}.$$

Zur Bestimmung der Relativgeschwindigkeit eines Körpers (der Geschwindigkeit gegenüber einem anderen) aus den Absolutgeschwindigkeiten beider Körper bedient man sich eines Kunstgriffes. Man denkt sich den einen der beiden Körper dadurch zur Ruhe gebracht, daß man dem ganzen Raume eine Geschwindigkeit erteilt, welche die Geschwindigkeit des einen Körpers aufhebt. Man gibt dem ganzen Raume eine

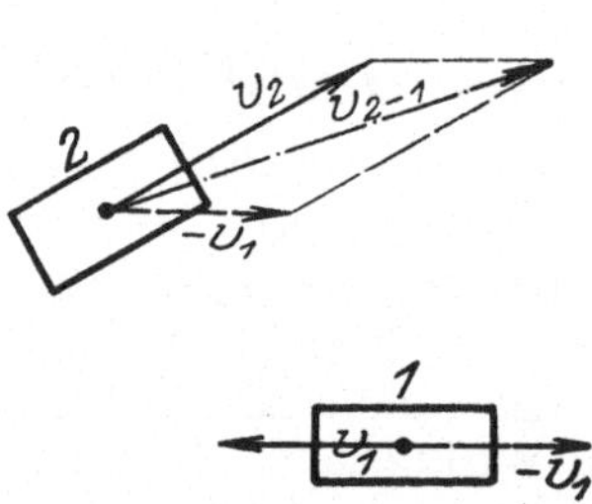

Abb. 30. Bestimmung der Relativgeschwindigkeit des bewegten Körpers *2* gegenüber dem bewegten Körper *1*.

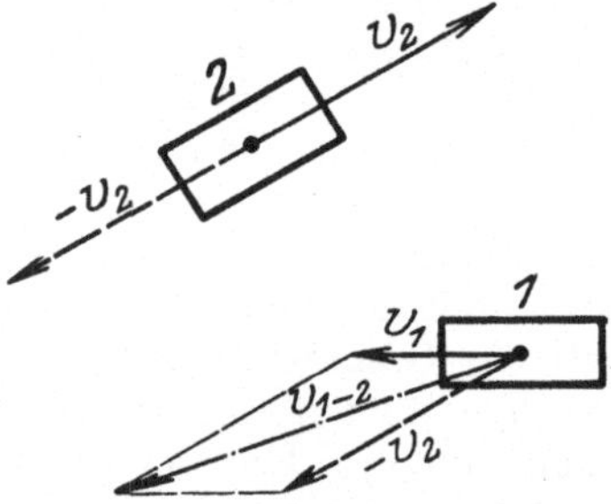

Abb. 31. Bestimmung der Relativgeschwindigkeit des bewegten Körpers *1* gegenüber dem bewegten Körper *2*.

Geschwindigkeit, die von gleicher Größe, aber umgekehrter Richtung ist wie eine der beiden Körpergeschwindigkeiten.

Bewegen sich in Abb. 30 die beiden Körper *1* und *2* mit den absoluten Geschwindigkeiten v_1 und v_2, so kommt der Körper *1* dadurch zur Ruhe, daß man dem ganzen Raume die Geschwindigkeit $-v_1$ erteilt. Damit erhält der Körper *2* zu seiner Geschwindigkeit v_2 noch die Geschwindigkeit $-v_1$ hinzu, so daß er nun die resultierende Geschwindigkeit v_{2-1} annimmt. Es hat also der Körper *2* gegenüber dem Körper *1* die Geschwindigkeit v_{2-1}, denn der Körper *1* steht nun still.

Will man die Relativgeschwindigkeit von *1* gegen *2* feststellen, so bringt man den Körper *2* zur Ruhe. Der ganze Raum muß nun die Geschwindigkeit $-v_2$ hinzubekommen. Damit erhält der Körper *1* zu seiner Geschwindigkeit v_1 die Geschwindigkeit $-v_2$ hinzu. Er hat dann die resultierende Geschwindigkeit v_{1-2}, d. i. seine Relativgeschwindigkeit gegenüber *2*. Die beiden Relativgeschwindigkeiten v_{1-2} und v_{2-1} sind gleich groß, aber entgegengesetzt gerichtet.

Abb. 32 gibt die auf diese Weise durchgeführte Feststellung der scheinbaren Windrichtung auf einem Schiffe. Das Schiff hat die Geschwindigkeit v_1. Es fährt von Süden nach Norden. Der Wind bläst aus Ost-Nord-Ost mit der Geschwindigkeit v_2. Die Windrichtung an Bord wird durch Rückwärtsbewegung des ganzen Raumes (mitsamt dem Winde) um die Geschwindigkeit $-v_1$ bestimmt. $-v_1$ und v_2 geben zusammen die Geschwindigkeit v_3. Man wird an Bord die Empfindung haben, als käme der Wind von rechts vorn, wie v_3 zeigt.

Beispiel 31. Mit welcher Relativgeschwindigkeit tritt der die feststehenden Schaufeln A mit der absoluten Geschwindigkeit v_1 durchfließende Wasserstrahl in das mit der Geschwindigkeit v_2 sich bewegende Rad R ein? Abb. 33.

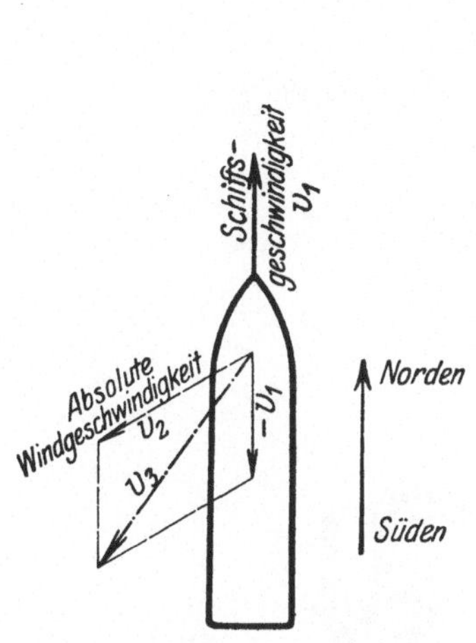

Abb. 32. Bestimmung der scheinbaren relativen) Windrichtung an Bord eines fahrenden Schiffes.

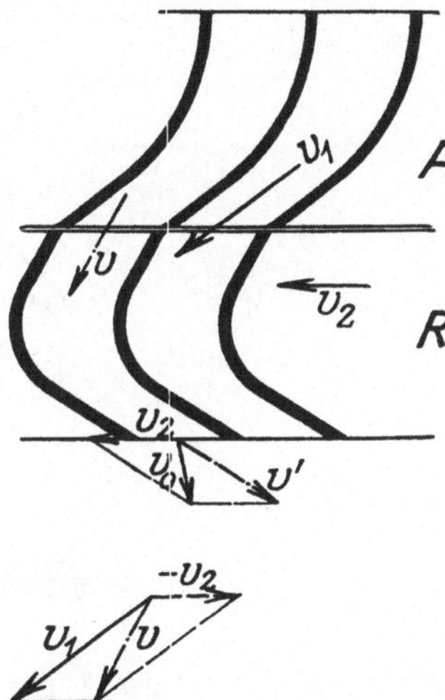

Abb. 33. Bestimmung der Wasserbewegungen beim Durchfließen eines bewegten Rades (R).

Durch Hinzufügung einer Rückwärtsbewegung um $-v_2$ kann man sich das Rad R zum Stillstande gebracht denken. Der Wasserstrahl tritt dann gleichsam aus einer mit $-v_2$ bewegten Röhre aus. Er hat die Geschwindigkeit v gegenüber R. (Nach dieser Geschwindigkeit sind die oberen Kanten der Schaufeln in R geneigt.)

Der Austritt aus dem Laufrad R erfolgt mit der Relativgeschwindigkeit v' und der Absolutgeschwindigkeit v_0. v_0 Resultanten von v' und v_2.

Bewegt sich (Abb. 34) auf dem Rücken eines Schiebers A ein zweiter B, so ermittelt sich die Relativbewegung nach Abb. 35. Der Schieber A erhält seinen Antrieb von der Kurbel MA. Der Schieber B erhält seinen Antrieb von der Kurbel MB. Die Relativbewegung von B gegen A entspricht einem Antriebe von einer gedachten Kurbel MC. Es wird die Bewegung von A zur Ruhe gebracht dadurch, daß man dem ganzen Raum einen Antrieb durch eine Kurbel MA' gibt. Das hat für B die Folge einer doppelten Bewegung einmal nach MB (eigener Antrieb), zweitens nach MA' (negativer Antrieb zu MA). MC ist die Resultierende aus MA' und MB.

In ähnlicher Weise leitet man die zusammengesetzte Bewegung in einem Planetengetriebe ab. Es werde in Abb. 36 das Rad *1* und das Rad *3* angetrieben; aus den Umlaufzahlen von *1* und *3* resultiert dann die Umlaufzahl der Welle *2*. (*1* trägt ein Rad mit Innenverzahnung. In diese Innenverzahnung greift das kleine Rad *4* ein, dessen Achse in *3* befestigt ist. Dieses kleine Rad *4* greift ferner in das Rad *2* ein, welches mit der Welle *2* ein Stück bildet.) Es rotiert das Rädchen *4*

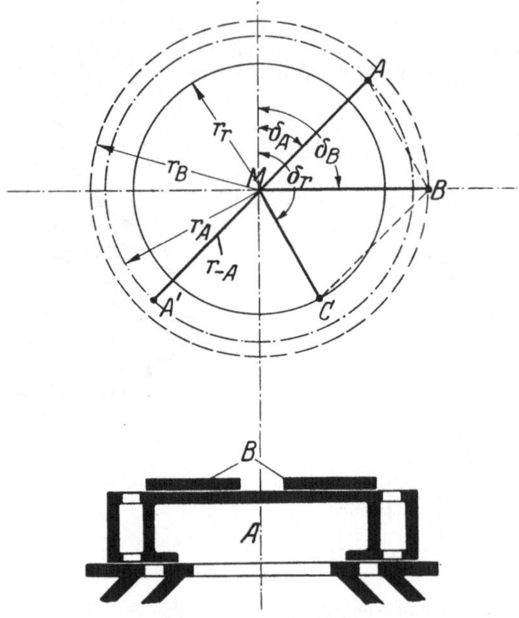

Abb. 35. Schema des Antriebes zum Schieber (Abb. 34).

Abb. 34. Doppelschicht.

um seine eigene Achse; diese seine Achse läuft zugleich um die Achse *A—A* um.

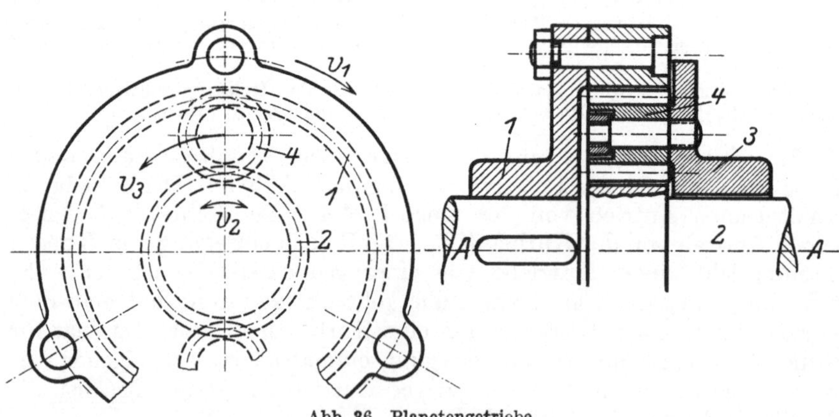

Abb. 36. Planetengetriebe.

Man bringt den Mittelpunkt von *4* dadurch zur Ruhe, daß man ihm die Rückgeschwindigkeit $-v_3$ gibt. Dann muß man dem Rade *1* die Geschwindigkeit v_1' zufügen, welche sich zu $-v_3$ verhält wie $r_1 : r_4$,

$$v_1' = v_3 \cdot \frac{r_1}{r_4}.$$

Dann muß man ferner dem Rade *2* die Geschwindigkeit $-v_2'$ zufügen, die sich aus $v_2' = v_3 \cdot \dfrac{r_2}{r_4}$ bestimmt.

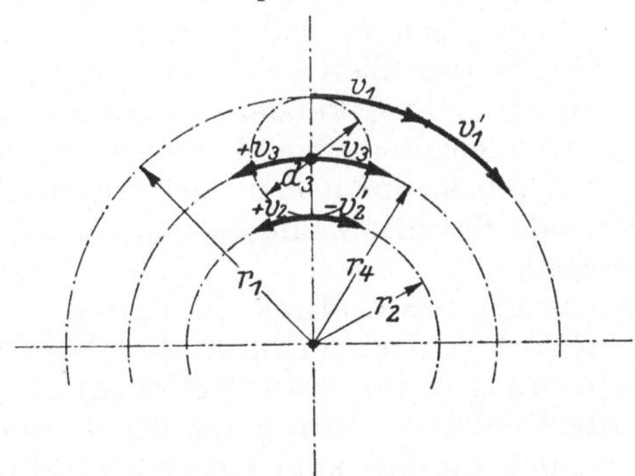

Abb. 37. Schema zu Abb. 36.

Nun der Mittelpunkt des kleinen Rädchens still steht, ist seine Umfangsgeschwindigkeit außen $v_1 + v_1' = v_1 + v_3 \dfrac{r_1}{r_4}$ gleich seiner Umfangsgeschwindigkeit innen $v_2 - v_2' = v_2 - v_3 \cdot \dfrac{r_2}{r_4}$. ($v_2$ wirkliche Umfangsgeschwindigkeit des Rades *2*, entgegengesetzt v_2'). Damit folgt

$$v_2 - v_3 \frac{r_2}{r_4} = v_1 + v_3 \frac{r_1}{r_4},$$

$$v_2 = v_1 + v_3 \left(\frac{r_1}{r_4} + \frac{r_2}{r_4}\right) = v_1 + v_3 \left(\frac{r_1 + r_2}{r_4}\right).$$

Setzt man

$$v_1 = \frac{2\,r_1\,\pi\,n_1}{60},$$

$$v_3 = \frac{2\,r_4\,\pi \cdot n_3}{60}$$

und

$$v_2 = \frac{2\,r_2\,\pi \cdot n_2}{60},$$

so folgt

$$r_2 \cdot n_2 = r_1 \cdot n_1 + r_4 \cdot n_3 \left(\frac{r_1 + r_2}{r_4}\right),$$

$$n_2 = n_1 \frac{r_1}{r_2} + n_3 \cdot \frac{r_1 + r_2}{r_2}.$$

Aus der Zusammensetzbarkeit der Wege ist die Zusammensetzbarkeit der Geschwindigkeiten abgeleitet (siehe S. 29). Aus der Zusammensetzbarkeit der Geschwindigkeiten läßt sich die Zusammensetzbarkeit der Beschleunigungen ableiten.

Besitzt ein Körper zwei verschieden gerichtete Bewegungen, die beide gleichförmig beschleunigt sind, so hat er nach t Sekunden die beiden Einzelgeschwindigkeiten $v_1 = p_1 \cdot t$ und $v_2 = p_2 \cdot t$, sofern beide Bewegungen gleichzeitig von der Anfangsgeschwindigkeit Null ausgehen. Diese Geschwindigkeiten geben vereinigt die resultierende Geschwindigkeit v_3. Dividiert man die Einzelgeschwindigkeiten wie auch ihre Resultante durch die Zeit t, so gehen die Einzelgeschwindigkeiten in die Einzelbeschleunigungen p_1 und p_2 über, und die resultierende Geschwindigkeit wird in den Wert $v_3 : t$ verwandelt, d. h. in die Beschleunigung p_3, welche in t Sekunden v_3 erzeugt. Anstatt die Geschwindigkeiten zusammenzusetzen und daraus die resultierende Geschwindigkeit zu bestimmen, kann man aus den Beschleunigungen p_1 und p_2 die resultierende Beschleunigung p_3 und aus p_3 die Geschwindigkeit $v_3 = p_3 t$ ermitteln.

Zwei Beschleunigungen eines Körpers setzen sich zusammen nach dem Parallelogramm der Beschleunigungen. Die Einzelbeschleunigungen sind die Parallelogrammseiten, die resultierende Beschleunigung ist die Diagonale.

Bei einer Bewegung, die aus zwei verschiedenartigen Bewegungen — z. B. einer gleichförmigen und einer gleichförmig beschleunigten — resultiert, ist neben der Bestimmung der Geschwindigkeit in den einzelnen Augenblicken die Bestimmung der Bahnkurve wichtig (s. Abb. 38). Man ist imstande, jede beliebige Bahnkurve zu erzielen, wenn man zu der in einer Richtung gegebenen Geschwindigkeit eine beliebige andere und anders gerichtete Geschwindigkeit hinzufügt. Von Bedeutung ist diese Art des Zustandekommens einer beliebig geformten Bahn für die Zurückführung der Lehre von den Richtungsänderungen der Körper auf die Geschwindigkeitsänderungen der Körper und damit auf das Grundgesetz der Physik „Kraft gleich Masse mal Beschleunigung".

B. Grundgesetz der Physik.

1. Das Gesetz der Massenbeschleunigung.

Das Grundgesetz der Physik, auf welchem die ganze Lehre von den Kraftwirkungen ruht, lautet:

Wirkt auf einen Körper eine Kraft, so ändert sich der Bewegungszustand des Körpers.

Der Bewegungszustand eines Körpers ist durch zwei Größen bestimmt; erstens durch die Bewegungsrichtung und zweitens durch die Bewegungsgeschwindigkeit. Es kann sich die Kraftwirkung demzufolge in drei Formen äußern:

1. Die Kraft führt eine Änderung der Bewegungsrichtung des Körpers herbei. Sie zwingt z. B. den Körper, seine geradlinige Bewegung, d. i. die Bewegung mit unveränderter Bewegungsrichtung, aufzugeben und einer anders gerichteten Bahn zu folgen.

2. Die Kraft führt eine Änderung der Bewegungsgeschwindigkeit des Körpers herbei. Sie zwingt ihn z. B., vom Ruhezustand in den Bewegungszustand überzugehen oder seine gleichförmige Bewegung, d. i. die Bewegung mit unveränderter Geschwindigkeit, aufzugeben und eine beschleunigte Bewegung anzunehmen.

3. Die Kraft führt sowohl eine Änderung der Bewegungsrichtung als auch eine Änderung der Bewegungsgeschwindigkeit herbei.

Das Gesetz für die Änderung der Bewegungsrichtung wird aus dem Gesetz für die Änderung der Bewegungsgeschwindigkeit abgeleitet. Man kann die Bewegung auf einer krummlinigen Bahn zurückführen auf die Zusammensetzung zweier Bewegungsvorgänge, das Ausweichen eines Körpers aus seiner zunächst geradlinigen Bahn also erklären als die Folge einer neu hinzugekommenen zweiten Geschwindigkeit. Durchläuft z. B. ein Körper die Bahn Abb. 38, die sich bei B zu krümmen beginnt, so gibt die in diesem Punkte beginnende, durch die Bahnkrümmung erzwungene zweite Geschwindigkeit eine Erklärung für die

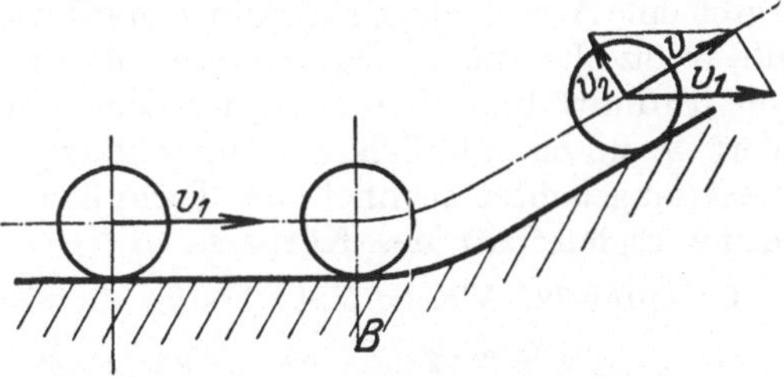

Abb. 38. Herbeiführung einer Richtungsänderung durch Hinzukommen einer neuen Geschwindigkeit.

Richtungsänderung. Das Gesetz für dieses Neuhinzukommen der zweiten Bewegung, d. h. für die Änderung dieser zweiten **Bewegungsgeschwindigkeit** (in dieser zweiten Richtung hatte der Körper bis dahin die Geschwindigkeit Null, dann aber hat er eine von Null abweichende Geschwindigkeit v_2), gewinnt so Geltung für die Erklärung der **Richtungsänderungen**, so daß für beide Arten Bewegungsänderung ein Gesetz der **Geschwindigkeitsänderung** genügt.

Das Grundgesetz der Physik lautet:

Kraft gleich Masse mal Beschleunigung:

$$P = m \cdot p. \tag{20}$$

Man mißt die Kraft P in Kilogramm, die Beschleunigung p hat den Wert m/sek². Damit folgt für die Masse aus $m = P/p$ Kilogramm durch Meter durch Sekundenquadrat oder Kilogramm mal Sekundenquadrat durch Meter: $\dfrac{\text{Kilogramm} \cdot \text{Sekunden}^2}{\text{Meter}}$. Da sich dieser Ausdruck zu unbequem spricht und auch nicht dazu beitragen kann, die Vorstellung vom Wesen der Masse zu bessern, spricht man vielfach von **Masseneinheiten** und gibt dafür die Bezeichnung ME. Der Techniker versteht unter ME ganz allgemein die auf das **Kilogramm** als Kraft bezogene Einheit. Der Physiker bezieht seine Einheiten auf das **Gramm**.

Die zahlenmäßige Größe einer Körpermasse wird aus einem Spezialfall der Gleichung $P = m \cdot p$ abgeleitet. Jeder Körper wird durch die Kraft seines Eigengewichts (G) mit der Erdbeschleunigung (g) beschleunigt. Es gilt für jeden Körper die Gleichung

$$G = m \cdot g. \tag{21}$$

$m = G/g$ Masse gleich Gewicht durch Erdbeschleunigung.

3*

In Wirklichkeit ist nicht das Gewicht eines Körpers das ursprünglich Gegebene, sondern die Masse. Die Berechnung des Massenwertes aus dem Gewicht stellt die Verhältnisse gewissermaßen auf den Kopf. .Ein Körper zeigt eine v e r s c h i e d e n e Gewichtswirkung, je nachdem man ihn unter dem 45. Breitengrade oder am Nordpol wiegt. Sein Gewicht ändert sich mit der Änderung seines Abstandes vom Erdmittelpunkt. Schon eine Nachprüfung des Gewichtes auf einem hohen Berge ergibt eine Abweichung gegenüber dem, was man in der Ebene, am Bergfuß, mißt. Es ändert sich der Wert g mit der Änderung des Abstandes vom Erdmittelpunkt, und in der Gleichung $G = m \cdot g$ ist nur der eine Wert m unveränderlich und unabhängig von der Lage des Körpers. Dessenungeachtet rechnet der Techniker so, als sei das Gewicht eine f e s t e Eigenschaft des Körpers.

B e i s p i e l 32. Welche Maße besitzt ein Körper von 20 kg Gewicht?

$$G = m \cdot g , \qquad m = G/g , \qquad 20/9{,}81 = \text{rund } 2 \,\text{ME} .$$

(Man rechnet in der Technik in der überwiegenden Zahl aller Fälle mit g rund 10 m/sek^2).

B e i s p i e l 33. Welche Beschleunigung erteilt eine Kraft von 40 kg einem Körper von 20 kg Gewicht?

$$P = m \cdot p , \qquad m = \frac{G}{g} = \frac{20}{10} = 2 \,\text{ME} ,$$

$$40 = 2 \cdot p , \qquad p = \tfrac{40}{2} = \mathbf{20 \,\text{m/sek}^2} .$$

B e i s p i e l 34. Welche Zugkraft muß eine Lokomotive für die Beschleunigung ihres eigenen Gewichtes und des Zuggewichtes im Betrage von insgesamt 400 t aufwenden, wenn sie mit einer Beschleunigung von 0,15 m/sek^2 anfahren soll? (Die Lokomotive hat außer der Kraft für die Beschleunigung noch die Kraft für die Überwindung der Bewegungswiderstände aufzuwenden).

$$m = \frac{G}{g} = \frac{400\,000}{10} = 40\,000 \,\text{ME} ,$$

$$p = 0{,}15 \,\text{m/sek} ,$$

$$\boldsymbol{P} = m \cdot p = 40\,000 \cdot 0{,}15 = \mathbf{6000} \text{ kg Zugkraft für die Beschleunigung.}$$

B e i s p i e l 35. Ein Straßenbahnwagen soll so anfahren, daß er 6 Sekunden nach dem Anfahren die Geschwindigkeit von 3 m/sek besitzt. Welche Beschleunigungskraft ist aufzuwenden, wenn das Wagengewicht 8 t beträgt und der Beschleunigungsvorgang gleichförmig verläuft?

$$m = \frac{G}{g} = \frac{8000}{10} = 800 \,\text{ME} ,$$

$$v = v_0 + p \cdot t , \qquad v_0 = 0 , \qquad t = 6 \,\text{sek} , \qquad v = 3 \,\text{m/sek} ,$$

$$3 = 0 + p \cdot 6 , \qquad p = \tfrac{3}{6} = 0{,}5 \,\text{m/sek}^2 ,$$

$$\boldsymbol{P} = m \cdot p = 800 \cdot 0{,}5 = \mathbf{400 \text{ kg}} .$$

2. Der Begriff der mechanischen Arbeit und Leistung.

Als mechanische Arbeit bezeichnet man das Produkt aus Kraft mal Weglänge in der Kraftrichtung. Oder kurz gefaßt: Arbeit gleich Kraft mal Weg:

$$\boldsymbol{A = P \cdot s} . \tag{22}$$

Als Einheit der Kraft das Kilogramm und als Einheit für die Wegstrecke das Meter eingesetzt, folgt für die Arbeit der Wert:
Arbeit gleich Meter mal Kilogramm = Meterkilogramm (geschr. mkg).

Beispiel 36. Welche Arbeit verrichtet ein Kran, wenn er das Gewicht von 2 t um 5 m hebt?

$$A = P \cdot s = 2000 \cdot 5 = 10000 \text{ mkg} = \mathbf{10000\ mkg}\,.$$

Die beim Heben einer Last aufgewendete Kraft P ist eine vertikal nach oben, dem Gewicht der Last entgegengesetzt gerichtete Kraft. Der Weg wird darum in der Vertikalrichtung gemessen. Es kommt (Abb. 39) bei einem Heben des Körpers von A nach B demgemäß nur die Wegstrecke h in Anrechnung und nicht der Gesamtweg s. Wohl spielt auch dieser eine Rolle, insofern eine Verlängerung des Weges eine Erhöhung der Arbeitsverluste mit sich bringt. Für die wirklich geleistete **Nutzarbeit** ist nur der in der **Kraftrichtung** (beim Heben in der Vertikalrichtung) zurückgelegte **Weg** einzusetzen. Ob der Kran die Last während des Hebens noch hin und her schwenkt, hat für die Nutzleistung nichts zu sagen, diese Wegvergrößerung spielt nur

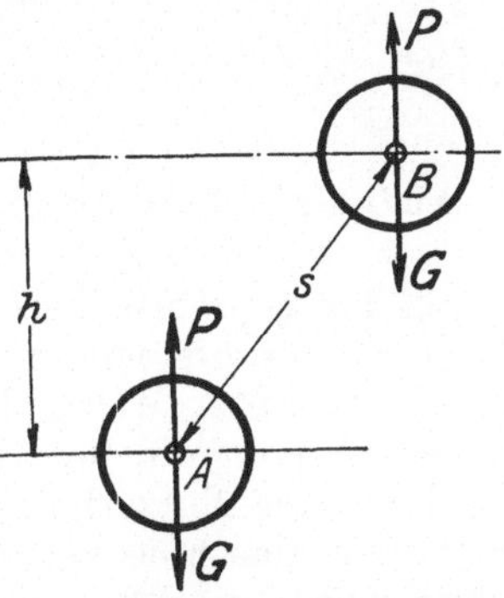

Abb. 39. Heben eines Gewichtes G durch die Kraft P um die Höhe h.

bei der Bewertung der Arbeitsverluste eine Rolle. Naturgemäß hat man mehr Arbeit aufzuwenden, wenn man nicht gerade hochhebt, sondern noch seitlich verschiebt (s. S. 116 unter Reibung).

Beispiel 37. Welche Arbeit verrichtet eine Pumpe, wenn sie 2 cbm Wasser auf 40 m Höhe pumpt?

$$P = 2000 \text{ kg}, \qquad s = 40 \text{ m},$$

$$A = P \cdot s = 2000 \cdot 40 = \mathbf{80000\ mkg}\,.$$

(Die Hebung des Wassers erfolgt kaum jemals genau senkrecht aufwärts. Die Rohrleitung für das Wasser liegt in den meisten Fällen auf einzelnen Teilen der Gesamtlänge horizontal. Es werden sich nach der Gesamtlänge der Rohrleitung verschieden große Verluste ergeben, die neben der wirklichen Nutzarbeit mit aufgewendet werden müssen.)

Die Einzelberechnung aller bei einer Arbeitsleistung mitzuleistenden Verluste läßt sich nur bei genauer Kenntnis der einzelnen Vorgänge durchführen. Die Mechanik gibt für diese Berechnungen in der Reibungslehre die Grundsätze. Für die Beispiele der Arbeitslehre und der Leistungslehre muß einstweilen die Zusammenfassung der ganzen Verluste genügen. Man berechnet die Gesamtheit der Verluste nach dem Werte „Wirkungsgrad“.

Der Wirkungsgrad ist das Verhältnis zwischen Nutzarbeit und aufgewendeter Arbeit. Kommt bei einer Arbeitsleistung mit aufgewendeten 100 mkg nur eine Nutzarbeit von 70 mkg zustande, so beträgt der

Wirkungsgrad 70/100 = 70%. Man gibt dem Wirkungsgrad den griechischen Buchstaben η:

$$\eta = \frac{\text{Nutzarbeit}}{\text{Aufgewendete Arbeit}} \cdot \qquad (23)$$

Beispiel 38. Welche Arbeit ist a u f z u w e n d e n, um eine Last von 2 t 5 m hoch zu heben, wenn der Wirkungsgrad der Winde $\eta = 40\%$ beträgt? .

$$\text{Nutzarbeit } P \cdot s = G \cdot h = 2000 \cdot 5 = 10000 \text{ mkg},$$

$$\eta = \frac{\text{Nutzarbeit}}{\text{Aufgewendete Arbeit}},$$

$$0{,}40 = \frac{10000}{\text{Aufgewendete Arbeit}},$$

$$\text{Aufgewendete Arbeit} = \frac{10000}{0{,}4} = 25000 \text{ mkg}.$$

Bei einer mehrfachen Umwandlung von Arbeit in verschiedenen Maschinen hintereinander ist der Wirkungsgrad der einzelnen Maschinen η_1, η_2, η_3 durch Multiplikation zum Gesamtwirkungsgrade η zu vereinigen. Wenn mit 100 aufgewendeten Meterkilogramm in der ersten Maschine eine Nutzarbeit von 80 mkg verrichtet wird ($\eta_1 = 80\%$) und die zweite Maschine verwandelt diese 80 mkg weiter mit einem Wirkungsgrade von 60%, so kommen schließlich nur $80 \cdot \frac{60}{100} = 48$ mkg heraus. Für den z w e i t e n Umwandlungsvorgang ist die beim ersten erzielte N u t z a r b e i t die a u f g e w e n d e t e Arbeit.

$$\eta = \eta_1 \cdot \eta_2 \cdot \eta_3 \cdots \qquad (24)$$

Beispiel 39. Welche Arbeit verrichtet ein Kran, der aus dem Netz an elektrischer Arbeit 2000 mkg aufnimmt, wenn der Elektromotor einen Wirkungsgrad von 85% und das Triebwerk einen Wirkungsgrad von 30% besitzt?

$$\eta = \eta_1 \cdot \eta_2 = 0{,}85 \cdot 0{,}3 = 0{,}255,$$
$$2000 \cdot 0{,}255 = 510 \text{ mkg}.$$

(Der Motor gibt an das Triebwerk $2000 \cdot 0{,}85 = 1700$ mkg ab. Diese 1700 mkg sind die Nutzarbeit des Motors, und zugleich bilden sie die aufgewendete Arbeit für das Triebwerk. Aus diesen 1700 mkg Arbeitsaufwendung macht das Triebwerk nun die Nutzarbeit von $1700 \cdot 0{,}30 = 510$ mkg.)

Die mechanische Arbeit tritt noch in einer zweiten Form auf. Läßt man einen um die Höhe h gehobenen Körper frei fallen, so beschleunigt er sich unter der Wirkung seines Gewichtes. Die in ihn beim Heben um die Höhe h hineingesteckte Arbeit $A = G \cdot h$ geht in eine andere Form über, deren Wert bei verlustlosem Fallvorgange (Gesetz von der Erhaltung der Energie) gleich dem Wert $G \cdot h$ ist:

$$A = G \cdot h.$$

Nach Gleichung (21)

$$G = m \cdot g.$$

Nach Gleichung (13) (Endgeschwindigkeit beim Fallen um die Höhe h)

$$v = \sqrt{2gh}\,, \qquad h = \frac{v^2}{2g}\,,$$

$$A = G \cdot h = \frac{m \cdot g \cdot v^2}{2g} = \frac{m \cdot v^2}{2}\,,$$

$$A = \frac{m \cdot v^2}{2}\,. \tag{25}$$

A = Arbeit mkg;

m = Masse des bewegten Körpers ME;

v = Geschwindigkeit des bewegten Körpers m/sek.

Beispiel 40. Welche Arbeit steckt in einem Körper von 200 kg Gewicht, wenn derselbe die Geschwindigkeit $v = 30$ m/sek besitzt?

$$A = \frac{m \cdot v^2}{2}\,, \qquad m = \frac{G}{g} = \frac{200}{10} = 20\,\mathrm{ME}\,, \qquad A = \frac{20 \cdot 30^2}{2} = 9000\,\mathbf{mkg}\,.$$

(Die Geschwindigkeit von 30 m/sek kann man sich durch einen Fallvorgang des Körpers herbeigeführt denken. Es gehört zu dieser Geschwindigkeit die Fallhöhe h, berechnet aus $v = \sqrt{2gh}$, $h = \frac{v^2}{2 \cdot g} = \frac{30^2}{2 \cdot 10} = 45$ m. Die Arbeit als $G \cdot h$ berechnet, gibt mit diesem Werte h den gleichen Betrag, nämlich

$$A = G \cdot h = 200 \cdot 45 = 9000\ \text{mkg.})$$

Der Physiker unterscheidet diese beiden Formen der Arbeit mit den Bezeichnungen „potentielle Energie" und „kinetische Energie". In der Technik ist diese Bezeichnung weniger gebräuchlich. Dagegen findet sich der Ausdruck „lebendige Kraft" für „$A = \frac{m \cdot v^2}{2}$", dessen Fassung eine Mißdeutung herbeiführen kann. $\frac{m \cdot v^2}{2}$ ist **keine Kraft**, sondern **Arbeit. Kraft sind Kilogramm.** Es ist wohl erklärlich, daß man die in einem bewegten Körper steckende Arbeit nach der **Schlagkraft**, mit der derselbe beim Auftreffen auf einen stillstehenden Gegenstand zur Wirkung kommt, beurteilt, aber darum ist $\frac{m \cdot v^2}{2}$ immer noch keine Kraft.

Bestimmt man zur Kontrolle die Maßeinheit des Wertes $\frac{m \cdot v^2}{2}$ aus m und v, so folgt:

$$m = \frac{\text{Kilogramm} \cdot \text{Sekunden}^2}{\text{Meter}}\,,$$

$$v = \frac{\text{Meter}}{\text{Sekunde}}\,, \qquad v^2 = \frac{\text{Meter}^2}{\text{Sekunden}^2}\,,$$

$$\frac{m \cdot v^2}{2} = \frac{\text{Kilogramm} \cdot \text{Sekunden}^2 \cdot \text{Meter}^2}{\text{Meter} \cdot \text{Sekunden}^2}\,,$$

$$= \text{Kilogramm} \cdot \text{Meter} = \text{mkg}\,.$$

Beispiel 41. Welche Arbeit steckt in einem Schwungrade von 4 t Kranzgewicht und 30 m/sek Umfangsgeschwindigkeit?

(Vereinfachend ist angenommen, daß alle Masseteilchen des Kranzes ein und dieselbe Geschwindigkeit v haben, während in Wirklichkeit die äußersten Massenteilchen eine höhere Geschwindigkeit haben als die mehr zur Mitte liegenden. Gemeinschaftlich ist den Masseteilchen nur die Winkelgeschwindigkeit ω. Sie haben die verschiedenen Geschwindigkeiten

$$v_1 = \omega \cdot r_1, \qquad v_2 = \omega \cdot r_2.$$

Die genaue Bestimmung der in einem Schwungkranze steckenden mechanischen Arbeit siehe S. 160.)

$$A = \frac{mv^2}{2},$$

$$m \cdot \frac{4000}{10} = 400 \, \text{ME}, \qquad A = \frac{400 \cdot 30^2}{2} = 180\,000 \, \text{mkg}.$$

Die beiden Formen der Arbeitsaufspeicherung können nebeneinander stehen. Es kann ein Körper sowohl kinetische Energie als auch zugleich potentielle Energie enthalten. Ein in 240 m Höhe über dem Erdboden befindlicher Körper von 30 kg Gewicht, der eine Geschwindigkeit von $v = 40 \, \text{m/s}$ besitzt, enthält eine Arbeit von $A = A_1 + A_2$:

$$A_1 = G \cdot h = 30 \cdot 240 = 7200 \, \text{mkg},$$

$$A_2 = \frac{m \cdot v^2}{2} = \frac{G}{g} \cdot \frac{40^2}{2} = \frac{3 \cdot 40^2}{2} = 2400 \, \text{mkg},$$

$$A = 9600 \, \text{mkg}.$$

Diese Summe der Arbeiten kann in eine einzige der beiden Formen übergeführt werden. Man kann den Wert A_1 (die potentielle Energie) in die Form von A_2 (kinetische Energie) verwandeln, indem man den Körper aus der Höhe von 240 m frei herabfallen läßt. Man kann auch den Betrag A_2 dazu benutzen, um den Abstand h von der Erdoberfläche zu erhöhen. Rechnerisch führt man diese Umwandlung am einfachsten durch, indem man sich auf das Gesetz von der Erhaltung der Energie stützt. Es muß die im Körper steckende Arbeit unverändert bleiben, wenn die Umwandlung verlustlos ist. Der Betrag A ist also nur der Form nach zu verwandeln, seine Gesamtgröße bleibt unverändert.

Abb. 40 zeigt links den in der Höhe h_1 befindlichen, mit der Geschwindigkeit v_1 bewegten Körper. In der Mitte den in h_2 befindlichen, ruhenden Körper, rechts den in der Höhe Null mit v_3 be-

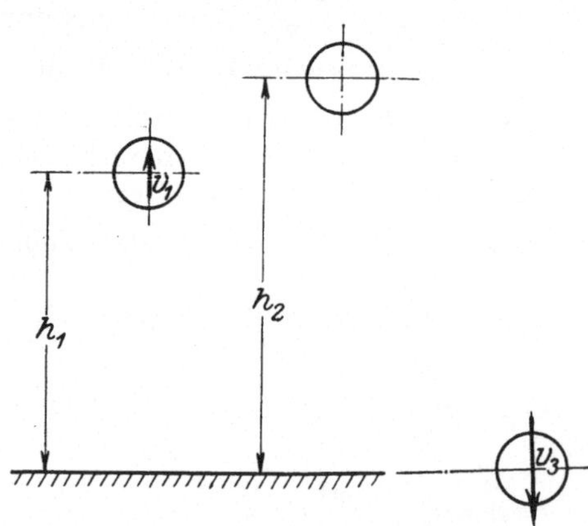

Abb. 40. Verschiedene Lagen und verschiedene Geschwindigkeiten eines Körpers bei Gleichheit der in ihm aufgespeicherten Arbeit.

wegten Körper. Die 9600 mkg der obigen Rechnung sind bestimmt aus:

$$G \cdot h_2 = 9600 = 30 \cdot h_2, \qquad h_2 = 320 \, \text{m}.$$

Sie sind ferner gleich:

$$\frac{m \cdot v_3^2}{2}, \qquad 9600 = \frac{3 \cdot v_3^2}{2}, \qquad v_3 = 80 \, \text{m/sek}.$$

Man bezeichnet eine so durchgeführte Rechnung als Rechnung mit der Arbeitsbilanz. Wie dem Kaufmann die Bilanz aus Kassenbestand, Ausgaben und Einnahmen in jedem Augenblicke dasselbe Gesamtergebnis am Besitz und Schulden ergeben muß, wenn er verlustlos und verdienstlos gearbeitet hat, so muß sich auch bei einem Rechnen nach dem Arbeitswert, nach den Meterkilogramm, in jedem Augenblick der einmal vorhandene Wert an Meterkilogramm nachweisen lassen.

Nach der Arbeitsbilanz ergibt sich für das Übergehen eines stillstehenden Körpers aus einer Niveaufläche in eine andere die Geschwindigkeit v nach der Gleichung $v = \sqrt{2\,g\,h}$. Es ist also die Geschwindigkeit v vollkommen unabhängig von dem Wege, auf welchem der Körper von der einen Niveaufläche zu der anderen übergeht. Die Richtung, welche der Körper beim Kreuzen der zweiten Fläche hat, ist ohne jeden Einfluß auf die Größe von v. Der Körper tritt in jedem Falle mit der gleichen Geschwindigkeit v durch die untere Fläche hindurch (Abb. 41).

Ein Bild einer solchen Umwandlung der kinetischen Energie in potentielle kennzeichnet die Abb. 42. Die am Haken des Laufkranes hängende Last Q hat die Geschwindigkeit v. Hält man plötzlich den Kran selbst an, so

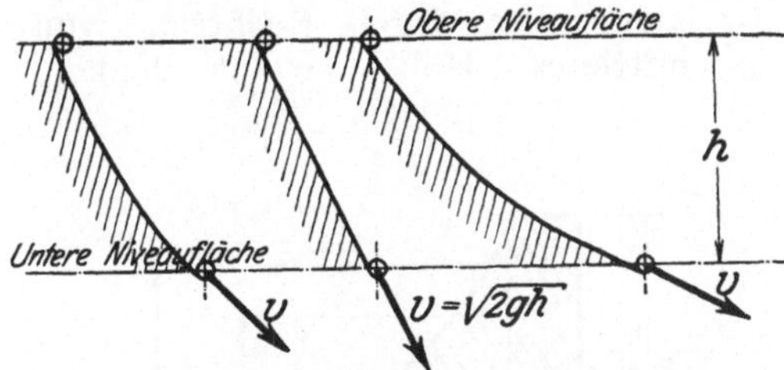

Abb. 41. Verschiedenheit der Geschwindigkeitsrichtung bei Gleichheit der Geschwindigkeit (Größe) nach Durcheilen der gleichen Höhe.

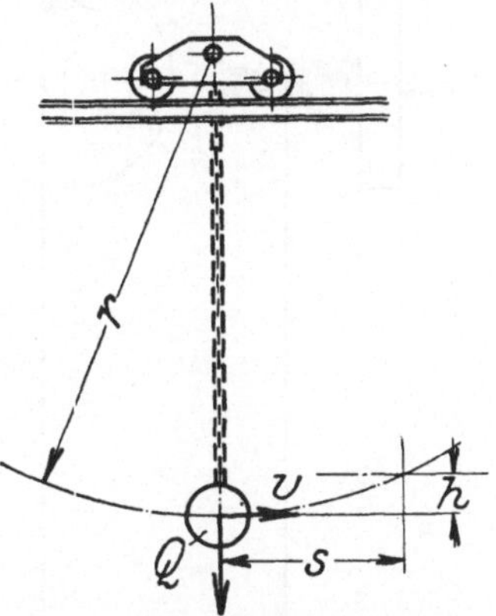

Abb. 42. Weiterschwingen der am Kranhaken hängenden Last bei plötzlichem Stillstehen des Aufhängepunktes.

schwingt die Kette aus, bis der in der Last (und der Kette) steckende Betrag $\dfrac{m \cdot v^2}{2}$ in Lasthebearbeit umgewandelt ist. Es wird die Last also noch so weit schwingen, bis die aus der Gleichung $G \cdot h = \dfrac{m\,v^2}{2}$ berechnete Hubhöhe h erreicht ist.

Beispiel 42. Um welchen Betrag schwingt die Last weiter, wenn der Kran aus der Geschwindigkeit von $v = 2$ m/sek plötzlich zum Stillstand gebracht wird und die freie Kettenlänge $r = 8$ m beträgt?

$$G \cdot h = \frac{m \cdot v^2}{2}, \qquad h = \frac{v^2}{2 \cdot g} = \frac{2^2}{2 \cdot 10} = \frac{1}{5},$$

$$(2r - h)\,h = s^2, \qquad s^2 = 3{,}16,$$

$$(16 - 0{,}2)\,0{,}2 = s^2, \qquad \boldsymbol{s = 1{,}77\ \mathrm{m}.}$$

Beispiel 43. Ein mit $n = 200$ Umdrehungen laufendes Rad von 2,2 t Kranzgewicht und 3 m Durchmesser (siehe Beispiel 41) wird dadurch zur Ruhe gebracht, daß es gezwungen wird, eine Last von $G = 5000$ kg zu heben. Wie hoch wird das Gewicht gehoben? (Abb. 43.)

Umfangsgeschwindigkeit des Rades:

$$v = \frac{D \cdot \pi \cdot n}{60} = \frac{3 \cdot \pi \cdot 200}{60} = 31,4 \text{ m/sek.}$$

Im Rade steckende Arbeit:

$$A_1 = \frac{m \cdot v^2}{2} = \frac{2200}{10} \cdot \frac{31,4^2}{2} = 108\,500 \text{ mkg},$$

$$A_2 = G \cdot h = 5000 \cdot h, \qquad A_1 = A_2, \qquad 108\,500 = 5000 \cdot h,$$

$$\boldsymbol{h = 31,7 \text{ m}}.$$

Schwankt die Kraft, welche die Arbeit verrichtet, auf den einzelnen Teilen des Gesamtweges, so berechnet man die Gesamtarbeit an Hand der graphischen Darstellung des Arbeitsvorganges in einem Kraft-Weg-Diagramm. Man trägt (Abb. 44) die Kraftgrößen als Ordinaten nach den Kraftwegen (Abszissen) auf. Die Arbeit ist dann durch den Flächeninhalt des Diagramms dargestellt. Die einzelnen kleinen Trapezchen, in welche sich die Figur teilen läßt, kann man durch Rechtecke von mittlerer Höhe ersetzt denken.

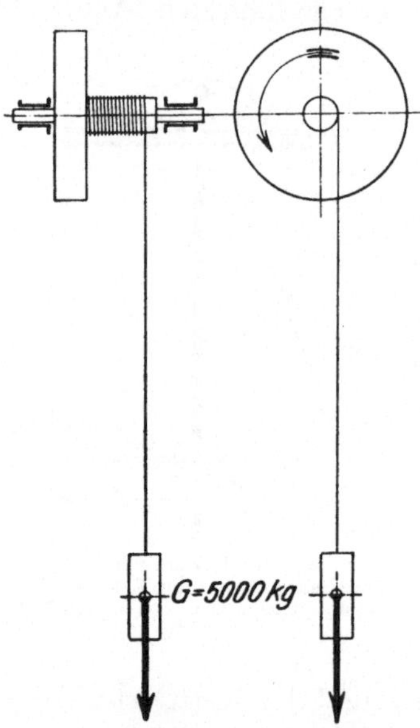

Abb. 43. Umsetzung der kinetischen Energie des auf der Trommelwelle sitzenden Schwungrades in Lasthebearbeit.

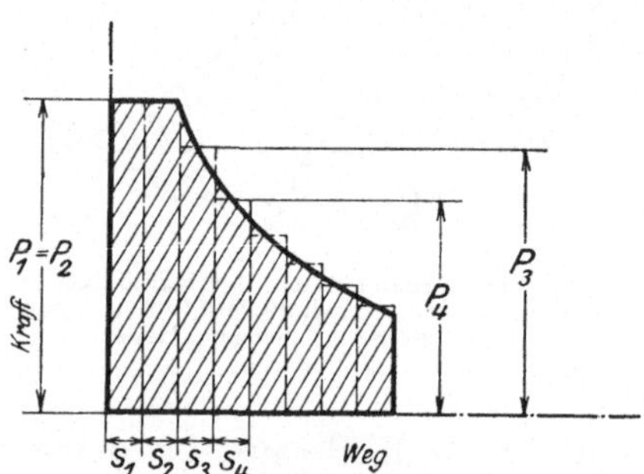

Abb. 44. Kraft-Weg-Diagramm für eine wechselnde Kraftgröße.

Diese Rechtecke bilden dann Darstellungen von Arbeitsvorgängen mit konstanten Kräften. Ihre Flächeninhalte sind die Darstellung von Wegstrecke (Grundlinie des Rechteckes) mal Kraft (Höhe des Rechteckes), d. i. von Arbeit

$$P_1 \cdot s_1 + P_2 \cdot s_2 + P_3 \cdot s_3 + P_4 \cdot s_4 \ldots$$

So sind denn auch die Trapezchen Darstellungen der Arbeit, und der Flächeninhalt der Gesamtfigur charakterisiert die Gesamtarbeit.

Der Maßstab der Arbeit wird in der gleichen Weise festgestellt wie der Maßstab des Weges im Geschwindigkeit-Zeit-Diagramm (s. S. 8).

Bedeutet 1 mm Ordinatenhöhe z. B. eine Kraft von 50 kg (Kraftmaßstab 100 kg = 2 mm) und 1 mm Abszissenlänge einen Weg von $\frac{1}{10}$ m (Wegmaßstab 1 m = 10 mm), so stellt jeder Quadratmillimeter eine Arbeit von $50 \cdot \frac{1}{10} = 5$ mkg dar.

Beispiel 44. Welche Arbeit verrichtet man beim Zusammenpressen einer Feder um 58 mm, wenn die Zusammenpressung eine von Null auf 170 kg stetig steigende Kraft erfordert? (Abb. 45.)

Das Kraft-Weg-Diagramm wird durch ein Dreieck dargestellt, dessen Höhe die Endkraft von 170 kg darstellt und dessen Grundlinie den Weg von 58 mm kennzeichnet. Der Inhalt des Dreiecks ist gleich Grundlinie mal Höhe durch 2. Die Arbeit beträgt demgemäß

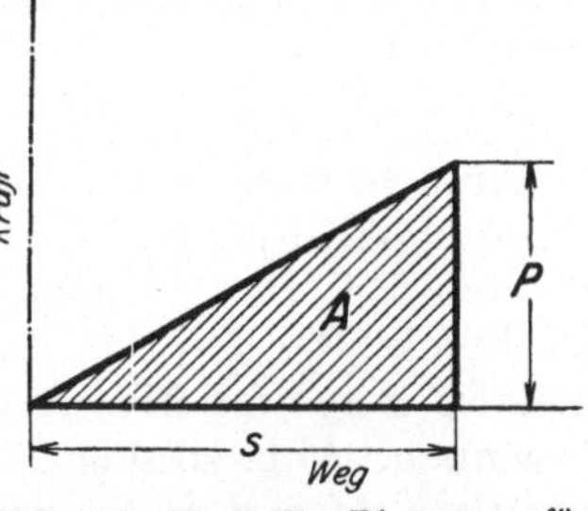

Abb. 45. Kraft-Weg-Diagramm für eine stetig größer werdende Kraft; Zusammenspannung einer Feder.

$$0{,}058 \text{ m} \cdot 170 \text{ kg} \cdot \tfrac{1}{2} = 4{,}93 \text{ mkg}.$$

Bei einer Auftragung mit den Maßstäben 1 mm Ordinate = 10 kg und 1 mm Abszisse gleich 0,002 m Weg erhält das Diagramm die in Abb. 45 eingetragenen Abmessungen von 17 mm Höhe und 29 mm Grundlinie, d. i. von 246,5 qmm Flächeninhalt. Dabei bedeutet jeder Quadratmillimeter $10 \cdot 0{,}002 = 0{,}02$ mkg Arbeit, und so ergibt sich das bereits oben ausgerechnete Resultat von $246{,}5 \cdot 0{,}002 = 4{,}93$ mkg Arbeit.

Abb. 46 kennzeichnet eine Anwendung des Kraft-Weg-Diagramms zur Berechnung des Kraftverlaufes bei einer Arbeitsumwandlung.

Das Kraft-Weg-Diagramm des Antriebskolbens ist das Rechteck $ABCD$. Mit der konstanten Druckkraft P wird die Arbeit verrichtet

$$A_1 = P \cdot s_1 = A_2 = P \cdot s_2 = A_3 = P \cdot s_3 = A_4 = P \cdot s_4.$$

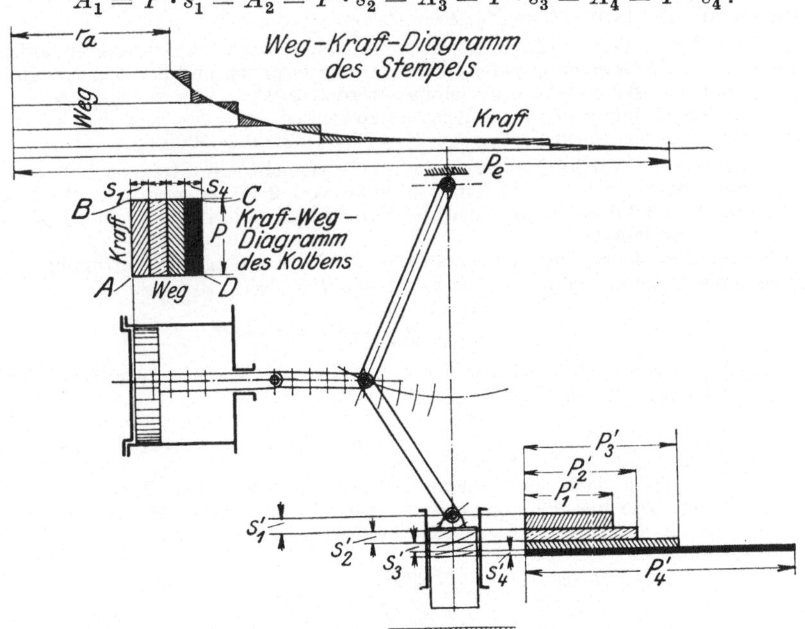

Abb. 46. Bestimmung des Kraftverlaufs eines Preßstempels aus der Gleichsetzung der auf den einzelnen Wegstrecken aufgewendeten und geleisteten Meterkilogramm. Kolbenarbeit = aufgewendete Arbeit. Stempelarbeit = geleistete Arbeit.

Die Wegstrecken des Arbeitsstempels ergeben sich aus den Längen der Stangen und der Anordnung des Getriebes zu s_1', s_2', s_3', s_4'. Bei der Annahme einer gleichförmigen Bewegung auf diesen kleinen Wegstücken berechnen sich die Kräfte P_1', P_2', P_3', P_4' des Stempels aus:

$$A_1 = P_1' \cdot s_1', \qquad A_2 = P_2' \cdot s_2', \qquad A_3 = P_3' \cdot s_3', \qquad A_4 = P_4' \cdot s_4'$$

(s. Abb. 46 rechts unten). Da die Bewegung des Stempels nicht gleichförmig mit derjenigen des Antriebskolbens verläuft, darf mit konstanten Werten P_1', P_2' ... nicht gerechnet werden. Es müssen vielmehr die Rechtecke $P_1' \cdot s_1' - P_2' \cdot s_2'$ ... in kurvenartig begrenzte Flächen gleichen Inhalts umgewandelt werden, um den Verlauf der Stempelkräfte zu gewinnen. Abb. 46 zeigt oben im doppelten Maßstabe für die Wege und für die Kräfte, d. i. im vierfachen Maßstabe für die Arbeit den Verlauf. Die Gleichheit der kleinen schraffierten Eckflächen ist der Beweis für die Richtigkeit der Flächenumwandlung. Es steigt die Stempelkraft von P_a auf P_e.

Die Arbeitsaufwendung hat in vielen Fällen zwei verschiedene Arbeitsbeträge zu decken. Sie hat einmal eine Arbeit nach $P \cdot s$ zu verrichten und zugleich einen Wert an $\dfrac{m \cdot v^2}{2}$ herzugeben. Beim Anfahren eines Zuges z. B. wird die Lokomotive sowohl für die Überwindung der Reibungswiderstände eine gewisse Kraft P aufwenden müssen und zweitens für die Beschleunigung der Massen, d. i. zur Deckung des Betrages $\dfrac{m \cdot v^2}{2}$ eine gewisse Zugkraft ausüben müssen. Beide Kräfte zusammen geben dann $A = P_1 \cdot s + P_2 \cdot s$.

Beispiel 45. Welche Zugkraft hat eine Lokomotive beim Anfahren aufzuwenden, wenn die Bewegungswiderstände 2000 kg betragen und der Zug von 200 t Gewicht mit $p = 0,5$ m/sek² beschleunigt werden soll?

Zur Beschleunigung der Massen ist aufzuwenden $P_2 = m \cdot p = \dfrac{200000}{g} \cdot 0,15$ = 3000 kg. Die Gesamtkraft beträgt $P = 2000 + 3000 = 5000$ kg.

Beispiel 46. Welche Endgeschwindigkeit erreicht ein Zug von 250 t Gesamtgewicht nach Durchfahren einer Strecke von 2500 m, wenn die Zugkraft der Lokomotive 4500 kg beträgt und die Fahrwiderstände für sich eine Zugkraft von 1800 kg verlangen?

Für die Beschleunigung bleiben $4500 - 1800 = 2700$ kg zur Verfügung. Sie ergeben eine Beschleunigung p, berechnet aus $P = m \cdot p$ mit

$$p = \frac{P}{m} = \frac{2700 \cdot 10}{250000} = 0,108 \text{ m/sek}^2.$$

Auf dem Wege von 2500 m wird mit $p = 0,108$ m/sek² die Geschwindigkeit v erreicht. Gleichung (10) ergibt für $v_0 = 0$:

$$s = \frac{v^2}{2p}, \qquad 2500 = \frac{v^2}{2 \cdot 0,108}, \qquad v^2 = 540, \qquad v = 23,2 \text{ m/sek.}$$

(Eine Rechnung nach der Arbeitsbilanz ergibt das gleiche Resultat in einfacherer Weise. Die Beschleunigungskraft von 2700 kg verrichtet auf dem Wege von 2500 m die Arbeit $A = P \cdot s = 2700 \cdot 2500 = 6750000$ mkg. Diese Arbeit wird umgeformt in

$$\frac{m \cdot v^2}{2}, \qquad m = \frac{250000}{10} = 25000 \text{ ME},$$

$$\frac{m \cdot v^2}{2} = \frac{25000}{2} \cdot v^2 = 6750000,$$

$$v^2 = 540, \qquad v = 23,2 \text{ m/sek).}$$

Beispiel 47. Es ist das Kraft-Zeit-Diagramm für den aus einer gleichförmig beschleunigten, einer gleichförmigen und einer gleichförmig verzögerten Bewegung zusammengesetzten Bewegungsvorgang mit folgenden Daten zu zeichnen. Anfangsgeschwindigkeit 0, Höchstgeschwindigkeit $v = 12$ m/sek. Zeit für den Anfahrvorgang $t_1 = 24$ sek, Zeit für die gleichförmige Bewegung $t_2 = 8$ sek, Verzögerungszeit $t_3 = 16$ s, Zugkraft zur Überwindung der Fahrwiderstände $P = 2100$ kg, Gewicht der bewegten und zu beschleunigenden Teile $G = 40000$ kg.

Für die Beschleunigung ist eine Kraft $P = m \cdot p_1$ aufzuwenden. p_1 berechnet sich aus $v = v_0 + p_1 \cdot t_1$ mit $v = 12$ m/sek, $v_0 = 0$ und $t_1 = 24$ sek zu $0{,}5$ m/sek^2.

$$m = \frac{40000}{g} = 4000 \text{ ME}, \qquad P = 4000 \cdot 0{,}5 = 2000 \text{ kg}.$$

Während des Beschleunigungsvorganges sind $P_1 = 2100 + 2000 = 4100$ kg aufzuwenden. Während der gleichförmigen Bewegung sind nur die 2100 kg Fahrwiderstand zu überwinden $P_2 = 2100$ kg. Während der Verzögerunsgzeit beträgt die Verzögerung p_3, berechnet aus $v = v_0 + pt$; $v = 0$; $v_0 = 12$ m/sek; $t_3 = 16$ sek:

$$p_3 = -\tfrac{12}{16} = -0{,}75 \text{ m/sek}^2.$$

Die Verzögerungskraft beträgt $P = p_3 \cdot m = -0{,}75 \cdot 4000 = -3000$ kg. Da die Fahrwiderstände nur 2100 kg erfordern, ist die Gesamtkraft in dieser Periode $P_3 = -3000 + 2100 = -900$ kg. Es wird also in dieser Zeit keine Arbeit in den Zug hineingesteckt (durch die Zugkraft der Lokomotive). Es muß vielmehr Arbeit aus ihm herausgezogen werden (durch die Bremsen). So entsteht das Diagramm Abb. 47.

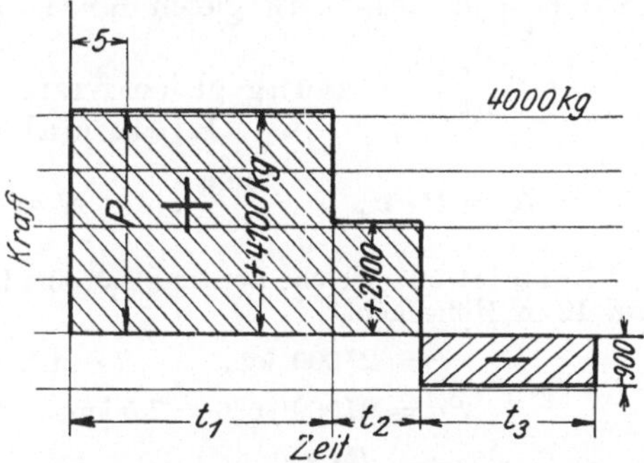

Abb. 47. Kraft-Zeit-Diagramm für einen Bewegungsvorgang, der sich aus einer gleichförmig beschleunigten, einer gleichförmigen und einer gleichförmig verzögerten Bewegung zusammensetzt.

Die in der Zeiteinheit verrichtete Arbeit bezeichnet man als Leistung:

$$\textbf{Leistung} = \frac{\text{Arbeit}}{\text{Zeit}} = \frac{A}{t} = \frac{P \cdot s}{t} = N. \qquad (26)$$

Bei einer Messung der Zeit in Sekunden folgt damit für die Leistung der Wert **Meterkilogramm durch Sekunden.**

Man schreibt diesen Wert Meterkilogramm pro Sekunde mkg/sek (**in der** Sekunde).

Beispiel 48. Welche Leistung hat ein Kran, der eine Last von 800 kg in 2 Minuten um 15 m hebt?

$$N = \frac{P \cdot s}{t} = \frac{G \cdot h}{t} = \frac{800 \cdot 15}{2 \cdot 60} = 100 \text{ mkg/sek.}$$

Für die technischen Rechnungen ist die Einheit 1 mkg/sek zu klein. Man faßt daher 75 mkg/sek unter dem Namen 1 Pferdestärke zusammen.

$$\textbf{75 mkg/sek} = \textbf{1 PS}.$$

Die Leistung in Pferdestärken bestimmt sich aus der Gleichung

$$N = \frac{P \cdot s}{75 \cdot t}. \qquad (27)$$

Beispiel 49. Welche Leistung hat ein Kran, der in 4 Minuten eine Last von 6 t um 12 m zu heben vermag?

$$P = G = 6\,\text{t} = 6000\,\text{kg}, \qquad s = 12\,\text{m},$$

$$t = 4\,\text{min} = 4 \cdot 60 = 240\,\text{sek}.$$

$$N = \frac{G \cdot h}{75 \cdot t} = \frac{6000 \cdot 12}{75 \cdot 240} = 4\,\text{PS}. \quad \text{(Pferdestärken.)}$$

Die Gleichung (26) und demzufolge auch die Gleichung (27) läßt sich noch in anderer Weise unterteilen, als es die obige Ableitung aus **Arbeit durch Zeit** zeigt. Man kann für diese Gleichungen auch schreiben:

$$N = \left(\frac{P}{t}\right)(s) \ \textbf{Leistung gleich Kraft pro Zeiteinheit mal Weg.}$$

$$N = (P)\left(\frac{s}{t}\right) \ \textbf{Leistung gleich Kraft mal Weg pro Zeiteinheit gleich}$$
$$\textbf{Kraft mal Geschwindigkeit.}$$

$$\boldsymbol{N = P \cdot v}, \qquad \frac{\text{mkg}}{\text{sek}}, \qquad \boldsymbol{N = \frac{P \cdot v}{75}}. \quad \text{(Pferdestärken.)}$$

Beispiel 50. Welche Leistung hat eine Pumpe, die 27 cbm Wasser pro Stunde auf 12 m Höhe hebt?

$$P = 27\,000\,\text{kg}, \qquad t = 1\,\text{h} = 3600\,\text{sek},$$

$$P/t = 27\,000/3600 = 7{,}5\,\text{kg/sek (Kraft pro Zeiteinheit)},$$

$$N = \frac{P \cdot s}{t \cdot 75} = 7{,}5 \cdot \frac{12}{75} = 1{,}2\,\text{PS}.$$

Beispiel 51. Welche Leistung hat ein Windwerk, das 9000 kg um 15 m pro Minute hebt?

$$P = 9000\,\text{kg}, \qquad s/t = 15\,\text{m}/60\,\text{sek} = 0{,}25\,\text{m/sek} = v,$$

$$N = P \cdot s/t \cdot 1/75 = P \cdot v \cdot 1/75 = \frac{9000 \cdot 0{,}25}{75} = 30\,\text{PS}.$$

Auch bei der Berechnung einer Leistung faßt man die auftretenden Verluste zusammen und berechnet sie zahlenmäßig unter Einführung des Begriffes „Wirkungsgrad". Wirkungsgrad gleich Nutzleistung durch aufgewendete Leistung.

$$\eta = \frac{\textbf{Nutzleistung}}{\textbf{Aufgewendete Leistung}} = \frac{N_1}{N_2}. \tag{28}$$

Es ist diese Gleichung mit der Gleichung (23) identisch. Es bedarf nur der Erweiterung des Bruches Wirkungsgrad $= N_1/N_2$ mit t, um aus den Werten N die entsprechenden Werte A zu machen, da $A = N \cdot t$ ist.

$$\eta = \frac{N_1}{N_2} = \frac{A_1}{t} : \frac{A_2}{t},$$

$$\eta = \frac{A_1}{A_2}.$$

Beispiel 52. Welche Leistung gibt eine Pumpe ab, wenn der sie treibende Elektromotor an elektrischer Arbeit 14 PS aus dem Netz zieht und der Wirkungsgrad des Motors $\eta_1 = 90\%$, der des Triebwerks $\eta_2 = 95\%$ und derjenige der Pumpe $\eta_3 = 80\%$ beträgt?

$$\eta = \eta_1 \cdot \eta_2 \cdot \eta_3 \,[\text{Gl. (24)}] = 0,9 \cdot 0.95 \cdot 0,8 = 0,684\,,$$

$$\text{aufgewendete Leistung} = 14\,\text{PS}\,,$$

$$\textbf{Nutzleistung} = 14 \cdot 0,684 = \textbf{9,576 PS}\,.$$

Beispiel 53. Welche Leistung nimmt ein Elektromotor aus dem Netz, wenn er eine Pumpe treibt, die in der Stunde 24 cbm Wasser auf 27 m Höhe hebt, wenn der Wirkungsgrad der ganzen Übertragung (umfassend die Wirkungsgrade des Motors, des Triebwerks und der Pumpe) 60% beträgt?

$$\text{Nutzleistung } N = \frac{P \cdot s}{75 \cdot t} = \frac{24000 \cdot 27}{75 \cdot 3600} = 2,4\,\text{PS}\,.$$

$$\textbf{Aufgewendete Leistung } \frac{24}{0,6} = \textbf{4 PS}\,.$$

Beispiel 54. Welche Leistung gibt eine Transmission an eine Pumpe ab, welche bei jeder Umdrehung 6 l Wasser verdrängt, wenn die Umdrehungszahl der Pumpe $n = 120$ beträgt und die Druckhöhe der Pumpe 48 m ist? Der Wirkungsgrad der Pumpe ist mit 64% anzusetzen.

In einer Umdrehung wird die Arbeit $A = G \cdot h = 6 \cdot 48 = 288$ mkg verrichtet. In den 120 Umdrehungen werden $120 \cdot 288 = 34560$ mkg geleistet, d. i. die Leistung in einer Minute. Die auf die Sekunde bezogene Leistung beträgt $34560 : 60 = 576$ mkg/sek bzw. 7,68 PS Nutzleistung. Von der Transmission werden abgegeben: aufgewendete Leistung $= 7,68/0,64 = \textbf{12 PS}$.

Für die graphische Auftragung des Leistungsverlaufes wählt man das Leistung-Zeit-Diagramm, das aus dem Kraft-Zeit-Diagramm und dem Geschwindigkeit-Zeit-Diagramm berechnet wird.

Ist für einen Leistungsvorgang das in Abb. 47 dargestellte Kraft-Zeit-Diagramm und das

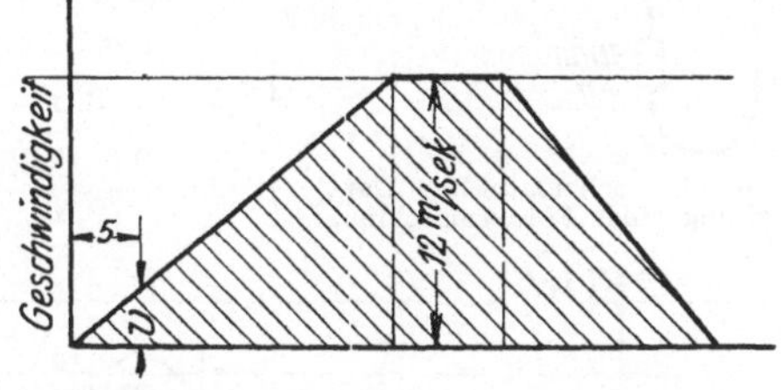

Abb. 48. Geschwindigkeit-Zeit-Diagramm.

in Abb. 48 dargestellte Geschwindigkeit-Zeit-Diagramm gegeben, so berechnen sich die einzelnen Leistungen nach $N = P \cdot v$ aus den Produkten der zu gleichen Zeitpunkten gehörenden Ordinaten der beiden Diagramme. Es herrscht z. B. nach Ablauf der Zeit von $t = 5$ sek die Geschwindigkeit v , und es ist mit dieser Geschwindigkeit die Kraft P auszuüben. Dann ist in diesem Augenblicke die Leistung $N = P \cdot v$ mkg/sek aufzuwenden. Diese Auftragung zeigt die Abb. 49.

Beispiel 55. Es ist das Leistungsdiagramm einer Fördermaschine der durch das Schema nach Abb. 50 gekennzeichneten Bauart für folgende Daten zu berechnen:

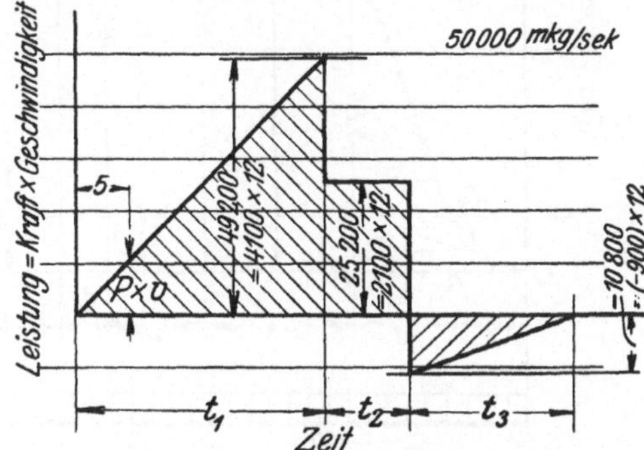

Abb. 49.   Leistung-Zeit-Diagramm für das Kraft-Zeit-Diagramm der Abb. 47 und das Geschwindigkeit-Zeit-Diagramm der Abb. 48 (s. Beispiel 55).

Gesamtgewicht der zu beschleunigenden Massen $G = 20\,000$ kg.
Zu hebende Nutzlast $Q = 2000$ kg.
(Es geht die leere Schale von 3000 kg Gewicht herunter, und die volle von $2000 + 3000$ kg Gewicht muß gehoben werden.) Geschwindigkeit-Zeit-Diagramm nach Abb. 51. (Abb. 51 ist mit den Abb. 16 und 17 identisch. Es gelten die Geschwindigkeitsdaten von S. 24 für dieses Beispiel.)
Es bestimmen sich aus dem Geschwindigkeitsdiagramm die Beschleunigungen.

Die Beschleunigung während der ersten Periode ist $p_1 = 0{,}133$ m/sek, berechnet aus $v_0 = 0$, $v_1 = 0{,}4$ m/sek, $t_1 = 3$ sek. Für die zweite Periode berechnet sich p_2 aus

$$v_1 = 0{,}4 \text{ m/sek}, \quad v_2 = 5{,}85 \text{ m/sek}, \quad t_2 = 5{,}7 \text{ sek},$$

$$p_2 = \frac{v_2 - v_1}{t_2} = \frac{5{,}85 - 0{,}4}{5{,}7} = 0{,}956 \text{ m/sek}^2,$$

$$p_3 = \frac{8{,}6 - 5{,}85}{7{,}5} = 0{,}368 \text{ m/sek}^2,$$

$$p_4 = \frac{8{,}8 - 8{,}6}{5} = 0{,}04 \text{ m/sek}^2,$$

$$p_5 = \frac{8{,}3 - 8{,}8}{2{,}3} = -0{,}217 \text{ m/sek}^2,$$

$$p_6 = \frac{2{,}1 - 8{,}3}{6{,}9} = -0{,}898 \text{ m/sek}^2,$$

$$p_7 = \frac{0{,}35 - 2{,}1}{3{,}0} = -0{,}461 \text{ m/sek}^2,$$

$$p_8 = \frac{0 - 0{,}35}{2{,}8} = -0{,}125 \text{ m/sek}^2.$$

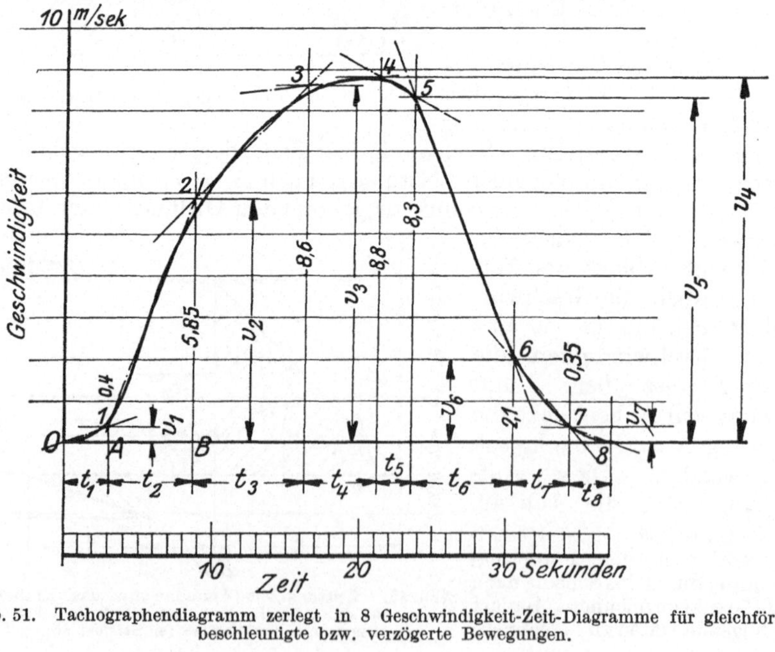

Abb. 50. Schematische Darstellung einer Fördermaschine.

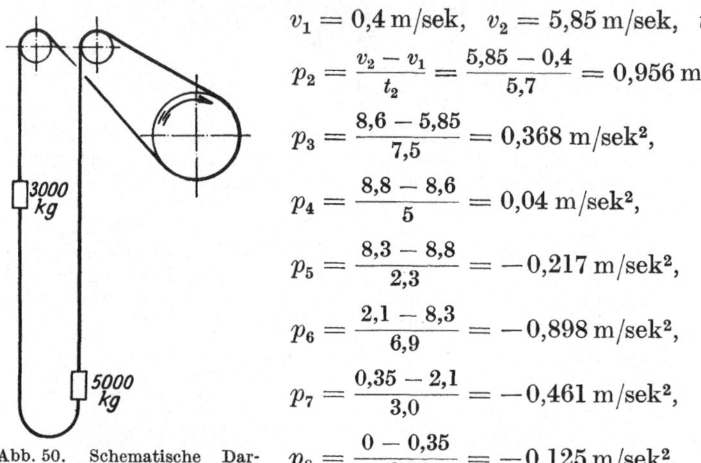

Abb. 51. Tachographendiagramm zerlegt in 8 Geschwindigkeit-Zeit-Diagramme für gleichförmig beschleunigte bzw. verzögerte Bewegungen.

Für die Beschleunigung der Massen sind daher die Kräfte aufzuwenden:

$$P_1 = m \cdot p_1 = 20\,000 \cdot 0{,}133 = 266 \text{ kg}\,,$$

$$P_2 = m \cdot p_2 = 2000 \cdot 0{,}956 = 1912 \text{ kg}\,,$$

$$P_3 = 736 \text{ kg}\,,$$
$$P_4 = 80 \text{ kg}\,,$$
$$P_5 = -434 \text{ kg}\,,$$
$$P_6 = -1796 \text{ kg}\,,$$
$$P_7 = -922 \text{ kg}\,,$$
$$P_8 = -250 \text{ kg}\,.$$

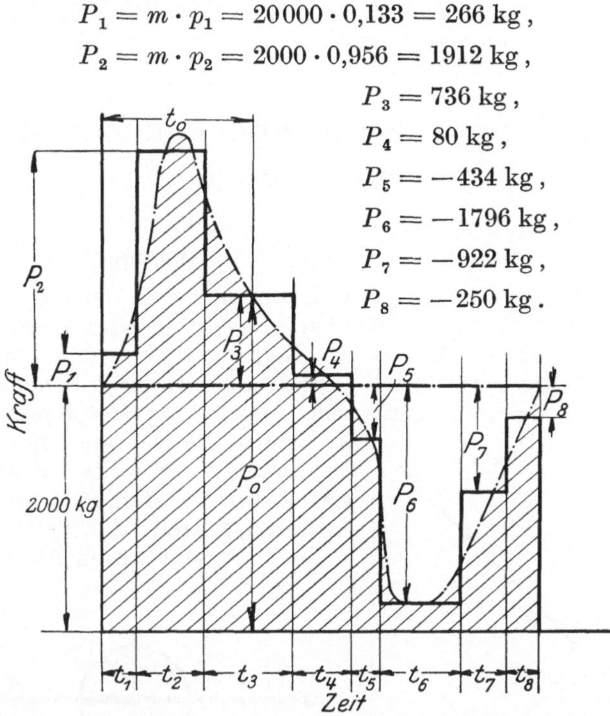

Abb. 52. Kraft-Zeit-Diagramm für die in Abb. 50 schematisch dargestellte Fördermaschine mit den Zahlendaten des Beispiels 55 und das Geschwindigkeit-Zeit-Diagramm der Abb. 51. (Die ausgezogene Figur entspricht der geknickten Linie, die strichpunktierte der glatten Kurve der Abb. 51.)

Zu diesen Beschleunigungskräften kommt die Last von 2000 kg hinzu. So folgt das die Lasthebekraft und die Beschleunigungskräfte zusammenfassende Kraft-Zeit-Diagramm der Abb. 52.

Die Multiplikation der Ordinaten dieses Diagramms mit denen des Geschwindigkeit-Zeit-Diagramms nach Abb. 51 ergibt das Leistung-Zeit-Diagramm der Abb. 53. (Für den Punkt nach der Zeit t_0 z. B. beträgt Lasthebekraft $+$ Beschleunigungskraft P_0 und die Geschwindigkeit v_0. Daraus folgt die Leistung $N_0 = P_0 \cdot v_0$ mkg/sek. Da die scharfkantige Gestalt

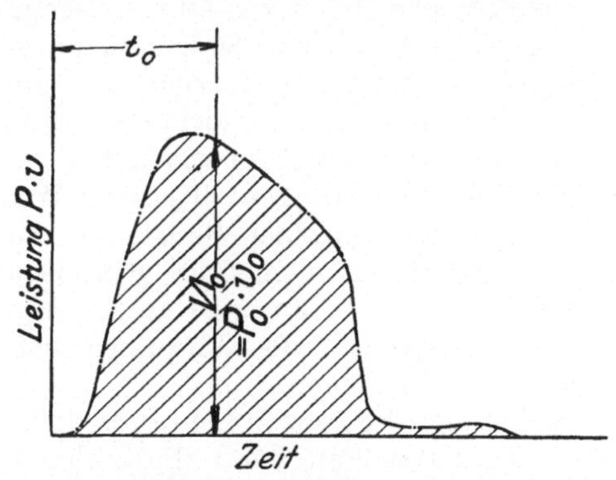

Abb. 53. Leistung-Zeit-Diagramm für das Kraft-Zeit-Diagramm (strichpunktiert) der Abb. 52 und das Geschwindigkeit-Zeit-Diagramm (glatte Kurve) der Abb. 51.

der Abb. 52 dem vereinfachten Geschwindigkeitsverlauf nach Abb. 51 entspricht, hat man entsprechende Abrundungen vorzusehen. Man wird durch weitergehende Unterteilung der Geschwindigkeitskurve von vornherein eine bessere Anpassung an die Wirklichkeit zu erzielen suchen.)

C. Die Zusammensetzung und Zerlegung von Kräften.

Eine Kraft ist bestimmt durch drei Daten:

Lage,   Größe,   Richtung.

Die Größe der Kraft wird in Kilogramm oder Tonnen angegeben. Die Lage und die Richtung werden entweder in einer Zeichnung festgelegt oder durch die Angabe des Neigungswinkels und des Angriffspunktes der Kraft bestimmt. (Bezüglich des Angriffspunktes siehe weiter unten.) Bei der zeichnerischen Darstellung einer Kraft wird auch die Kraftgröße zeichnerisch dargestellt. Die Länge der Strecke, zu deren Auswertung ein Maßstab, z. B. 1 mm = 5 kg, gegeben ist, stellt die Kraftgröße dar.

So entspricht die in Abb. 54 aufge-

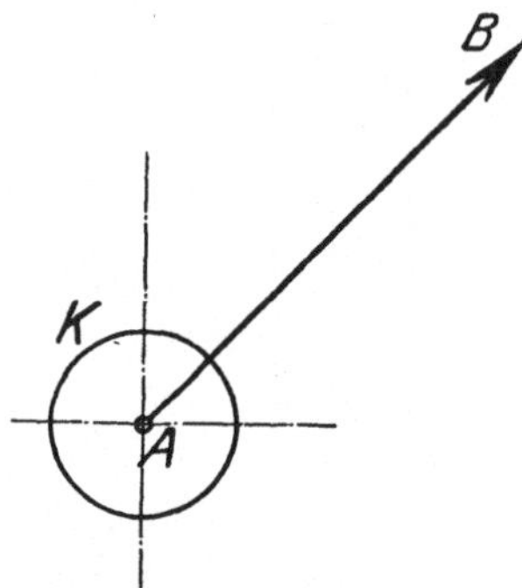

Abb. 54. Darstellung einer Kraft von 80 kg im Maßstabe 1 kg = ¹/₂ mm, die am Körper K im Punkte A angreift mit der Richtung von 45° nach rechts oben.

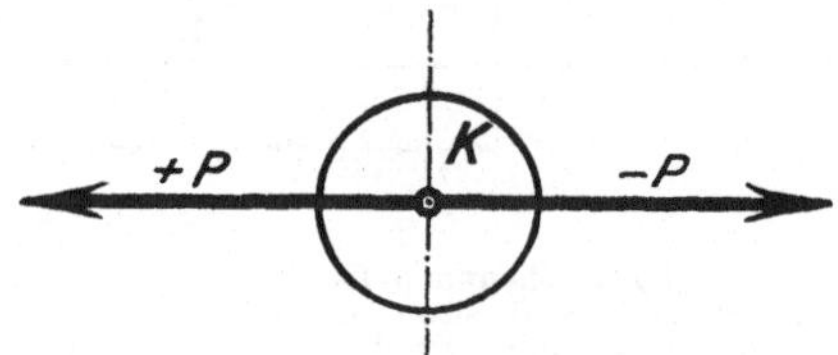

Abb. 55. Darstellung zweier sich in ihrer Wirkung aufhebender Kräfte $+P$ und $-P$.

tragene Strecke A—B von 40 mm Länge bei einem Maßstab von 1 mm = 2 kg einer Kraft von 80 kg, die unter 45° nach rechts oben gerichtet ist und im Punkte A am Körper K angreift.

Die Bestimmung der Wirkung mehrerer auf einen Körper wirkender Kräfte vereinfacht sich in vielen Fällen, wenn man die Kräfte zu einer einzigen Kraft zusammenfaßt, deren Wirkung gleich der der Summe der Wirkungen der einzelnen Kräfte ist. In anderen Fällen kann die Zerlegung einer Kraft in mehrere Einzelkräfte für den Rechnungsvorgang von Vorteil sein. Man wird z. B. dann eine Kraft zerlegen, wenn es sich darum handelt, die Wirkung der Kraft nach verschiedenen Richtungen zu bestimmen.

So hat man der ganzen Lehre von den Kraftwirkungen ein Kapitel über die Zusammensetzung und die Zerlegung von Kräften voranzustellen.

Zwei gleich geneigte, am gleichen Punkte angreifende, entgegengesetzt gerichtete Kräfte heben sich in ihrer Wirkung auf. Greifen (Abb. 55) die zwei Kräfte $+P$ und $-P$ am Körper K an, so ist ihre Wirkung gleich Null. (Vielfach fügt man zu einer Reihe gegebener Kräfte derartige sich gegenseitig aufhebende Hilfskräfte hinzu, um die Zusammenfassung der gegebenen Kräfte zu erleichtern. Die Gesamtwirkung wird dadurch nicht beeinflußt.)

Die Zusammensetzung mehrerer nicht paralleler Kräfte zu einer Resultanten, d. h. zu einer Kraft, deren Wirkung gleich der Summe der Wirkungen der durch sie ersetzten Kräfte ist, erfolgt nach dem Parallelogramm.

1. Beweis für den Satz vom Parallelogramm der Kräfte.

Nach S. 33 lassen sich die zwei Beschleunigungen p_1 und p_2, welche ein Körper K erfährt, ersetzen durch die Beschleunigung p_3, welche nach Größe und Richtung durch die Diagonale in dem aus p_1 und p_2 gebildeten Parallelogramm bestimmt ist. p_1 und p_2 sind nach dem Gesetze von der Massenbeschleunigung hervorgerufen durch die Kräfte P_1 und P_2, $P_1 = m_1 \cdot p_1$, $P_2 = m_2 \cdot p_2$. Das für die Vereinigung der Folgen (der Beschleunigungen p_1 und p_2) geltende Gesetz gilt auch für die Vereinigung der Ursachen, d. h. der Beschleunigungskräfte P_1 und P_2. Es sind auch die Kräfte P_1 und P_2 nach dem Parallelogrammgesetz zusammenzusetzen.

Die Abb. 56 stellt in den Längen $AB = 20$ mm und $AC = 30$ mm die Beschleunigungen p_1 und p_2 mit 2 m/sek² und 3 m/sek² dar, welche zusammengesetzt die resultierende Beschleunigung $p_3 = 4$ m/sek² ($AD = 40$ mm) ergeben. Bei einem Körper von

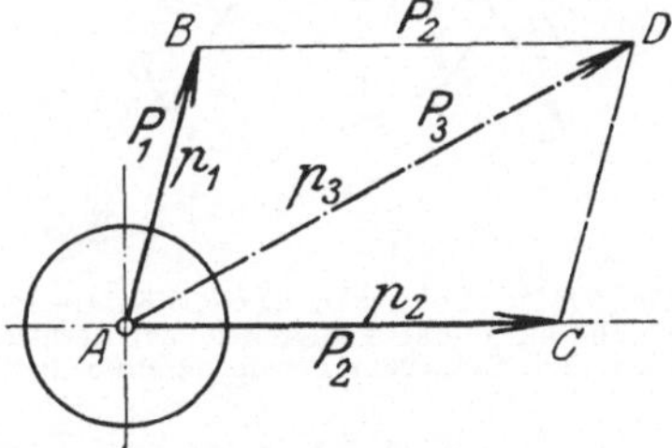

Abb. 56. Zusammensetzung zweier Kräfte P_1 und P_2 zur Resultanten P_3 — Parallelogramm der Kräfte.

$m = 5$ Masseneinheiten betragen die Kräfte $P_1 = 5 \cdot 2 = 10$ und $P_2 = 5 \cdot 3 = 15$ kg. Der Kraftmaßstab bestimmt sich aus $AB = 10$ kg $= 20$ mm ($AC = 15$ kg $= 30$ mm) mit 1 kg $= 2$ mm oder 1 mm $= \frac{1}{2}$ kg.

Die resultierende Kraft, dargestellt durch die 40 mm lange Strecke AD, beträgt demnach $40 \cdot 0{,}5 = 20$ kg. Das entspricht der ermittelten resultierenden Beschleunigung $p_3 = 4$ m/sek², $P_3 = m \cdot p_3 = 5 \cdot 4 = 20$ kg.

Man setzt zwei im gleichen Punkte angreifende Kräfte zusammen, indem man aus ihnen ein Parallelogramm bildet. Die Diagonale des Parallelogramms stellt nach Lage, Größe und Richtung die Resultante dar.

2. Methoden für die Zusammensetzung und Zerlegung von Kräften.

a) Graphische Methode der Kräftezusammensetzung.

α) Die Kräfte haben den gleichen Angriffspunkt.

Die Abb. 57 kennzeichnet die Zusammensetzung der Kräfte auf zeichnerischem Wege, d. i. in einem Kräfteplan. Bei einer Zusammensetzung von mehr als zwei Kräften vereinigt man nacheinander Kraft P_1 mit Kraft P_2 zur Resultante R_{1-2}, dann Resultante R_{1-2} mit Kraft P_3 zur Resultante R_{1-2-3}, dann Resultante R_{1-2-3} mit Kraft P_4 zur Resultante $R_{1-2-3-4}$ usw.

Abb. 58 stellt in der Strecke $AF = R$ die Resultante der Kräfte P_1, P_2, P_3, P_4, P_5 nach Lage, Größe und Richtung in dem für die Auftragung von P_1, P_2, P_3, P_4, P_5 gewählten Maßstabe dar. Die Zeichenarbeit für die graphische Zusammensetzung kann wesentlich vereinfacht werden. Es bedarf nicht der Aufzeichnung der vollständigen Parallelogramme. Die Diagonale AD des Parallelogramms Abb. 56 ist

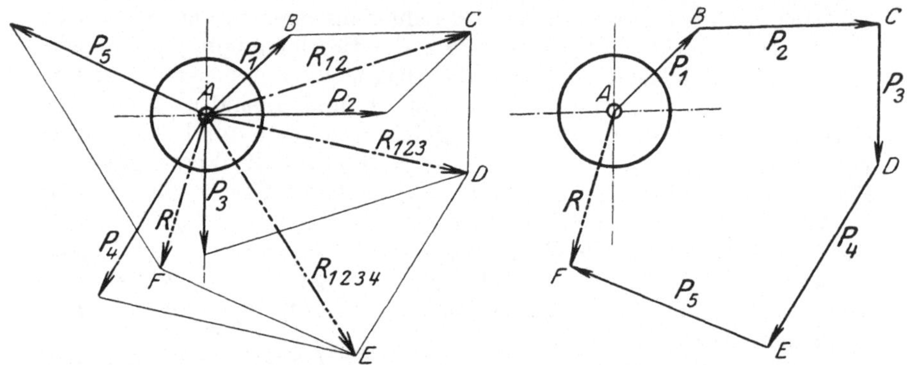

Abb. 57. Zusammensetzung der 5 Kräfte $P_1 \ldots P_5$, die alle am Punkt A angreifen, zur Resultanten R nach dem Satz vom Parallelogramm der Kräfte.

Abb. 58. Zusammensetzung der 5 Kräfte aus Abb. 57 durch Hintereinanderreihen.

zugleich die dritte Seite eines aus den Strecken AB und $BD = P_1$ und P_2 gebildeten Dreiecks ABD. Es genügt danach zu ihrer Ermittlung das Aneinanderreihen der Kräfte P_1 und P_2. Die Schlußlinie des Dreieckes stellt die Resultante dar.

In gleicher Weise ist in Abb. 58 die der Abb. 57 entsprechende Konstruktion der Resultanten aus den Kräften P_1, P_2, P_3, P_4, P_5 durchgeführt. Es sind die Kräfte P_1 bis P_5 aneinandergereiht. Die Schlußlinie vom Ausgangspunkte A von P_1 zum Endpunkte F von P_5 stellt die Resultante R dar. Die Reihenfolge der Aneinanderreihung ist ohne Einfluß. Abb. 59 kennzeichnet eine andere Reihenfolge. Man kommt, wie man auch die Strecken, welche die Kräfte darstellen, aneinanderfügt, stets zum gleichen Endpunkte.

Fällt der Endpunkt der letzten Kraft mit dem Ausgangspunkt der ersten zusammen, so ist die Resultante gleich Null. Man spricht dann von einem geschlossenen Kräfteplan.

Abb. 60 zeigt einen geschlossenen Kräfteplan. Die Resultante der drei Kräfte P_1, P_2 und P_3 ist gleich Null. Die Aneinanderreihung im Linienzuge $ABCD$ führt nach A. A und D, der Ausgangspunkt und der Endpunkt, sind ein und derselbe Punkt.

Beispiel 56. Mit welcher Kraft wird der Dampfer D von den 3 Schleppern 1, 2, 3 gezogen, wenn die Trossen die in der Abb. 61 gekennzeichneten Richtungen haben und die Zugkräfte $P_1 = 1500$ kg, $P_2 = 2000$ kg und $P_3 = 1000$ kg betragen.

Kräftemaßstab 1 mm = 50 kg.

Die einzelnen Kräfte werden dargestellt durch die Längen $ab = 20$ mm, $ac = 40$ mm und $ad = 30$ mm. Diese Längen in Parallelogrammen zusammen-

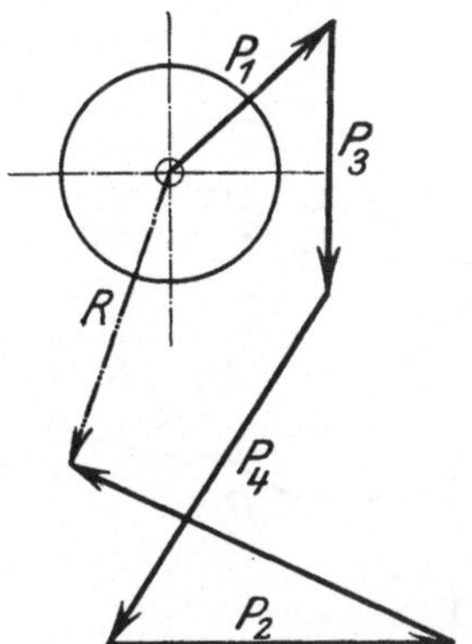

Abb. 59.   Zusammensetzung der 5 Kräfte aus Abb. 57 durch Hintereinanderreihen. (Andere Reihenfolge als in Abb. 58.)

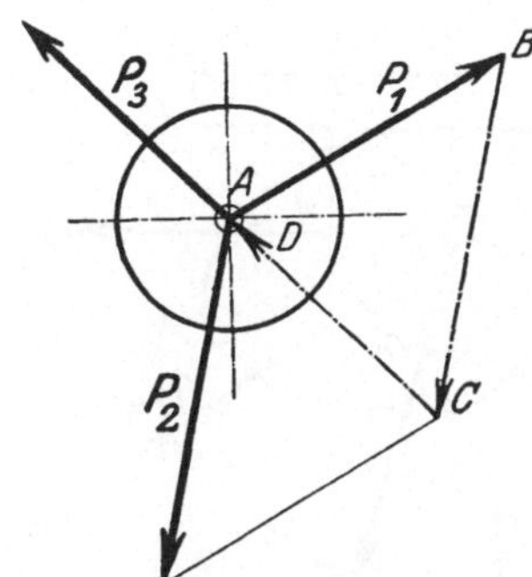

Abb. 60. Zusammensetzung von 3 in A angreifenden Kräften P_1, P_2 und P_3, die eine Resultante gleich Null ergeben.

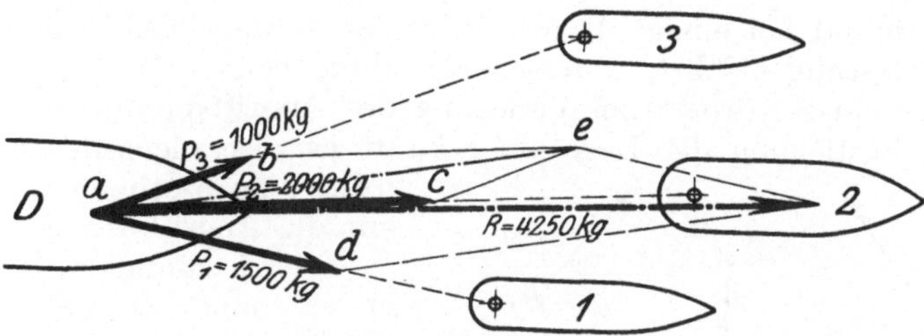

Abb. 61. Zusammensetzung von 3 Kräften, P_1, P_2 und P_3, zu R. (Beispiel 56.)

gesetzt, ergeben eine Resultante von der Länge von 85 mm. Die resultierende Kraft beträgt $85 \cdot 50 = 4250$ kg.

β) Die Kräfte greifen an verschiedenen Punkten des Körpers an.

Für die Zusammensetzung mehrerer an verschiedenen Punkten des Körpers angreifender Kräfte verlegt man den Angriffspunkt in der Richtung der Kraft nach vorwärts oder rückwärts. Es bleibt für die Wirkung der Kraft P auf einen Körper von genügender Festigkeit ohne Einfluß, ob dieselbe (Abb. 62) in A, B oder sonstwo auf ihrer Richtungslinie angreift. Ihr Angriffspunkt spielt wohl eine Rolle bei der Festigkeitsrechnung des Körpers. Für die Ermittlung der Kraftwirkung ist er gleichgültig. Die Kraft beschleunigt in jedem Falle den Körper

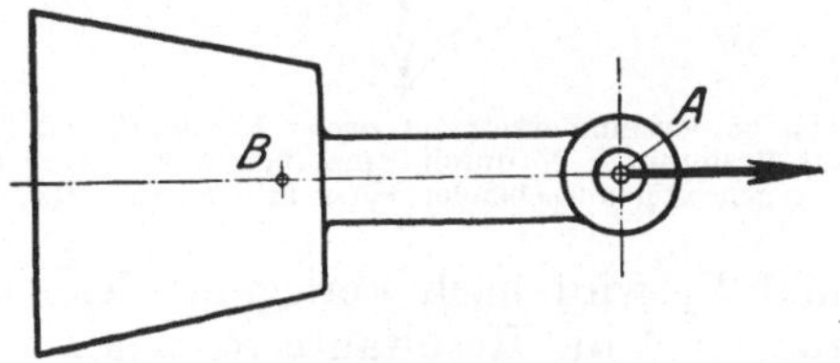

Abb. 62. Angriffspunkt und Angriffslinie einer Kraft.

auf derselben Bahn, d. h. auf der eigenen Richtungslinie, und zwar mit derselben Beschleunigung $p = P/m$. Nur daß bei ihrem Angriff in A die Zugfestigkeit des ganzen Körpers in Anspruch genommen

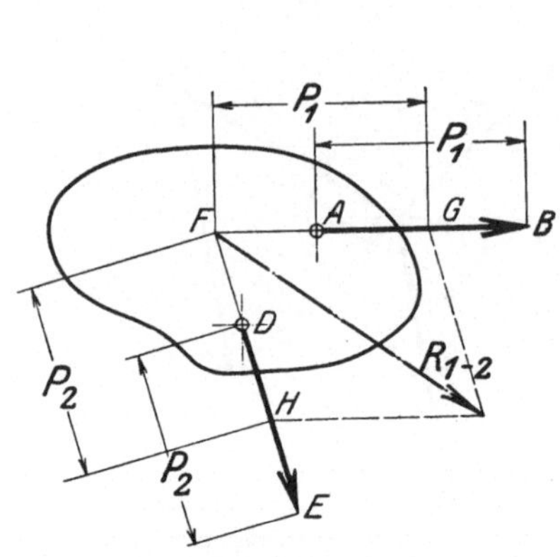

Abb. 63. Zusammensetzung zweier an verschiedenen Punkten (D und A) eines Körpers angreifender Kräfte P_1 und P_2.

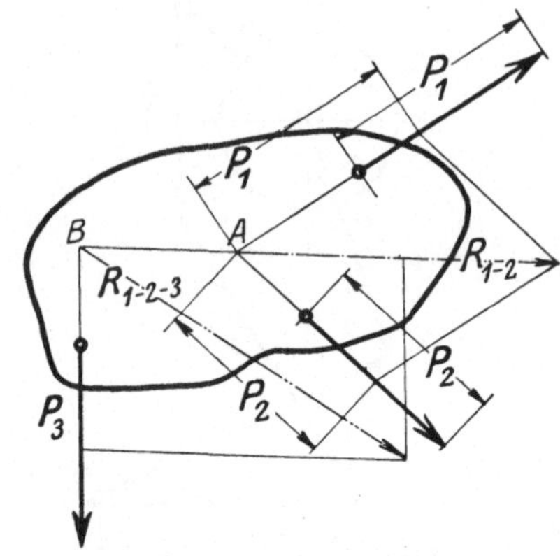

Abb. 64. Zusammensetzung dreier an verschiedenen Punkten eines Körpers angreifender Kräfte.

wird, während bei einem Angriff in B der vordere Teil zwischen BA keine Belastung erfährt, unterscheidet diese beiden Fälle. (Über die Stabilität eines Körpers bei Verlegung des Angriffspunktes s. S. 114.) Für die Festlegung der Lage einer Kraft ist also nicht der Angriffspunkt zu bestimmen, sondern nur die Angriffslinie.

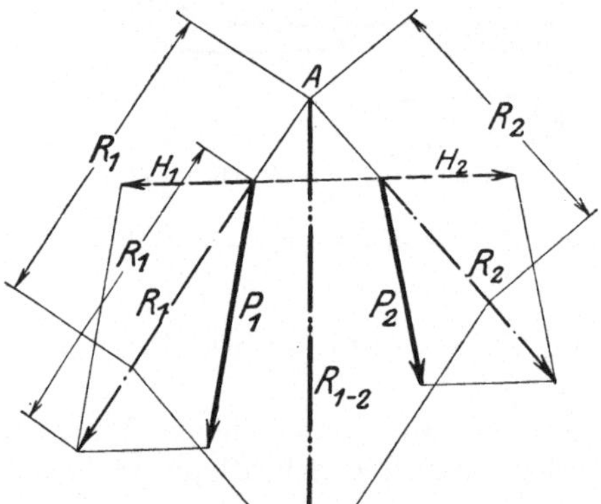

Die Zusammensetzung der in A und D angreifenden Kräfte P_1 und P_2 zur Resultanten R_{1-2} zeigt Abb. 63. Die Kräfte bzw. die sie darstellenden Strecken AB und DE sind zum Schnittpunkt ihrer Richtungen zurückverlegt. Es sind von F aus die Längen $FG = AB$ und $FH = DE$ erneut aufgetragen. Die Resultante R_{1-2} von FG und FH ist zugleich die Resultante von AB und DE.

Die Zusammensetzung von drei oder mehr Kräften kennzeichnet die Abb. 64. Aus P_1 und P_2 wird nach Verlegung derselben zum Schnittpunkt der Richtungen A die Resultante R_{1-2} gewonnen. Diese zum Schnittpunkte B mit der Kraftrichtung von P_3 zurückverlegt, ergibt bei der Zusammensetzung mit P_3 die Resultante R_{1-2-3}.

Zur Erleichterung der Zusammensetzung von solchen Kräften, die gleichgerichtet oder fast gleichgerichtet sind, deren Richtungen sich

Abb. 65. Zusammensetzung zweier Kräfte P_1 und P_2 zur Resultanten R durch Hinzufügung zweier sich gegenseitig aufhebender Hilfskräfte H_1 und H_2.

demzufolge in einem Punkte schneiden, der weit herausfällt, wendet man einen Kunstgriff an. Man fügt zwei Kräfte, die sich gegenseitig aufheben und demzufolge ohne Einfluß auf das Resultat bleiben, hinzu. Durch die Vereinigung je einer dieser zwei Hilfskräfte mit je einer der beiden gegebenen Kräfte werden Resultanten erzeugt, deren Schnittpunkt bequemer liegt. (Siehe Abb. 55.)

Abb. 65 zeigt die Zusammensetzung der Kräfte P_1 und P_2. Als Hilfskräfte sind die Kräfte H_1 und H_2 (H_1 hebt H_2 auf; H_1 und H_2 sind gleich groß, entgegengesetzt gerichtet und in die gleiche Linie fallend) hinzugefügt. Die Richtungen der Resultanten R_1 und R_2 schneiden sich in A. Von A erneut aufgetragen, ergeben R_1 und R_2 die Resultante R_{1-2}.

<h3 style="text-align:center">γ) Das Kräftepaar.</h3>

Die Vereinigung von zwei Kräften P_1 und P_2 wird undurchführbar, wenn die mit den Hilfskräften $H_1 H_2$ gewonnenen Resultanten R_1 und R_2 sich nicht schneiden, d. h. wenn sie parallel liegen. Dieser Fall tritt ein, sobald die zu vereinigenden Kräfte $P_1 P_2$ gleich groß und ent-

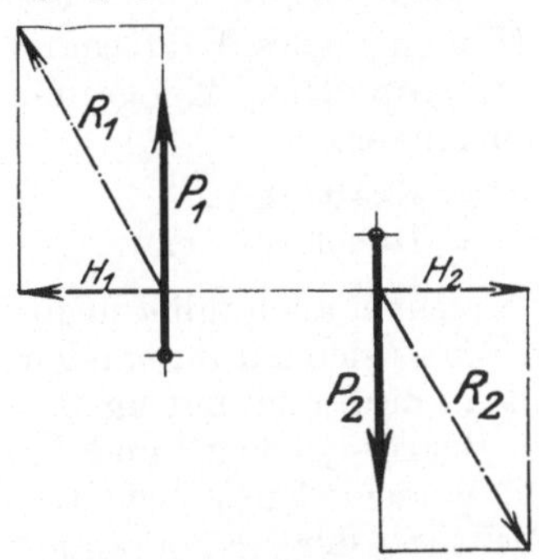

Abb. 66. Kräftepaar $P_1 - P_2$.

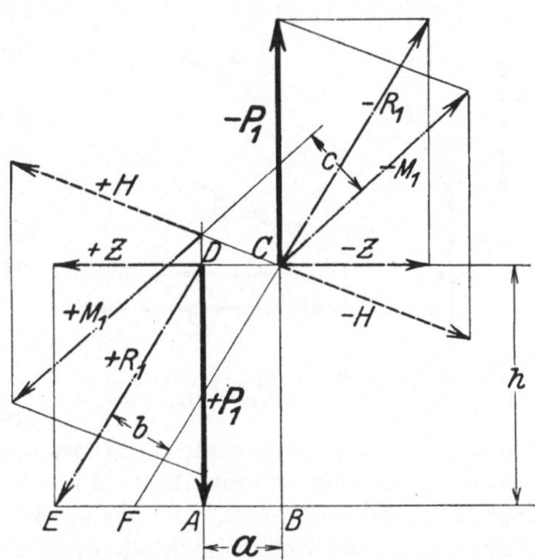

Abb. 67. Umwandlung eines Kräftepaares $+P_1 \mid -P_2$ in andere durch Hinzufügung sich gegenseitig aufhebender Hilfskräfte ($+Z$, $-Z$ oder $+H$ $-H$).

gegengesetzt gerichtet sind und nicht in eine Linie fallen. Solche Kräfte bilden ein Kräftepaar (Abb. 66).

Ein Kräftepaar ist gebildet aus zwei gleich großen entgegengesetzt gerichteten und nicht in eine Linie fallenden Kräften.

Fügt man zu einem Kräftepaar zwei beliebige, sich gegenseitig aufhebende Kräfte hinzu, so verwandelt man damit das Kräftepaar in ein anderes. Es geht (Abb. 67) das Kräftepaar $+P_1 \parallel -P_1$ über in das Kräftepaar $+R_1 \parallel -R_1$ beim Hinzufügen der Kräfte $+Z$ und $-Z$. Es läßt sich durch Hinzufügen zweier anderer sich zu Null ergänzender Kräfte $+H$ und $-H$ in das Kräftepaar $+M_1 \parallel -M_1$ überführen usw. Gemeinschaftlich ist allen diesen drei Kräftepaaren erstens der Drehsinn. Demgemäß gehört zur Festlegung des Wertes eines Kräftepaares der Drehsinn desselben. Man charakterisiert denselben durch ein Pluszeichen, wenn er im Uhrzeigersinne wirkt, und durch ein Minuszeichen, wenn er entgegengesetzte Richtung hat. Die Kräftepaare $P_1 P_1 \mid R_1 R_1 \mid M_1 M_1$ haben positiven Drehsinn. Zweitens ist bei den drei Kräftepaaren das Moment gleich, d. i. das Produkt aus Kraftgröße mal Abstand von der Gegenkraft. Es beträgt dasselbe in den drei Fällen $P_1 \cdot a = R_1 \cdot b = M_1 \cdot c$. Aus der Gleichheit der Flächeninhalte des Rechteckes $ABCD$ und des Parallelogrammes $CDEF$ — sie haben die gleiche Grundlinie CD und die gleiche Höhe h — folgt die Gleichheit von $P_1 \cdot a$ und $R_1 \cdot b$.

P_1 ist die eine Rechteckseite, a die andere; R_1 ist die eine Parallelogrammseite, b die Höhe zu derselben.

Ein Kräftepaar ist bestimmt durch zwei Angaben: durch die Größe des Momentes (Kraftgröße mal Abstand zur Gegenkraft) und den Drehsinn ($+$ im Uhrzeigersinne drehend, — entgegengesetzt dem Uhrzeigersinne drehend).

Dem Moment gibt man den Buchstaben M:

$$M = P \cdot a \,. \qquad (29)$$

M Moment eines Kraftpaares kg $\times$ cm, gesprochen Kilogramm mal Zentimeter:

$$P = \text{Kraft} \quad \text{kg}\,,$$
$$a = \text{Hebelarm} \quad \text{cm}\,.$$

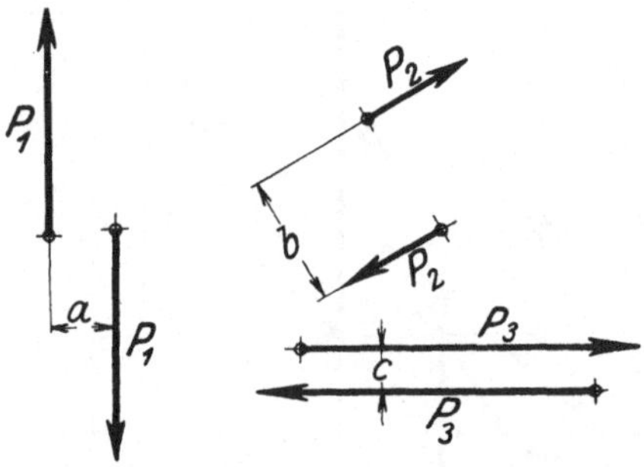

Abb. 68. Drei gleichwertige Kräftepaare.
$M_{d_1} = + P_1 \cdot a = M_{d_2} = + P_2 \cdot b = M_{d_3} = + P_3 \cdot c.$

[Man rechnet auch mit a in mm oder m. Wo es sich darum handelt, das Drehmoment in Arbeit (mkg) zu verwandeln, muß man mit kg $\times$ m rechnen.] Die Gleichheit „kg mal m“ für den Begriff „Arbeit“ und den Begriff „Drehmoment“, die etwas durchaus Verschiedenes bedeuten, erklärt sich aus der Verschiedenheit der Richtung der „Kilogramm“ zur Meßrichtung der „Meter“. Arbeit ist Kilogramm mal „in der Kraftrichtung“ gemessener Meterzahl. Drehmoment ist Kilogramm mal „senkrecht zur Kraftrichtung“ gemessener Meterzahl.

Verschiebt man ein Kräftepaar nach der bei Abb. 62 für die Verschiebung einer Einzelkraft erklärten Art und Weise, so ergibt sich die völlige Freiheit der Lage eines Kräftepaares. Es ist das Kräftepaar $P_1 P_1$ (Abb. 68) gleich dem Kräftepaar $P_2 P_2$ oder $P_3 P_3$ usw., sofern alle das gleiche Moment haben, d. h. $P_1 \cdot a = P_2 \cdot b = P_3 \cdot c$ ist.

Dem technisch Denkenden fällt es schwer, die im obigen bewiesene Freiheit der Lage eines Kräftepaares zuzugestehen. Er verbindet mit einen bestimmten „Kräftepaar“ auch die Vorstellung der Drehung um einen zwischen den Kräften liegenden Punkt. Das Kräftepaar $P_1 P_1$ (Abb. 68), das ihm einen anderen Drehpunkt festzulegen scheint als das Kräftepaar $P_2 P_2$, d. h. einen zwischen P_1 und P_1 liegenden Drehpunkt, will ihm anderswertig erscheinen. Dieses Gefühl des Technikers beruht auf einer durch die technischen Formen der Maschinen hervorgerufenen Täuschung. **Unmittelbar gegebene Kräftepaare, wie sie die Abb. 68 darstellt, sind in der Technik äußerst selten.** Man legt in der Technik, wenn

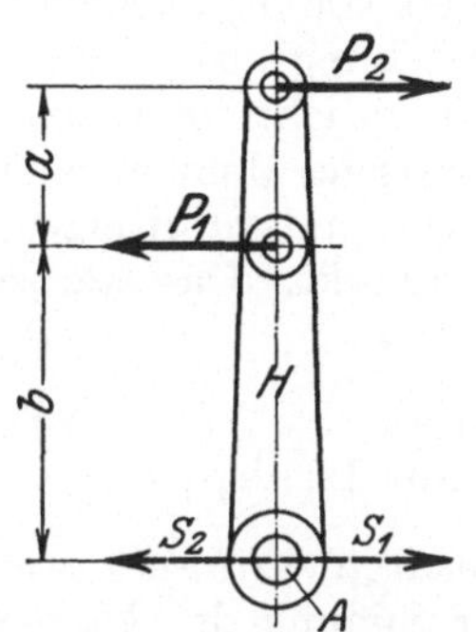

Abb. 69. Wirkung eines Kräftepaares P_1, P_2 auf einen um A drehbaren Hebel H.

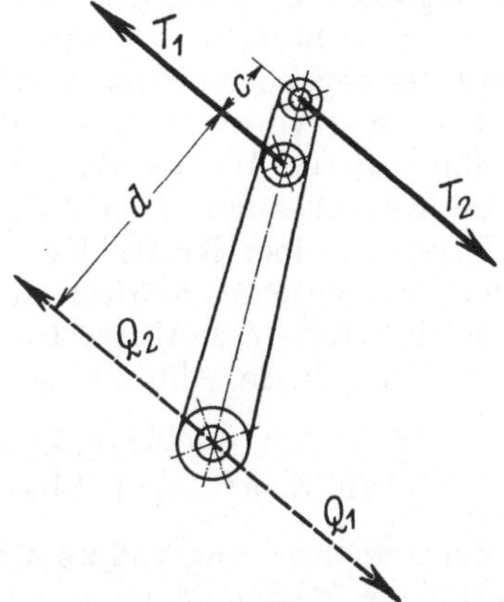

Abb. 70. Wirkung eines Kräftepaares T_1, T_2 auf einen Hebel mit festem Drehpunkt.

man überhaupt ein Kräftepaar verwendet, dasselbe um den Drehpunkt, oder mit anderen Worten, man ordnet den Drehpunkt zwischen den Kräften an, z. B. den Drehpunkt eines Handrades in dessen Mitte.

Im übrigen wird in den meisten technischen Konstruktionen die Drehbewegung eines Körpers nicht durch ein unmittelbar gegebenes Kräftepaar herbeigeführt, sondern durch eine einzelne Kraft.

Zur Erläuterung des Obigen dienen die Abb. 69 und 70. An dem auf der Welle A aufgekeilten Hebel H greifen die ein Kräftepaar bildenden Kräfte P_1 und P_2 an. Ihr Moment ist $P \cdot a$. Im Drehpunkt sind zwei sich gegenseitig aufhebende Hilfskräfte S_1, S_2 hinzugefügt, welche den gegebenen Kräften $P_1 P_2$ gleich sind. Diese hinzugefügten Kräfte bilden mit den gegebenen Kräften zusammen die zwei neuen Kräftepaare P_1, S_1 und P_2, S_2. Die Momente dieser Kräftepaare betragen $+P_2(a+b)$ und $-P_1(b)$. Das ist in Summa $P \cdot a$. Nimmt man (Abb. 70) ein anderes Kräftepaar an, dessen Moment $T \cdot c$ dem Momente $P \cdot a$ des Kräftepaares der Abb. 69 gleich ist, so ergibt sich dasselbe Resultat. Die zwei neuen Hilfskräfte $Q_1 Q_2$ von gleicher Größe und gleicher Richtung wie T_1 und T_2 ergeben mit den Kräften $T_1 T_2$ zusammen die Momente $+T_2(d+c)$ und $-T_1(d)$. Ihre Summe ist $T \cdot c = P \cdot a$.

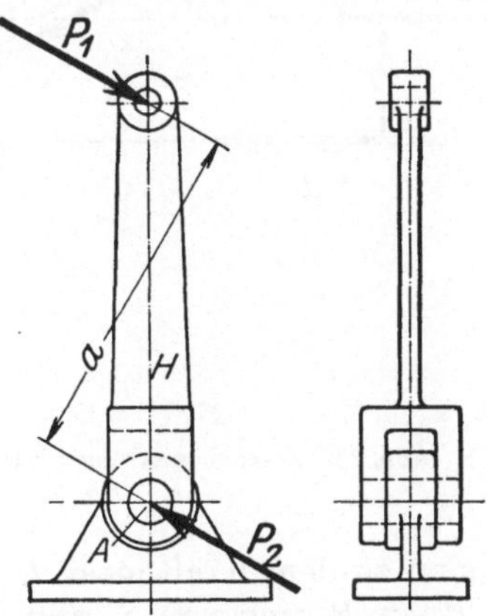

Abb. 71. Zustandekommen eines Drehmomentes an einem drehbaren Hebel bei Belastung desselben durch eine Einzelkraft P_1.

Abb. 71 zeigt das Zustandekommen eines Drehmomentes, das ist eines Kräftepaares in der Art und Weise der Technik. Der um A drehbare Hebel H wird durch die Einzelkraft P_1 belastet und kann eine Bewegung in der Richtung P_1 nicht machen, da seine Welle nur die Drehbewegung um A freigibt. Der infolge der Wirkung von P_1 auftretende Lagerstützpunkt P_2 hält die Welle fest. Diese Stützkraft P_2 bildet mit der gegebenen Einzelkraft P_1 zusammen ein Kräftepaar vom Momente $P \cdot a$. (Über das Zustandekommen von P_2 s. S. 95.)

Im Sinne dieser Art der Kräftepaarentstehung aus einer an einem drehbaren Körper angreifenden Einzelkraft spricht man vom **statischen Moment einer Kraft**. Es ist das statische Moment einer Kraft gleich dem Momente des Kräftepaares, das von ihm selbst erzeugt wird. Es ist gleich Kraft mal Abstand vom Drehpunkt. Das statische Moment der Kraft P_1 in Abb. 71 ist $M = P_1 \cdot a$.

$$\left.\begin{array}{c} \textbf{Statisches Moment} \\ \textbf{gleich Kraft mal Abstand vom Drehpunkt.} \end{array}\right\} \quad (30)$$

Die Zusammensetzung von zwei Kräftepaaren ergibt ein resultierendes Kräftepaar, dessen Moment gleich der Summe der Momente der Einzelkräftepaare ist (Abb. 72). Die gegebenen Kräftepaare $S_1\,S_2 \,\|\, P_1 P_2$

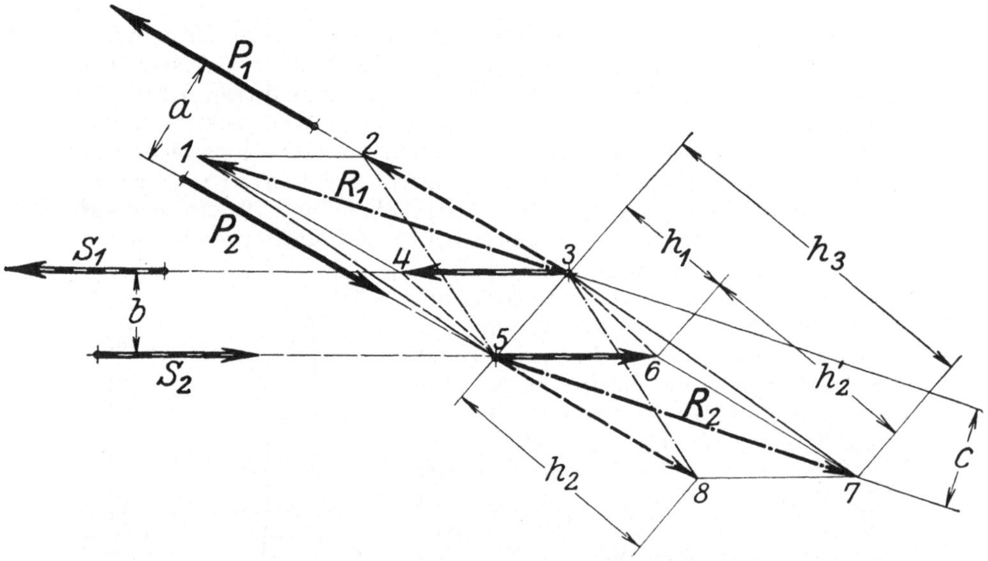

Abb. 72. Zusammensetzung zweier Kräftepaare $P_1 \,\|\, P_2$ und $S_1 \,\|\, S_2$ zu dem resultierenden Kräftepaar $R_1 \,\|\, R_2$.

sind zu dem Kräftepaar $R_1 R_2$ vereinigt, durch Vereinigung von S_2 und P_2 zu R_2 und von S_1 und P_1 zu R_1. Das Moment $R \cdot c$ ist dargestellt durch den Flächeninhalt des Parallelogrammes 1375, dessen eine Seite (57) gleich R ist und dessen Höhe c beträgt. Dieses Parallelogramm zerfällt in die zwei gleichen Dreiecke 375 und 315. Der Inhalt von 375 ist gleich der Summe der Inhalte der Dreiecke 365 und 385, deren Höhen h_1 und h_2 zusammen gleich h_3 sind und welche die gleiche Grundlinie 3 5 haben. Da der Inhalt von 3 6 5 gleich $\frac{1}{2} S_2 \cdot b$ ist (6 5 $= S_2$ und die Höhe auf 6 5 gleich b) und der Inhalt von 3 8 5 gleich $\frac{1}{2} P \cdot a$ ist (5 8 $= P_2$ und die Höhe auf 5 8 gleich a), so ist $\frac{1}{2} \cdot R \cdot c = \frac{1}{2} S \cdot b + \frac{1}{2} P \cdot a$.

Aus den Resultaten der Abb. 72 und 64 ergibt sich, daß die Zusammensetzung beliebig in einer Ebene liegender Kräfte entweder eine Einzelkraft oder ein Kräftepaar ergibt.

Die Arbeit eines Kräftepaares oder einer ein statisches Moment ausübenden Kraft wird aus Arbeit = Kraft × Weg berechnet. Der Weg ist die Länge der Kreisbahn der Kraft.

Die Arbeitsleistung eines Kräftepaares berechnet man nach der Gleichung Arbeit gleich Kraft mal Weg, indem man den Drehpunkt auf der einen der beiden Kräfte annimmt. Es legt dann die andere Kraft bei einer Umdrehung den kreisförmigen Weg $2 \cdot r \cdot \pi$ zurück, und die Größe der Arbeitsleistung ist gegeben durch den Wert $A = P \cdot 2 \cdot r \cdot \pi$.

Setzt man in diese Gleichung den Wert des Momentes des Kräftepaares $M = P \cdot r$ ein, so geht dieselbe über in:

$$A = 2 \cdot \pi \cdot M. \tag{31}$$

$$A = \text{Arbeit}\ \ \text{mkg},$$

$$M = \text{Kilogramm mal Meter}.$$

Beispiel 57. Welche Arbeit verrichtet ein Kräftepaar vom Momente $M = 2000\ \text{kg} \cdot \text{cm}$ bei einer Umdrehung?

Das Moment des Kräftepaares umgerechnet in $\text{kg} \cdot \text{m}$ ergibt $M = 20\ \text{kg} \cdot \text{m}$. Die Arbeit beträgt $20 \cdot 2 \cdot \pi = 125{,}6\ \text{mkg}$.

An die Stelle des Kräftepaares, d. i. zweier paralleler, gleich großer und entgegengesetzt gerichteter Kräfte, tritt in der Technik in den meisten Fällen die an einem Hebel angreifende (s. S. 57) Einzelkraft. Das Moment des Kräftepaares wird durch das statische Moment dieser Einzelkraft ersetzt. Für die Arbeitsleistung des statischen Momentes gilt in gleicher Weise das oben abgeleitete Resultat:

$$A = M \cdot 2 \cdot \pi\ (M \text{ gemessen in } \text{kg} \cdot \text{m}).$$

Die Leistung einer Maschine, welche ein Drehmoment hergibt (die Arbeit in der Sekunde), berechnet man, indem man die Arbeit $A = P \cdot 2 \cdot r \cdot \pi$ auf die Zeit bezieht. Bei n Umdrehungen in der Minute beträgt die Arbeit in der Minute $A = P \cdot 2r \cdot \pi \cdot n$ und die Leistung, gemessen in Pferdestärken:

$$N = \frac{P \cdot 2 \cdot r \cdot \pi \cdot n}{60 \cdot 75} = \frac{M \cdot 2 \cdot \pi \cdot n}{60 \cdot 75}.$$

Setzt man das Drehmoment in $\text{kg} \cdot \text{cm}$ ein, so folgt:

$$N = \frac{M}{100} \cdot \frac{2 \cdot \pi \cdot n}{60 \cdot 75},$$

$$M = \frac{N}{n} \cdot \frac{100 \cdot 60 \cdot 75}{2 \cdot \pi},$$

$$M = 71\,620 \cdot \frac{N}{n}. \tag{32}$$

M Drehmoment, $\text{kg} \times \text{cm}$,

N Anzahl der Pferdestärken, n Tourenzahl.

Beispiel 58. Welches Drehmoment übt ein 10pferdiger Motor, der mit 1000 Umdrehungen läuft, aus?

$$M = 71\,620 \cdot \frac{N}{n} = 71\,620 \cdot \frac{10}{1000} = 716{,}2\ \text{kg} \cdot \text{cm}.$$

Beispiel 59. Welche Leistung erfordert der Antrieb einer Spindel, die in der Minute 12 Umdrehungen machen soll, wenn für das Drehen derselben ein Moment von 14400 kg · cm nötig ist:

$$M = 14\,400 = 71\,620 \cdot \frac{N}{n}\,,$$

$$N = \frac{14\,400 \cdot 12}{71\,620} = 2{,}4\ \text{PS}.$$

δ) Die Zusammensetzung in zwei getrennten zeichnerischen Verfahren.

Neben der zeichnerischen Zusammensetzung der Kräfte nach Abb. 64 bis 72 zur gleichzeitigen Ermittlung der Größe, Richtung und Lage der Resultanten verwendet man ein zweites zeichnerisches Verfahren, bei welchem getrennt:

1. die Größe und Richtung der Resultanten und
2. die Lage derselben ermittelt wird.

Diese Trennung ist besonders dann am Platze, wenn der eine Teil der Aufgabe bequem durchgeführt werden kann. Das ist der Fall, wenn es sich um die Zusammensetzung gleichgerichteter Kräfte handelt. Die Richtung der Resultanten ist dann durch die Richtung der Einzelkräfte von vornherein gegeben. Ihre Größe ist gleich der algebraischen Summe der Größe der Einzelkräfte.

Abb. 73 und 74 kennzeichnen das Verfahren für die Zusammensetzung der drei beliebig gerichteten Kräfte P_1, P_2, P_3. Für die Bestimmung von Größe und Richtung der Resultanten sind die drei Kräfte (Abb. 73) besonders herausgezeichnet und in einem Kräfteplan vereinigt. Es ergibt sich so die Größe und Richtung der Resultanten R.

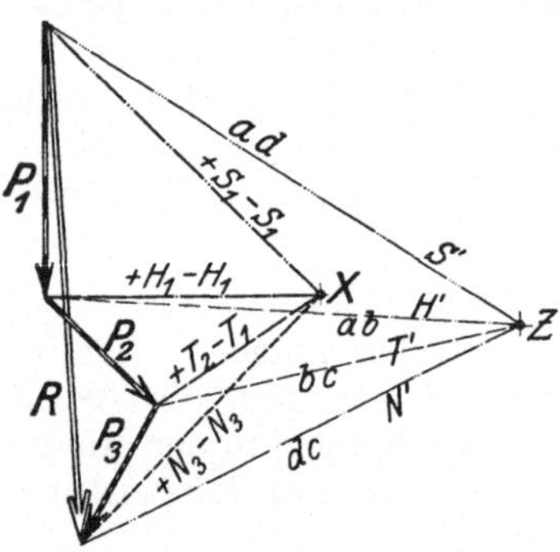

Abb. 73. Kräfteplan zur Bestimmung der Resultanten R für P_1, P_2 und P_3 nach Größe und Richtung und zur Bestimmung der Richtungen der Hilfskräfte.

Zur Feststellung der Lage der Resultanten sind zu den gegebenen drei Kräften P_1, P_2, P_3 eine Reihe von Hilfskräften hinzugefügt, die sich gegenseitig aufheben und von denen wiederum immer je zwei mit einer der gegebenen Kräfte ein geschlossenes Kräftedreieck bilden, d. h. diese aufheben (Abb. 74).

Im Kräfteplan *1* sind die Größen der beiden beliebig gerichtet angenommenen Hilfskräfte $+H_1$ und $+S_1$ ermittelt, die mit der gegebenen Kraft P_1 einen geschlossenen Kräfteplan bilden. Die an der Kraft P_2

angreifende Hilfskraft H_2 wird so gewählt, daß sie die vorher ein-
geführte Hilfskraft H_1 aufhebt. So ergibt sich $H_2 = -H_1$. Die Zusammensetzung dieser Hilfskraft H_2 mit der gegebenen Kraft P_2 erfordert zum Schließen des Kräftedreiecks 2 die Hinzufügung der neuen Hilfskraft $+T_2$. Zu der Kraft P_3
ist eine weitere Hilfskraft T_3 hinzugefügt, die sich mit
der vorher an der Kraft P_2 angenommenen Hilfs-

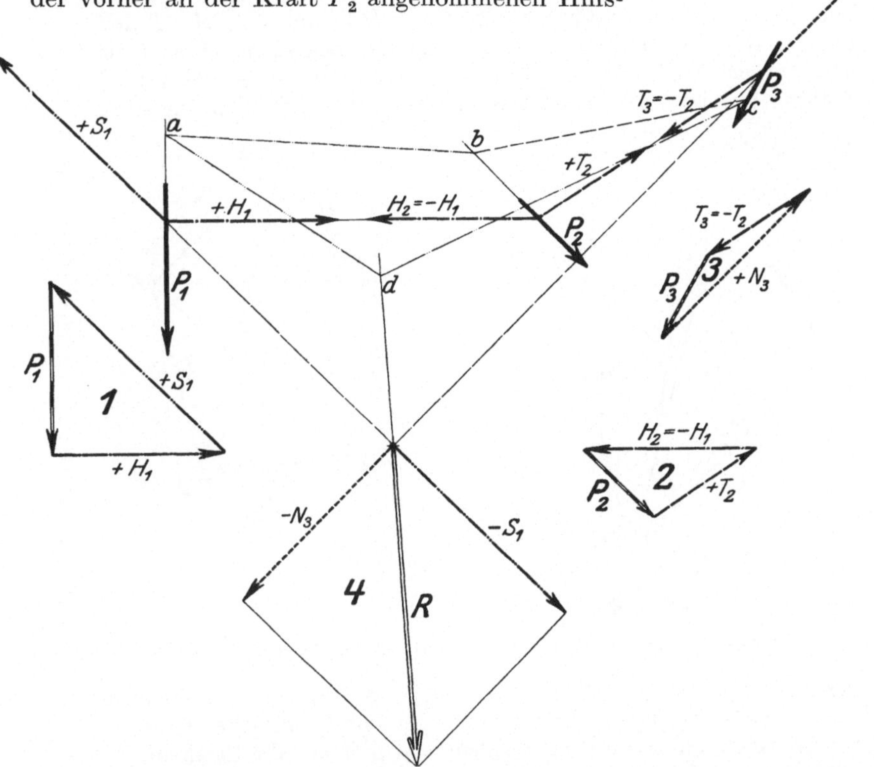

Abb. 74. Bestimmung der Lage, Größe und Richtung der Resultanten R der drei Kräfte P_1,
P_2 und P_3 durch Hinzufügung der 8 Hilfskräfte $+S_1$, $-S_1$, $+H_1$, $-H_1$, $+T_2$, $-T_2$, $+N_3$, $-N_3$.

kraft $+T_2$ zu Null ergänzt. Es ist $T_3 = -T_2$. Die Vereinigung von
T_3 mit der gegebenen Kraft P_3 im Kräftedreieck 3 erfordert für das
Schließen des Kräftedreiecks die Hilfskraft $+N_3$. Um die beiden noch
nicht ausgeglichenen Hilfskräfte $+N_3$ und $+S_1$ auszugleichen, fügt man
nun zwei Hilfskräfte hinzu, welche die beiden Hilfskräfte $+S_1$ und
$+N_3$ zu Null ergänzen, nämlich die Hilfskräfte $-S_1$ und $-N_3$. So
sind diese beiden letzten Hilfskräfte die einzig übrigbleibenden Kräfte,
und ihre Vereinigung legt die Lage der Resultanten R fest.

Kurz zusammengefaßt: Es sind zu den drei gegebenen Kräften vier-
mal zwei Hilfskräfte hinzugefügt, die sich untereinander gegenseitig aufheben, so daß die Hinzufügung eine Änderung der Belastung nicht bedeutet. Von diesen Hilfskräften dienen sechs zu der Bildung der ge-

schlossenen Kräftepläne *1, 2* und *3*. Es bleiben demnach von den insgesamt vorhandenen elf Kräften nur die zwei Hilfskräfte $-S_1$ und $-N_3$ übrig, und aus diesen wird die Resultante gebildet. Die in der Abb. 74 eingetragenen Kräftepläne *1—2—3—4* lassen sich in den Kräfteplan der Abb. 73 ohne Mühe eintragen. Wenn man an die einzelnen Kräfte P_1, P_2 und P_3 die Hilfskräfte $+S_1 -S_1$, $+H_1 -H_1$, $+T_2 -T_2$ und $+N_3 -N_3$ im Sinne der kleinen Kräftepläne *1—2—3—4* anlegt, ergibt sich als Endpunkt aller dieser Hilfskräfte S, H, T und N ein und derselbe Punkt X. Denn es sind in den Plänen *1* bis *4* die Längen, welche ein Paar der Hilfskräfte darstellen, stets gleich groß und gleich geneigt. Sie haben nur den verschiedenen Richtungssinn,

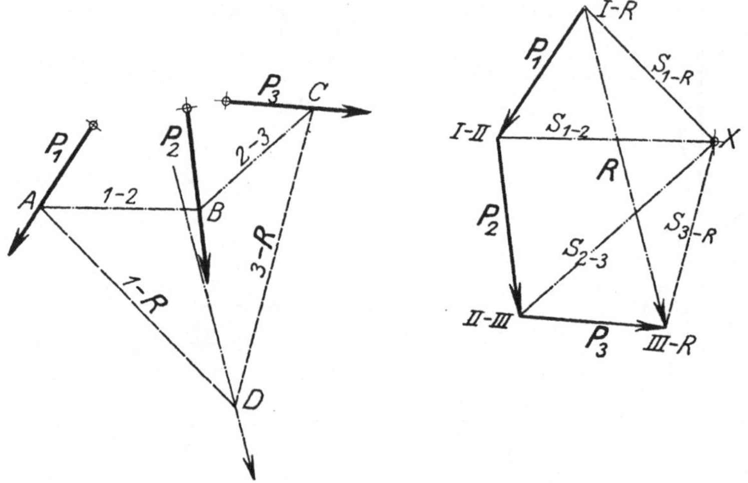

Abb. 75. Kräfteplan und Seilpolygon für die Zusammensetzung der drei Kräfte P_1, P_2 und P_3

da sie sich zu je zweien aufheben müssen. — So wird man die kleinen Pläne *1* bis *4* überhaupt entbehren und von der Abb. 73 ausgehen können. Man wird einen Punkt X (Pol) wählen, von ihm aus die Strahlen S, H, T, N ziehen und zu diesen Strahlen die Parallelen in die Hauptfigur Abb. 74 einziehen. Die Schlußfigur (*4* in Abb. 74) entspricht dann dem in Abb. 73 aus R, $+S_1 -S_1$ und $+N_3 -N_3$ gebildeten Dreieck.

Da die Resultante bereits durch einen Kräfteplan nach Größe und Richtung bestimmt, so bedarf es nicht weiter der Zusammensetzung von $-N_3$ und $-S_1$. Es genügt die Bestimmung des Schnittpunktes von N und S, denn es ist ja nur noch die Lage von R zu ermitteln.

Die Linien, auf denen $H_1 H_2$, $T_2 T_3$, $+N_3 -N_3$, $+S_1 -S_1$ wirken, dienen schließlich nur der Bestimmung der Lage von R. Die Eintragung der Kraftgrößen auf den Linien ist unnötig. Man verfährt zur Ermittlung der Resultantenlage rein zeichnerisch (Abb. 75).

Man trägt die gegebenen Kräfte P_1, P_2, P_3 in einem Linienzuge hintereinander auf und ermittelt so Größe und Richtung der Resultanten R. Man wählt einen beliebigen Pol X und zieht von ihm aus

Strahlen nach den Punkten, in denen die einzelnen Kräfte zusammenstoßen. So entstehen die Linien S_{1-2}, S_{2-3}, S_{1-R}, S_{3-R}. Durch Einflechten eines parallelen Linienzuges zu diesen Strahlen in die ursprüngliche Figur von einem beliebig gewählten Punkt A auf einer Kraft aus entsteht der Linienzug $ABCD$. Es sind dabei die Strahlen so zu wählen, wie es der Figur rechts entspricht. Zwischen die Kräfte P_1 und P_2 kommt die Linie $1-2$ parallel zu dem nach dem Berührungspunkte $I-II$ gehenden Strahl S_{1-2}. Zwischen die Kräfte P_2 und P_3 ist eingeflochten die Linie $2-3$, d. i. die Parallele zu dem Strahl S_{2-3}. Durch die Parallelen zu den beiden Strahlen, welche im Kräfteplan rechts zum Treffpunkt der Kraft P_1 und der Resultanten $R(S_{1-R})$ bzw. der Kraft P_3 und der Resultanten $R(S_{3-R})$ führen, wird der letzte Schnittpunkt D festgelegt. Die Resultante R muß durch D gehen.

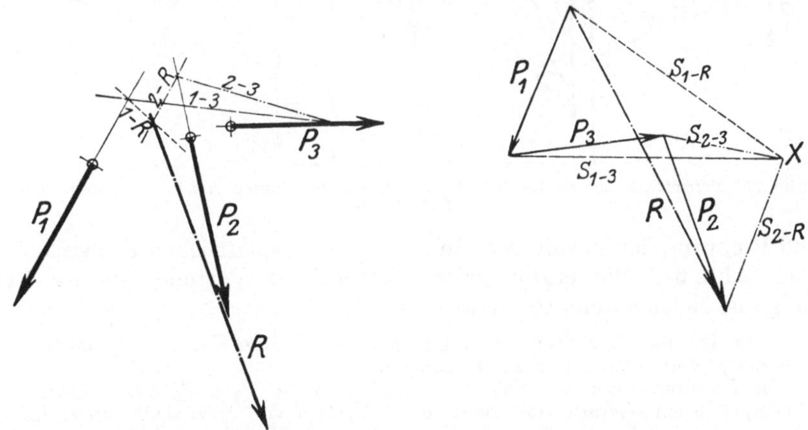

Abb. 76. Kräfteplan und Seilpolygon für die Zusammensetzung der drei Kräfte P_1, P_2 und P_3.
(Die Kräfte sind in anderer Reihenfolge aneinandergefügt als in Abb. 75.)

Aus der Erklärung der Abbildung geht ohne weiteres hervor, daß die Reihenfolge der Kräfteauftragung ohne jeden Einfluß auf das Resultat ist. Ob man die zwei ersten der sich gegenseitig aufhebenden Hilfskräfte auf P_1 und P_2, dann die zwei weiteren auf P_2 und P_3 wirken läßt usw. oder zuerst zwei Hilfskräfte an P_1 und P_3 ansetzt und dann an P_3 und P_2, bleibt selbstverständlich ganz ohne Einfluß.

In Abb. 76 ist parallel zur Abb. 75 eine Darstellung in einer anderen Zusammenfassung gegeben. Es sind die Hilfskräfte nicht zwischen die benachbarten Kräfte P_1 und P_2, sondern zwischen die Kräfte P_1 und P_3 eingeschaltet.

Die Lage des Pols X ist gleichfalls ohne Bedeutung für das Resultat. Ob man im Kräfteplan 1 der Abb. 73 die Kräfte S_1 und H_1 zum Schließen des Kräfteplans benutzt oder zwei anders gerichtete Kräfte S' und H', die dementsprechend auch in ihrer Größe von S_1 und H_1 abweichen, ist ohne Einfluß auf das Gesamtresultat. Der dünn eingetragene Linienzug $a-b-c-d$ entspricht einer Konstruktion mit dem Pole Z, d. h. mit Kräften S', H', T', N'.

Den in die Kräfte eingezogenen Linienzug nennt man ein Seilpolygon. Es entspricht der Verlauf dieser Linien der Lage eines Seiles, welches die Kräfte P_1, P_2, P_3 zusammenzuhalten vermag.

Die Vereinigung beliebig gerichteter Kräfte stellt sich in der getrennten Konstruktion mittels Kräfteplans und Seilpolygons nicht einfacher als die gleichzeitige Bestimmung von Lage, Größe

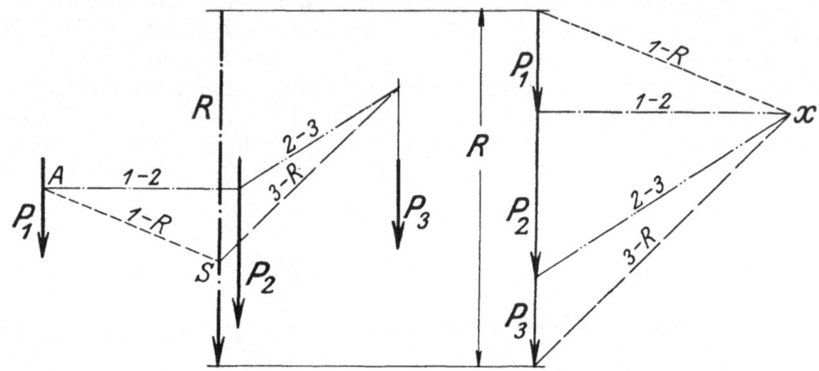

Abb. 77. Vereinigung der Kräfte P_1, P_2 und P_3 zur Resultanten R mittels Kräfteplan und Seilpolygon.

und Richtung der Resultanten in einer gemeinschaftlichen Konstruktion nach Abb. 64. Sie ergibt jedoch wesentliche Vorteile bei der Vereinigung gleichgerichteter Kräfte (s. Abb. 77).

Beispiel 60. Die drei vertikal gerichteten Kräfte P_1, P_2, P_3 sind durch Kräfteplan und Seilpolygon zu vereinigen.

Die Resultante der drei Kräfte R ist gleich $P_1 + P_2 + P_3$. Der Kräfteplan schrumpft in eine Gerade zusammen, deren Verlauf von oben nach unten einmal durch die Kräfte P_1, P_2, P_3 und dann auch durch die Resultante R gebildet ist.

Neben dem Kräfteplan ist ein Pol X beliebig angenommen. Von ihm aus sind die Strahlen $1-R$, $1-2$, $2-3$, $3-R$ zu den Trennpunkten zwischen P_1 und R, P_1 und P_2, P_2 und P_3, P_3 und R gezogen. Die Parallelen zu diesen Strahlen eingeflochten als fortlaufender Linienzug von einem beliebigen Punkte A aus bestimmen im Schnittpunkte S die Lage von R.

ε) Die zeichnerische Zerlegung von Kräften.

Die Zerlegung der Kräfte entspricht der Umkehrung der in Abb. 73 bis Abb. 77 dargestellten Zusammensetzung. Man zerlegt eine Kraft, indem man ihre zeichnerische Darstellung als Diagonale eines Parallelogramms auffaßt. Die Parallelogrammseiten stellen dann die Einzelkräfte dar. Man bezeichnet die Einzelkräfte dann als Komponenten.

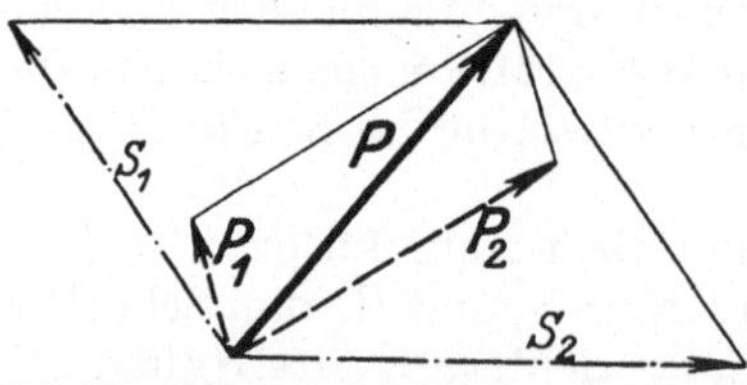

Abb. 78. Zerlegung einer Kraft P in 2 Kräfte — P_1 und P_2 oder S_1 und S_2 — nach dem Parallelogrammsatz.

Sind die Richtungen der Einzelkräfte nicht festgelegt, und kann man demzufolge die Neigung der Parallelogrammseiten beliebig annehmen, so ergeben sich verschiedene Zerlegungsmöglichkeiten für eine Kraft. Es läßt sich z. B. die Kraft P (Abb. 78) zerlegen in die beiden Kräfte P_1 und P_2 sowie auch in S_1 und S_2. Die Zerlegung einer Kraft in zwei Teilkräfte, deren Angriffspunkte und Richtungen gegeben sind mittels Kräfteplans und Seilpolygons, zeigt Abb. 79.

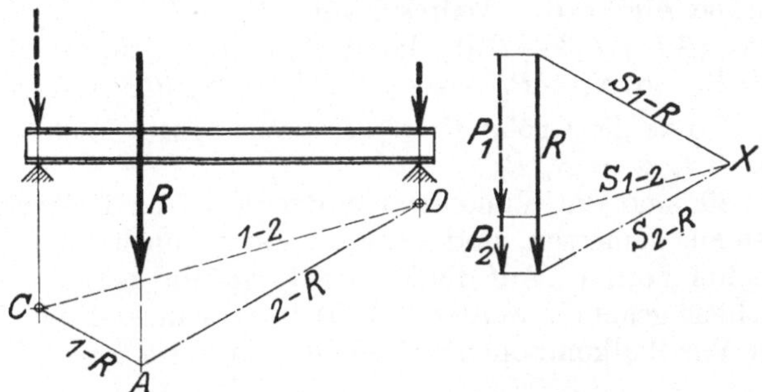

Abb. 79. Zerlegung einer vertikalen Kraft R in 2 vertikale Kräfte P_1 und P_2, deren Angriffspunkte festgelegt sind, mittels Kräfteplan und Seilpolygon.

Beispiel 61. Es ist die Kraft R zu zerlegen in die zwei vertikalen Einzelkräfte P_1 und P_2, welche in den Stützpunkten des Balkens angreifen.

Der Kräfteplan mit dem beliebig gewählten Pole X legt die Neigung der Seilpolygonseiten 1—R und 2—R fest. Ihre Eintragung vom beliebig gewählten Punkte A aus ergibt die Punkte C und D. Die Richtung von CD bestimmt die Neigung des im Kräfteplan einzutragenden Strahles S_{1-2}, welcher R in P_1 und P_2 trennt.

b) Rechnerische Zusammensetzung und Zerlegung von Kräften.

α) Die Kräfte greifen an einem Punkte an.

Für die rechnerische Zusammensetzung und Zerlegung von Kräften wird allgemein der folgende Weg beschritten. Man zerlegt die Kräfte nach zwei Richtungen, setzt dann die gleichgerichteten Komponenten zusammen und bildet schließlich aus deren Resultanten die Gesamtresultante. — Da die Zusammensetzung der gleichgerichteten Komponenten nichts anderes ist als eine einfache Addition, so gestaltet sich der scheinbar komplizierte Vorgang äußerst einfach.

Man vermeidet mit dieser Zerlegung nach zwei Richtungen die Schwierigkeiten der Winkelrechnungen, d. h. der Berechnung aller einzelnen Schnittwinkel zwischen je zwei gegebenen Kräften.

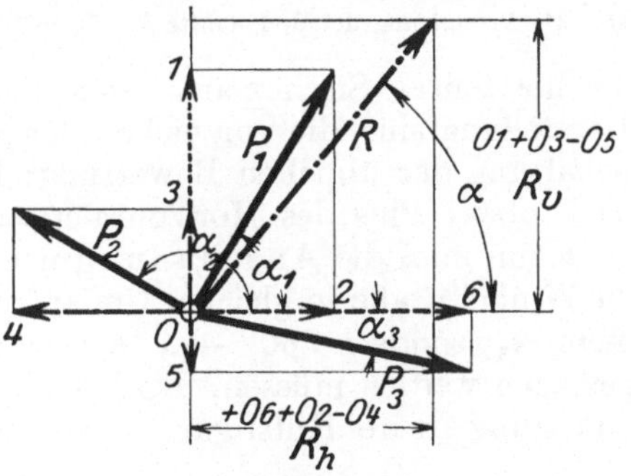

Abb. 80. Zusammensetzung von drei in einem Punkte angreifenden Kräften P_1, P_2 und P_3 durch algebraische Addition der Komponenten der Einzelkräfte.

Man legt die Kraft nun nicht mehr fest durch Lage, Größe und Winkelrichtung, sondern durch zwei Größen (die Größen der beiden Komponenten) und deren Lage gegeneinander.

Abb. 80 kennzeichnet dieses Verfahren. Die Kräfte P_1, P_2, P_3 sind in die Vertikalkomponenten $0—1$, $0—3$, $0—5 = P_1 \cdot \sin \alpha_1$, $P_2 \cdot \sin \alpha_2$, $P_3 \cdot \sin \alpha_3$ und in die Horizontalkomponenten $0—2$, $0—4$, $0—6$ $= P_1 \cdot \cos \alpha_1$, $P_2 \cdot \cos \alpha_2$, $P_3 \cdot \cos \alpha_3$ zerlegt. Die Vereinigung der ersten Gruppe ergibt die Teilresultante $R_v = P_1 \cdot \sin \alpha_1 + P_2 \cdot \sin \alpha_2 + P_3 \cdot \sin \alpha_3$ $(0\,1 + 0\,3 - 0\,5)$, die der zweiten Gruppe die Teilresultante $R_h = P_1 \cdot \cos \alpha_1 + P_2 \cdot \cos \alpha_2 + P_3 \cdot \cos \alpha_3$ $(0\,6 + 0\,2 - 0\,4)$. Die Resultante R hat die Größe $R = \sqrt{R_h^2 + R_v^2}$. Ihre Richtung ist bestimmt durch $\operatorname{tg} \alpha = R_v / R_h$.

In Abb. 80 sind die Winkel α von der positiven Richtung der Abszissenachse aus gemessen, und zwar α_1 und α_2 nach links herum und α_3 nach rechts herum. Auf die Meßrichtung muß bei der Bestimmung des Vorzeichens geachtet werden. Es ist in diesem Fall die algebraische Summe der Vertikalkomponenten gebildet aus $+0\,1 + 0\,3 - 0\,5$ und

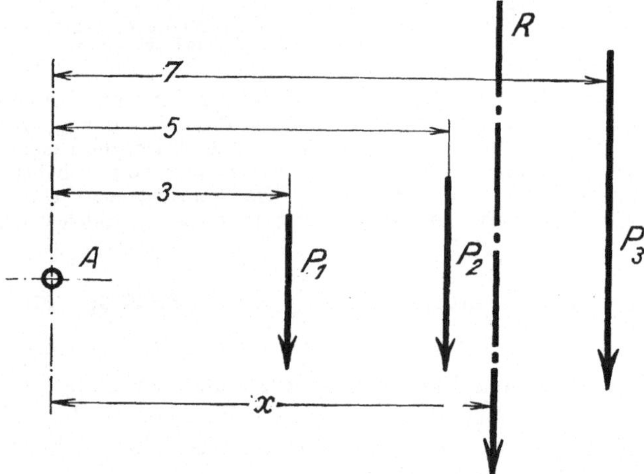

Abb. 81. Vereinigung der drei Kräfte P_1, P_2 und P_3 zur Resultanten R auf rechnerischem Wege.

die horizontale Summe aus $+0\,6 + 0\,2 - 0\,4$. Aus der zeichnerischen Darstellung sind die Vorzeichen der Komponenten ermittelt unter Beibehaltung der üblichen Bewertung: Plus der Vertikalen $=$ von unten nach oben; Plus des Horizontalen $=$ von links nach rechts.

Kann man die Anschauung nicht zu Hilfe nehmen, so muß man die Winkel α alle in gleicher Umlaufsrichtung messen. In Abb. 80 hätte nicht α_3, sondern $360° - \alpha_3$ als der Neigungswinkel der Kraft P_3 eingetragen werden müssen. Doch kommt eine derartige rechnerische Bestimmung ohne Hilfsfigur kaum vor.

β) Die Kräfte greifen an verschiedenen Punkten des Körpers an.

Bei der Zusammensetzung von Kräften, die an verschiedenen Punkten eines Körpers angreifen, ist außer der Größe und Richtung, die nach Abb. 80 rechnerisch bestimmt werden können, noch die dritte Bestimmungsgröße, die Lage der Resultanten, zu berechnen.

Zur Berechnung der Lage der Resultanten benutzt man den Satz vom statischen Moment: Das statische Moment der Resultanten muß gleich der Summe der statischen Momente der Einzelkräfte sein.

Man nimmt einen beliebigen Punkt A an und berechnet für ihn die Summe der Einzelmomente der gegebenen Kräfte. Durch Gleichsetzen dieser Momentensumme und des Momentes der Resultanten läßt sich x bestimmen. Es muß R im Abstande x an A vorbeigehen.

$$P_1 \cdot a_1 + P_2 \cdot a_2 + P_3 \cdot a_3 = R \cdot x \, . \tag{33}$$

Beispiel 62. Für drei Vertikalkräfte $P_1 = 16\,\mathrm{kg}$, $P_2 = 20\,\mathrm{kg}$, $P_3 = 34\,\mathrm{kg}$ zeigt Abb. 81 diese Bestimmung der Lage. Der Drehpunkt ist in A angenommen. Die Hebelarme der Kräfte stellen sich auf $a_1 = 3$, $a_2 = 5$, $a_3 = 7$. Damit wird die Summe der statischen Momente $P_1 \cdot a_1 + P_2 \cdot a_2 + P_3 \cdot a_3 = 16 \cdot 3 + 20 \cdot 5 + 34 \cdot 7 = 386$.

Da $R = P_1 + P_2 + P_3 = 70\,\mathrm{kg}$ ist, berechnet sich der Hebelarm x aus

$$R \cdot x = 386 \, , \qquad x = \tfrac{386}{70} = 5{,}51 \, .$$

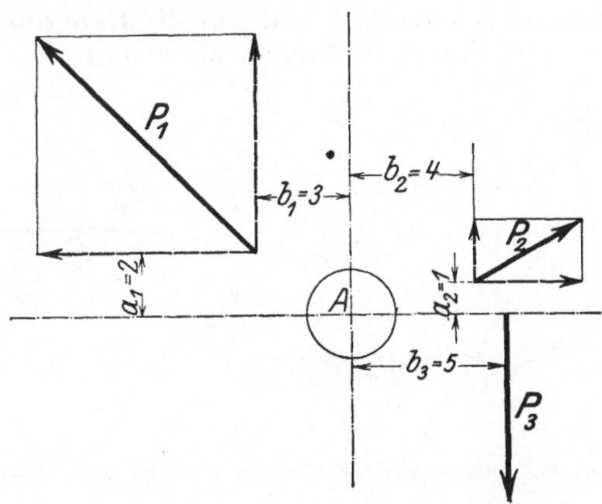

Abb. 82. Vereinigung der drei Kräfte P_1, P_2 und P_3 zur Resultanten auf rechnerischem Wege.

Für beliebig gerichtete Kräfte gibt das Beispiel 82 den Verlauf der Rechnung.

Beispiel 63. Die Größe, Richtung und Lage der Resultanten des nach Abb. 82 durch P_1, P_2 und P_3 belasteten Körpers sind rechnerisch zu bestimmen.

$$
\begin{aligned}
P_1 &= 100\,\mathrm{kg}, & \alpha_1 &= 135°, & \sin\alpha_1 &= 0{,}707, & \cos\alpha_1 &= -0{,}707, \\
P_2 &= 40\,\mathrm{kg}, & \alpha_2 &= 30°, & \sin\alpha_2 &= 0{,}5, & \cos\alpha_2 &= 0{,}866, \\
P_3 &= 60\,\mathrm{kg}, & \alpha_3 &= 270°, & \sin\alpha_3 &= -1, & \cos\alpha_3 &= 0.
\end{aligned}
$$

$$
\begin{aligned}
P_1 \cdot \sin\alpha_1 &= 70{,}7\,\mathrm{kg}, & P_1 \cdot \cos\alpha_1 &= -70{,}7\,\mathrm{kg}, \\
P_2 \cdot \sin\alpha_2 &= 20{,}0\,\mathrm{kg}, & P_2 \cdot \cos\alpha_2 &= 34{,}6\,\mathrm{kg}, \\
P_3 \cdot \sin\alpha_3 &= -60{,}0\,\mathrm{kg}, & P_3 \cdot \cos\alpha_3 &= 0\,\mathrm{kg}.
\end{aligned}
$$

$$
\begin{aligned}
a_1 &= 2\,\mathrm{cm}, & b_1 &= 3\,\mathrm{cm}, \\
a_2 &= 1\,\mathrm{cm}, & b_2 &= 3\,\mathrm{cm}, \\
a_3 &= 0\,\mathrm{cm}, & b_3 &= 5\,\mathrm{cm}.
\end{aligned}
$$

$$R = \sqrt{(P_1 \cdot \sin\alpha_1 + P_2 \cdot \sin\alpha_2 + P_3 \cdot \sin\alpha_3)^2 + (P_1 \cdot \cos\alpha_1 + P_2 \cos\alpha_2 + P_3 \cos\alpha_3)^2},$$

$$R = \sqrt{(70{,}7 + 20{,}0 - 60{,}0)^2 + (-70{,}7 + 34{,}6 + 0)^2} = \sqrt{921 + 1303} = 47 \, ,$$

$$\operatorname{tg}\alpha = \frac{P_1 \cdot \sin\alpha_1 + P_2 \sin\alpha_2 + P_3 \sin\alpha_3}{P_1 \cdot \cos\alpha_1 + P_2 \cdot \cos\alpha_2 + P_3 \cdot \cos\alpha_3} = \frac{70{,}7 + 20{,}0 - 60{,}0}{-70{,}7 + 34{,}6 + 0} = \frac{30{,}7}{-36{,}1} = -0{,}855 \, .$$

$\alpha = 130°\,30'$ (gemessen von der positiven Richtung der X-Achse entgegengesetzt dem Uhrzeigerumlauf).

Nach Gleichung (33) ist

$$47 \cdot x = -70{,}7 \cdot 2 + 70{,}7 \cdot 3 - 20 \cdot 4 + 34{,}6 \cdot 1 + 60 \cdot 5\,,$$

$$X = \frac{325{,}3}{47} = 6{,}9\,,$$

x ist der Abstand der Resultanten R von dem Drehpunkt A.

Schlägt man um A einen Kreis mit $x = 6{,}9$ und legt an ihn eine Tangente unter dem Winkel $\alpha = 130°\,30'$, und zwar im Uhrzeigersinne, so ist mit dieser Tangente die Lage von R bestimmt.

c) Kombiniert zeichnerisch-rechnerisches Verfahren.

Um die langwierige Rechnung zur Bestimmung der Kraftgröße und Kraftrichtung zu vermeiden, verwendet man vielfach ein kombiniert zeichnerisch-rechnerisches Verfahren. Man bestimmt Größe und Richtung der Resultanten zeichnerisch und legt die Lage durch Berechnung von x nach dem Satze vom statischen Moment fest.

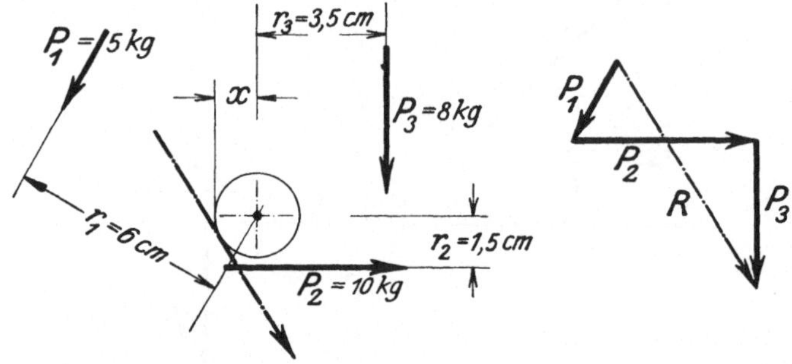

Abb. 83. Bestimmung einer Resultanten auf kombiniert zeichnerisch-rechnerischem Verfahren.

Abb. 83 zeigt rechts im Kräfteplan die Bestimmung von R nach Größe und Richtung. Für die Berechnung von x gilt die Momentengleichung

$$R \cdot x = -P_1 \cdot r_1 - P_2 \cdot r_2 + P_3 \cdot r_3\,.$$

R (aus dem Kräfteplan entnommen) $= 29{,}2$ mm . Bei einem Maßstabe 1 kg = 2 mm ist

$$R = \frac{29{,}2}{2} = 14{,}6\,\text{kg}\,,$$

$$R \cdot x = -5 \cdot 6 - 10 \cdot 1{,}5 + 8 \cdot 3{,}5 = -17\,,$$

$$x = -\frac{17}{14{,}6} = -1{,}16\,\text{cm}\,.$$

Da x negativ herauskommt, hat R einen Drehsinn entgegegesetzt dem Uhrzeigersinn.

3. Zusammensetzung von Kräften im Raume.

a) Die Kräfte greifen am gleichen Punkte des Körpers an.

Legt man durch zwei der Kräfte eine Ebene, so lassen sie sich in dieser Ebene nach dem Parallelogrammsatz zu einer Resultanten vereinigen. Diese Resultante läßt sich mit der dritten Kraft zusammensetzen, indem man durch sie und diese dritte Kraft eine zweite Ebene legt usw.

Es ergibt die Zusammensetzung beliebiger, an einem Punkte des Körpers angreifender Kräfte eine Einzelkraft.

Abb. 84 zeigt die Vereinigung von P_1 und P_2 in der Ebene I zur Resultante R_{1-2} und die Zusammensetzung dieser Resultante R_{1-2} mit der dritten Kraft P_3 zur Resultante R_{1-2-3} in der Ebene II.

b) Die Kräfte greifen nicht am gleichen Punkte an.

Für die Vereinigung im Raume liegender Kräftepaare gelten zwei Sätze:

1. Ein Kräftepaar läßt sich in eine parallele Ebene verlegen.

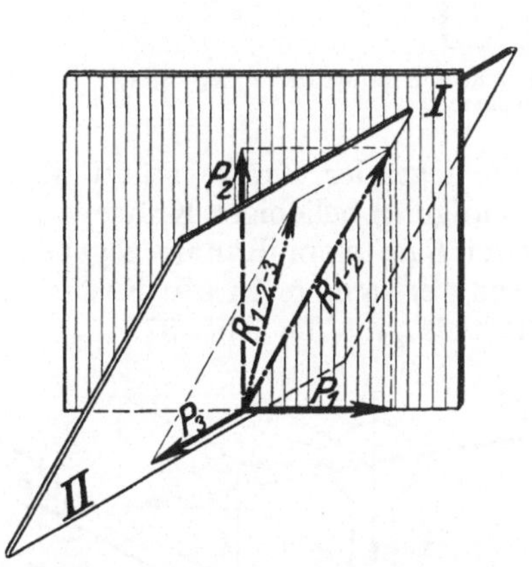

Abb. 84. Zusammensetzung der drei Kräfte P_1, P_2 und P_3, die am gleichen Punkte angreifen. aber nicht in einer Ebene liegen.

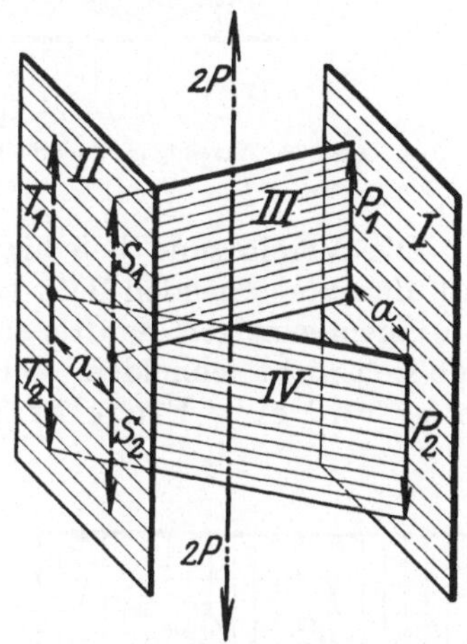

Abb. 85. Ersetzung eines in einer Ebene liegenden Kräftepaares ($P_1 - P_2$ in Ebene I) durch ein in einer Parallelebene liegendes Kräftepaar ($T_1 - S_2$ in Ebene II).

Den Beweis gibt die Abb. 85. Gegeben ist das Kräftepaar $P_1 P_2$ in der Ebene I. Hinzugefügt sind die vier sich zu je zwei gegenseitig aufhebenden Kräfte $S_1 S_2$ und $T_1 T_2$, die in einer Parallelebene II liegen, gleich groß P sind und im gleichen Abstande a voneinander wirken.

Durch die Hilfsebenen III und IV lassen sich die Kräfte P_1 und S_1 sowie P_2 und T_2 zu Resultanten von der Größe $2 \cdot P - 2 \cdot P$ vereinigen. Da diese Resultanten in eine Linie fallen, heben sie sich gegenseitig auf. So bleiben von den sechs Kräften P_1, P_2, S_1, S_2, T_1, T_2 nur die zwei Kräfte S_2 und T_1 übrig, und sie bilden ein dem gegebenen Kräftepaar $P_1 P_2$ gleiches, aber in der Ebene II liegendes Kräftepaar.

2. Beliebig viele Kräftepaare im Raume lassen sich zu einem Kräftepaare vereinigen.

Abb. 86 zeigt die Vereinigung der zwei Kräftepaare $P_1 P_2$ und $S_1 S_2$ in den Ebenen I und II. Die Ebenen schneiden sich in der Geraden $A-A$. Legt man die Kräftepaare zurück bis zum Angreifen an $A-A$

und verwandelt man das eine derselben $P_1 P_2$ (s. S. 55, Abb. 67) in das Kräftepaar $P_1' P_2'$, das in den gleichen Schnittpunkten wie $S_1 S_2$ angreift, so lassen sich die Kräfte P_1' und S_1 sowie P_2' und S_2 vereinigen zu R_1 und R_2, die ein neues Kräftepaar bilden.

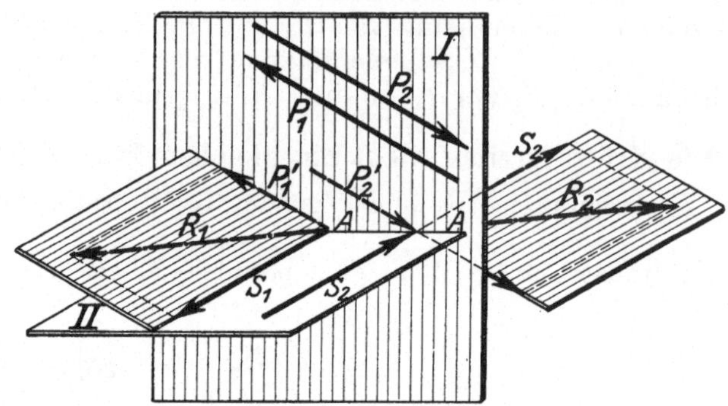

Abb. 86. Vereinigung mehrerer im Raum liegender Kräftepaare ($P_1 P_2 - S_1 S_2$) zu einem Kräftepaare.

Die Vereinigung beliebig im Raume liegender Kräfte stützt sich auf den vorstehenden Satz von der Vereinigung beliebiger Kräftepaare zu einem einzigen Kräftepaar. Sind zwei Kräfte im Raume gegeben, die sich nicht schneiden, so lassen sie sich verwandeln in ein **Kräftepaar und eine Einzelkraft.** Den Beweis gibt die Abb. 87.

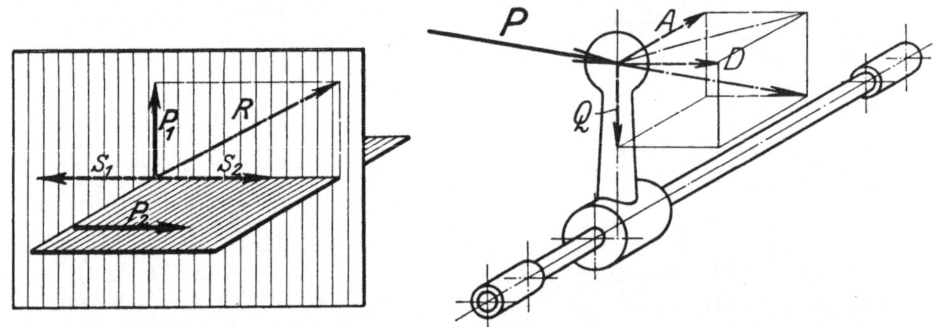

Abb. 87. Zusammensetzung zweier im Raum sich kreuzender Kräfte P_1 und P_2.

Abb. 88. Zerlegung einer Kraft nach drei senkrecht aufeinanderstehenden Richtungen.

Gegeben sind die zwei Kräfte P_1 und P_2. An P_1 sind zwei sich gegenseitig aufhebende Hilfskräfte S_1 und S_2 angefügt, welche parallel zu P_2 liegen und gleich P_2 sind. Eine dieser Hilfskräfte S_2 läßt sich mit P_1 zu einer Resultanten R vereinigen. Die andere S_1 bildet mit der anderen gegebenen Kraft P_2 ein Kräftepaar.

Aus n Einzelkräften wird man auf diese Weise $n/2$ Einzelkräfte und $n/2$ Kräftepaare erhalten. Setzt man diese $n/2$ Einzelkräfte wiederum zusammen, so erhält man nun $n/4$ Einzelkräfte und weitere $n/4$ Kräftepaare. Die nochmalige Zusammenfassung dieser $n/4$ Einzelkräfte zeitigt $n/8$ Einzelkräfte und weitere $n/8$ Kräftepaare. Schließlich ergibt sich so eine einzige Einzelkraft und n Kräftepaare. Diese n Kräftepaare lassen sich zu einem Kräftepaar vereinigen, so daß in jedem Falle nur eine Einzelkraft und ein Kräftepaar übrigbleiben.

Um die rechnerische Verfolgung beliebig im Raume liegender Kräfte zu erleichtern, zerlegt man die Kräfte, welche auf einen Körper wirken, im Sinne der Abb. 88 nach drei verschiedenen Richtungen. Bei einem Körper, welcher um eine Achse drehbar ist, wird man die Zerlegung so durchführen, daß die eine Komponente der Kraft der Richtung der Achse parallel ist (A) und die zweite eine Drehung um die Achse einzuleiten bestrebt ist (D). Die dritte (Q) wird man so legen, daß sie quer zur Achse liegt.

D. Die Lehre vom Schwerpunkt.

Die Lehre vom Schwerpunkt behandelt die Bestimmung des Körperpunktes, in dem man die auf die einzelnen Körperteilchen wirkenden Anziehungskräfte der Erde vereinigt denken kann. Sie behandelt die Bestimmung der Lage der Resultanten dieser einzelnen Anziehungskräfte, dieser einzelnen Schwerkräfte.

Bei der Bestimmung der Lage der Resultanten nach Kapitel C handelte es sich um die Zusammensetzung von Kräften festbestimmter Richtungen. Die Lage der Resultanten wurde durch eine Linie bestimmt. Auf dieser Linie konnte und brauchte ein Angriffspunkt nicht festgelegt werden. Die Lage des Angriffspunktes auf dieser Linie ist ohne jeden Einfluß auf die Wirkungsweise der Resultanten (s. S. 53). Bei der Lehre vom Schwerpunkt handelt es sich nicht um die Zusammensetzung von Kräften bestimmter Richtungen, sondern um die Zusammensetzung von parallelen Kräften verschiedener Richtung. Der Körper kann in die verschiedensten Stellungen zur Erde kommen. Die auf seine Einzelteile wirkenden Schwerkräfte können die verschiedenste (untereinander gleiche) Richtung haben. Demzufolge genügt hier nicht die Bestimmung einer Linie, in welche bei einem Sonderfalle die Resultante fallen wird. Es muß vielmehr der Punkt bestimmt werden, durch den bei jeder beliebigen Stellung des Körpers die Resultante gehen muß. Man wird demzufolge für zwei verschiedene Stellungen des Körpers gegenüber der Erde die Linie der Resultantenwirkung ermitteln müssen. Der Schnittpunkt dieser beiden Linien ist der Punkt, durch welchen bei jeder beliebigen Stellung des Körpers die Resultante der Einzelschwerkräfte, d. i. die Schwerkraft, geht.

Da es sich vor allem um die Feststellung der Lage handelt, da die Größe der Resultanten einfach bestimmt ist als die Summe der einzelnen Kräftegrößen, wird man die getrennte Bestimmung von Lage und Größe (und Richtung) bevorzugen. Man verwendet entweder das rechnerische Verfahren — Gleichheit der statischen Momente der Einzelkräfte und der Resultanten — oder das zeichnerische — Kräfteplan und Seilpolygon.

1. Schwerpunkt von Linien.

Im Grunde ist es sinnwidrig, vom Schwerpunkte einer Linie zu sprechen. Linien haben keine Masse, und somit unterliegen sie auch nicht der Anziehungskraft der Erde. Trotzdem ist es allgemein üblich, die Schwerpunkte stabförmiger Körper gleichförmigen Querschnittes unter dem Kapitel Schwerpunkt von Linien zu behandeln.

a) Schwerpunkt von Geraden.

Der Schwerpunkt einer einzelnen Geraden fällt in die Mitte der Geraden.

Der Schwerpunkt eines aus mehreren Geraden bestehenden Linienzuges (Abb. 89) wird nach dem bei Abb. 81 geschilderten Verfahren ermittelt. Jedes gerade Linienstück ist gleichwertig einer in seiner Mitte angreifenden Kraft von der Größe der Linienlänge. Die Richtung der Kräfte kann beliebig angenommen werden; man kann sich die Erde unter dem Linienzuge oder über dem Linienzuge, rechts von dem Linienzuge oder links von demselben liegend denken. Nimmt man die beiden für die Berechnung erforderlichen Lagen unter der Abszissenachse und links von der

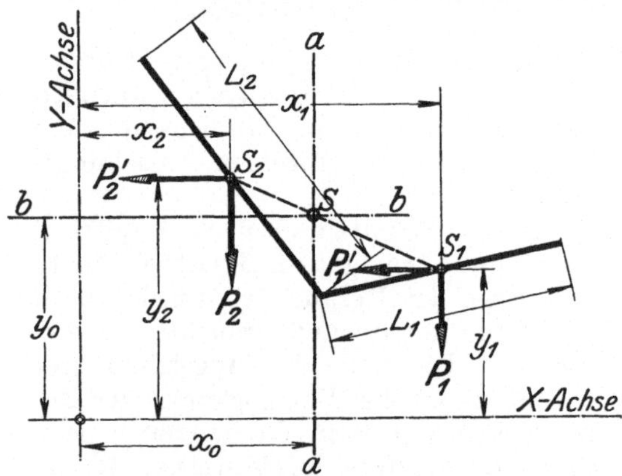

Abb. 89. Bestimmung des Schwerpunktes eines Linienzuges auf rechnerischem Wege.

Ordinatenachse an, so ergeben sich die in Abb. 89 eingetragenen Kräfte P_1, $P_2 - P_1'$, P_2'.

Die Vereinigung der Kräfte P_1 und P_2 wird eine Vertikalresultante ergeben, die Vereinigung der Kräfte P_1' und P_2' wird eine Horizontalresultante ergeben. Der Schnittpunkt dieser Resultanten ist der Schwerpunkt des Linienzuges.

Beispiel 64. Es ist der Schwerpunkt des aus den Linien $L_1 = 32$ mm und $L_2 = 40$ mm bestehenden Linienzuges nach Abb. 89 zu berechnen.

Unter Annahme des Drehpunktes bei 0 (Koordinatenanfangspunkt) betragen die statischen Momente der beiden Linienstücke bei Annahme der Kräfte P_1 und P_2

$$P_1 \cdot x_1 \quad \text{und} \quad P_2 \cdot x_2 \quad (P_1 = 27, \quad P_2 = 33, \quad x_1 = 40 \text{ mm}, \quad x_2 = 17 \text{ mm}).$$

Das Moment der Resultante R ist der Summe dieser Momente gleich

$$R \cdot x_0 = P_1 \cdot x_1 + P_2 \cdot x_2 = 27 \cdot 40 + 33 \cdot 17 = 1641.$$

Die Resultante R ist gleich der Summe der Einzelkräfte, da diese gleichgerichtet sind.

$$R = P_1 + P_2 = 27 + 33 = 60,$$

$$R \cdot x_0 = 2336, \quad x_0 = \frac{1641}{60} = 27{,}35 \text{ mm}.$$

Unter Benutzung des gleichen Drehpunktes betragen bei der Annahme der Kräfte P_1' und P_2' die Einzelmomente

$$P_1' \cdot y_1 \quad \text{und} \quad P_2' \cdot y_2 . \qquad y_1 = 16\,\text{mm}, \qquad y_2 = 27\,\text{mm}.$$

Das Moment der Resultanten mit $R \cdot y_0$ und R mit $P_1' + P_2' = 60$ eingesetzt, folgt

$$60 \cdot y_0 = 27 \cdot 16 + 33 \cdot 27 = 1323, \qquad y_0 = \frac{1323}{60} = 22{,}05\,\text{mm}.$$

Der Schwerpunkt ist S. Er liegt im Abstande x_0 von der Ordinatenachse, d. i. auf der Linie a—a und im Abstande y_0 von der Abszissenachse, d. i. auf der Linie b—b. (Er liegt zugleich auf der Verbindungslinie der beiden Schwerpunkte S_1 und S_2 der einzelnen Linien. Diese Bestimmung folgt ohne weiteres aus der Bedingung, daß man zwei gleichgerichtete Lasten nur stützen kann, wenn man an einer sie beide verbindenden geraden Stange angreift.)

Denkt man sich die Erde unter der Papierfläche liegend, so gehen die Anziehungskräfte senkrecht in die Papierfläche hinein. Sie lassen sich zeichnerisch nicht zur Darstellung bringen. Nimmt man an, daß die x-Achse eine Drehachse bildet, so ergeben die Kräfte P_1 und P_2 die Momente $P_1 \cdot y_1$ und $P_2 \cdot y_2$, wie vorher bei der Annahme des Drehpunktes 0 und der Erdlage links von der Ordinatenachse. Nimmt man die y-Achse als Drehachse an, so stellen sich die Momente auf $P_1 \cdot x_1$ und $P_2 \cdot x_2$. Sie ergeben so das gleiche Resultat, das vorher bei der Drehung um 0 durch die Kräfte P_1 und P_2 erzielt wurde. — Zur Verdeutlichung dieser Annahme für den zugrunde

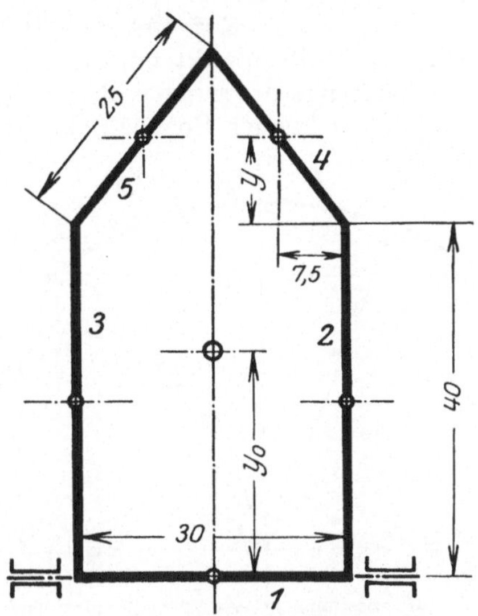

Abb. 90. Bestimmung des Schwerpunktes eines Rahmens von gleichförmigem Querschnitt auf rechnerischem Wege.

gelegten Drehvorgang deutet man die Drehachsen besonders an, wie es Abb. 90 für die untere Kante des Linienzuges zeigt.

Für alle diejenigen Aufgaben, bei welchen der Linienzug eine Symmetrieachse besitzt, erübrigt sich eine der beiden Berechnungen. Es ist selbstverständlich, daß der Schwerpunkt auf dieser Symmetrieachse liegt, da sich die Einzelstücke um sie gleichmäßig gruppieren und so in ihren Drehwirkungen ausgleichen. Bei der Schwerpunktsbestimmung für einen Linienzug nach Abb. 90 ist nur der Schwerpunktsabstand von oben oder unten zu berechnen.

Beispiel 65. Es ist der Schwerpunkt des in Abb. 90 dargestellten Rahmens gleichförmigen Querschnitts zu berechnen.

Als Drehachse ist die Unterkante angenommen. Die Summe der Momente beträgt

$$P_1 \cdot y_1 + P_2 \cdot y_2 + P_3 \cdot y_3 + P_4 \cdot y_4 + P_5 \cdot y_5,$$

$$P_1 = 30, \qquad y_1 = 0; \qquad\qquad P_2 = 40, \qquad y_2 = 20;$$

$$P_3 = 40, \qquad y_3 = 20; \qquad\qquad P_4 = 25, \qquad y_4 = 40 + y;$$

$$P_5 = 25, \qquad y_5 = 50. \qquad\qquad y = \sqrt{12{,}5^2 - 7{,}5^2} = 10, \qquad y_4 = 50;$$

Die Resultante ist gleich der Summe der Einzelkräfte

$$R = P_1 + P_2 + P_3 + P_4 + P_5 = 30 + 40 + 40 + 25 + 25 = 160\,.$$

Das Moment der Resultanten ist gleich der Summe der Momente der Einzelkräfte

$$R \cdot y_0 = 160 \cdot y_0 = 30 \cdot 0 + 40 \cdot 20 + 40 \cdot 20 + 25 \cdot 50 + 25 \cdot 50$$
$$= 0 + 800 + 800 + 1250 + 1250 = 4100\,,$$
$$y_0 = \tfrac{4100}{160} = 25,6 \text{ mm}\,.$$

b) Schwerpunkt eines Kreisbogens.

Der Schwerpunkt eines Kreisbogens liegt um die Länge

$$y = \textbf{Radius mal Sehne durch Bogen} \qquad (34)$$

vom Kreismittelpunkt entfernt.

Die Länge des ganzen Bogens (Abb. 91) läßt sich in eine unendlich große Zahl kleiner Bogenstückchen unterteilen, die wegen der Gering-

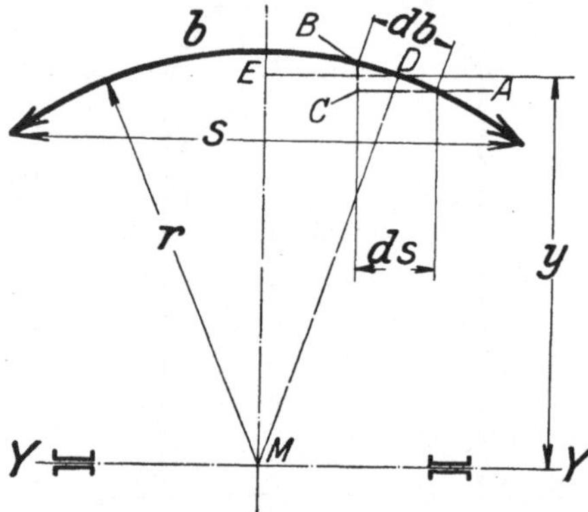

Abb. 91. Bestimmung des Schwerpunktes eines Kreisbogens.

fügigkeit ihrer Krümmung als gerade Linien aufgefaßt werden können und deren Schwerpunkte in der Mitte der Bogenstückchen liegen. So liegt der Schwerpunkt der kleinen Bogenstückchen db in D. Diese Bogenstückchen haben in bezug auf die durch den Kreismittelpunkt M gelegte Drehachse $Y{-}Y$ die Momente $db \cdot y_1$, $db \cdot y_2$, $db \cdot y_3 \ldots$ Aus der Ähnlichkeit der beiden Dreiecke ABC und MDE folgt $db : CA = MD : ME$. Setzt man für CA den Wert ds ein und gibt man der Länge MD die Bezeichnung r, so folgt $db : ds = r : y$ oder $db \cdot y = ds \cdot r$. Die Momente $db \cdot y$ lassen sich also ersetzen durch die Produkte $ds \cdot r$. Die Summe der Momente $db \cdot y$ ist gleich der Summe aller Werte $ds \cdot r$. Da in den Produkten $ds \cdot r$ der Faktor r überall konstant ist, so ist diese Summe aller $ds \cdot r$ ersetzbar durch r mal Summe aller ds, d. i. durch Sehne mal Radius.

Das Moment der Resultanten, deren Größe gleich der Bogenlänge ist, der Summe der Momente der Einzelstücke gleichgesetzt, folgt

$$y \text{ mal Bogenlänge} = \text{Sehne mal Radius}\,,$$

$$y = \frac{\textbf{Radius mal Sehne}}{\textbf{Bogen}}$$

(s. Anm. 6 am Schluß des Buches).

Beispiel 66. Es ist der Schwerpunkt eines Halbkreisbogens vom Radius r zu berechnen.

Nach Gleichung (34) ist $y =$ Radius mal Sehne durch Bogen.

Die Sehne im Halbkreis ist gleich $2 \cdot r$. Der Halbkreisbogen hat die Länge $r \cdot \pi$. Damit wird

$$y = \frac{r \cdot 2r}{r \cdot \pi} = \frac{2}{\pi} \cdot r\,.$$

c) Schwerpunkt von Linienzügen, die aus Geraden und Kreisbögen zusammengesetzt sind.

Die Zusammenfassung von Linienzügen, die aus Kreisbögen und Geraden zusammengesetzt sind, erfolgt in der bei Abb. 90 gekennzeichneten Art und Weise. Es wird die Summe der statischen Momente der Einzellinien dem statischen Momente der Resultante, deren Größe gleich der Länge der Gesamtlinie ist, gleichgesetzt.

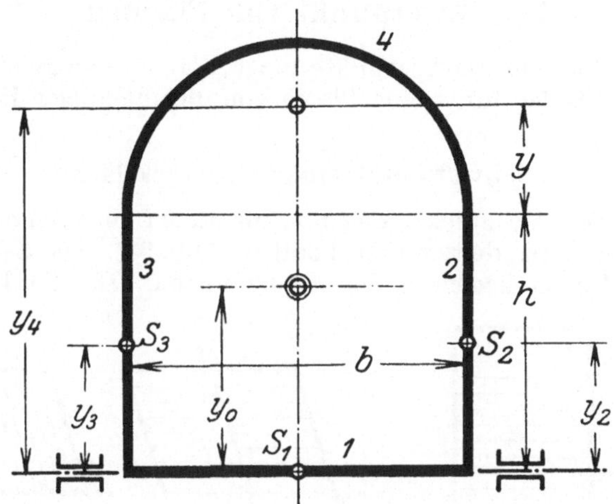

Abb. 92. Bestimmung des Schwerpunktes eines Rahmens auf rechnerischem Wege.

Beispiel 67. Es ist die Lage des Schwerpunktes eines Rahmens nach Abb. 92 zu berechnen.

Als Drehachse ist die Unterkante angenommen. Die Summe der Momente in bezug auf diese Achse beträgt:

$$P_1 \cdot y_1 + P_2 \cdot y_2 + P_3 \cdot y_3 + P_4 \cdot y_4 \cdot$$

$$P_1 = b = 40 \text{ mm}, \quad y_1 = 0; \quad P_2 = h = 30 \text{ mm}, \quad y_2 = \frac{h}{2} = 15 \text{ mm},$$

$$P_3 = P_2, \quad y_3 = y_2; \quad P_4 = \frac{b}{2} \cdot \pi = 20 \cdot \pi = 62,8, \quad y_4 = h + y = 30 + y,$$

$$y = \frac{\text{Radius mal Sehne}}{\text{Bogen}} = \frac{b/2 \cdot b}{b/2 \cdot \pi} = \frac{b}{\pi}, \quad y_4 = h + \frac{b}{\pi} = 30 + 12,8 = 42,8,$$

$$(P_1 + P_2 + P_3 + P_4)y_0 = 40 \cdot 0 + 30 \cdot 15 + 30 \cdot 15 + 62,8 \cdot 42,8,$$

$$(40 + 30 + 30 + 62,8) \cdot y_0 = 0 + 450 + 450 + 2690 = 3590.$$

$$y_0 = \frac{3590}{162,8} = 22 \text{ mm}.$$

Bei einer Ungleichförmigkeit der Querschnitte berechnet man den Schwerpunkt in gleicher Weise, indem man der Verschiedenheit der Querschnitte durch entsprechend veränderte Längen Rechnung trägt.

Beispiel 68. Es ist der Schwerpunkt des Rahmens nach Abb. 92 zu berechnen, wenn der Querschnitt des oberen Teiles (des Bogens) $1\frac{1}{2}$ mal so groß ist wie der Querschnitt der Seitenstücke und der Querschnitt der Unterkante doppelt so groß ist wie der der Seitenkanten.

Gegenüber den Daten in Beispiel 67 ändert sich

$$P_1 \text{ von } 40 \text{ auf } 40 \cdot 2 = 80 \, ,$$

$$P_4 \text{ von } 62{,}8 \text{ auf } 62{,}8 \cdot 1{,}5 = 94 \, .$$

$$y_0 = \frac{0 + 450 + 450 + 94 \cdot 42{,}8}{80 + 30 + 30 + 94} = \frac{4920}{234} = 21{,}02 \text{ mm} \, .$$

2. Schwerpunkt von Flächen.

Man spricht vom Schwerpunkte einer Fläche, indem man sich die gewichtslose Fläche durch eine Platte von gleichmäßiger Dicke ersetzt denkt.

a) Schwerpunkt einer Rechteckfläche.

Man kann ein Rechteck zerlegen in unendlich viele schmale Streifen, die wie Linien behandelt werden können (Abb. 93). Die Schwerpunkte aller dieser Linien liegen in den Linienmitten. Da die Linienstücke

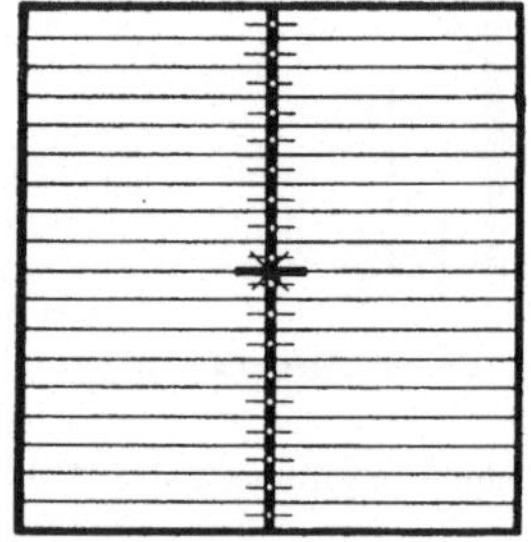

Abb. 93. Bestimmung des Schwerpunktes einer Rechteckfläche, Unterteilung der Fläche in schmale Streifen — Linien.

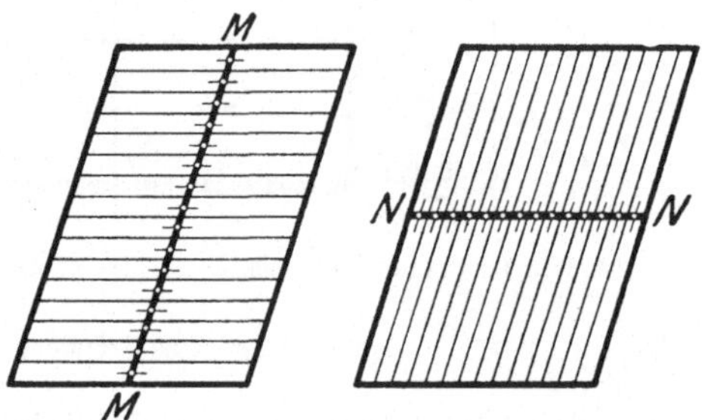

Abb. 94 u. 95. Unterteilung einer Parallelogrammfläche in zwei Systeme schmaler Streifen zur Schwerpunktsbestimmung.

alle gleich lang sind und also gleich viel wiegen, stellt die Verbindungslinie ihrer Schwerpunkte eine gleichmäßig belastete Linie dar, eine Linie von gleichmäßiger Dicke, eine gleichförmige Linie. Der Schwerpunkt derselben liegt in der Mitte.

Der Schwerpunkt eines Rechteckes liegt auf halber Höhe und in halber Breite, d. i. im Schnittpunkte der Diagonalen.

b) Schwerpunkt eines Parallelogramms.

Der Schwerpunkt eines Parallelogramms liegt, wie bei einem Rechteck, in halber Höhe und in halber Breite. Man kann sich dasselbe wie das Rechteck in unendlich viele Linienstücke zerlegt denken, deren Schwerpunkte eine Mittellinie gleichnäßigen Gewichtes bilden.

Eine andere Ableitung für dieses Resultat gibt der Vergleich der beiden Abb. 94 und 95. Man kann das Parallelogramm sich einmal geteilt denken nach Abb. 94. Danach wird der Schwerpunkt auf der Mittellienie MM liegen müssen. Man kann sich dasselbe zweitens geteilt denken nach Abb. 95. Damit gewinnt man in der Mittellinie NN einen zweiten geometrischen Ort für den Schwerpunkt. Der Schnittpunkt der beiden Linien MM und NN ist der Schwerpunkt.

c) Schwerpunkt eines Dreiecks.

Zerlegt man ein Dreieck (Abb. 96) in unendlich viele schmale Streifen, die parallel einer Seite liegen, so lassen sich diese einzelnen Streifen als Linie auffassen. Die Schwerpunkte der Linien liegen in den Mitten. Die Fläche läßt sich ersetzen durch die Gerade M_1A, welche diese Schwerpunkte vereinigt, d. h. die Mitte einer Seite mit der gegenüberliegenden Ecke verbindet. Da die einzelnen Streifen verschiedene Länge haben, ist die Verbindungslinie als **ungleichmäßig** stark anzusetzen. Ihr Schwerpunkt liegt nicht in der Mitte der Linie, wie z. B. bei einem Parallelogramm oder Rechteck.

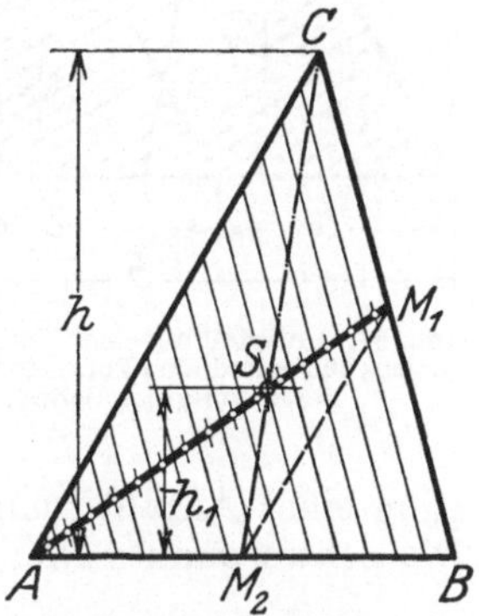

Abb. 96. Unterteilung einer Dreieckfläche in schmale Streifen zur Schwerpunktsbestimmung.

Zerlegt man das Dreieck in eine zweite Gruppe derartiger Streifen, z. B. durch Unterteilung parallel zur Grundlinie AB, so erhält man in der Mittellinie M_2C einen zweiten geometrischen Ort für den Schwerpunkt. Der Schwerpunkt liegt also im Schnittpunkte der beiden Mittellinien M_1A und M_2C.

Der Schwerpunktsabstand h_1 von der Grundlinie berechnet sich aus der Ähnlichkeit der beiden Dreiecke SM_2M_1 und SCA. (Die Verbindungslinie M_1M_2 ist parallel zu AC, da sie die beiden Seiten AB und CB halbiert.) Aus dieser Ähnlichkeit folgt

$$M_1M_2 : M_2S = AC : SC \qquad \text{oder} \qquad M_1M_2 : AC = M_2S : SC.$$

Da $M_1M_2 : AC = 1:2$ ist, wird $M_2S : SC = 1:2$.

Es teilt also S die Länge M_2C in zwei Teile, die sich wie $1:2$ verhalten, also in $^1/_3$ und $^2/_3$. S liegt auf $^1/_3$ der ganzen Länge. Damit wird auch $h_1 = ^1/_3 h$.

Der Schwerpunkt eines Dreiecks liegt auf $^1/_3$ Höhe. (35)

d) Schwerpunkt eines Paralleltrapezes.

Die Trapezfläche läßt sich auffassen als die Verbindung eines Parallelogrammes und eines Dreiecks. Ihr Schwerpunkt bestimmt sich damit aus der Gleichung: Moment der Trapezfläche gleich Moment der Parallelogrammfläche plus Moment der Dreieckfläche. Auf die Grundlinie bezogen, stellt sich diese Momentengleichung mit den Daten der Abb. 97 wie folgt:

$$\left[\frac{a+b}{2}\cdot h\right]\cdot y_0 = (a\cdot h)\frac{h}{2} + \left[(b-a)\cdot\frac{h}{2}\right]\cdot\frac{h}{3},$$

$$y_0 = \frac{\dfrac{a\,h^2}{2}+\dfrac{b\,h^2}{6}-\dfrac{a\,h^2}{6}}{\dfrac{a+b}{2}\cdot h} = \frac{\dfrac{2}{6}a\,h^2+\dfrac{1}{6}b\,h^2}{\dfrac{a+b}{2}\cdot h}.$$

$$y_0 = \frac{h}{3}\cdot\frac{2a+b}{a+b}. \tag{36}$$

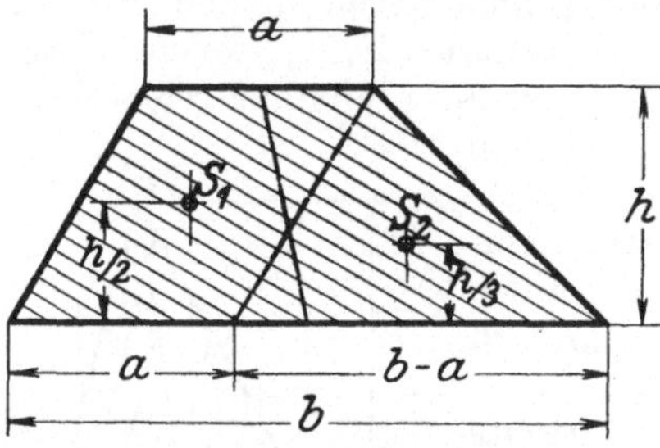

Abb. 97. Unterteilung einer Trapezfläche in eine Dreieckfläche und eine Parallelogrammfläche zur Berechnung des Schwerpunktes.

(Für $a = 0$ wird das Trapez ein Dreieck

$$y_0 = \frac{h}{3}\cdot\frac{0+b}{0+b} = \frac{h}{3}.$$

Für $a = b$ wird das Trapez ein Rechteck

$$y = \frac{h}{3}\cdot\frac{2b+b}{b+b} = \frac{h}{2}.)$$

Die zeichnerische Ermittlung der Schwerpunktslage zeigen die Abb. 98 und 99.

In Abb. 98 ist das Trapez erstens aufgefaßt als die Vereinigung einer Anzahl schmaler, parallel zur Grundlinie liegender Streifen. Die Schwerpunkte aller dieser Streifen liegen auf der Mittellinie $M_1 M_2$. Auf dieser Linie muß der Schwerpunkt der Gesamtfigur liegen. Da die Streifen verschiedene Längen haben, ist die Linie $M_1 M_2$ ungleichmäßig belastet. Sie muß als ungleich dick angesehen werden. Ihr Schwerpunkt liegt also nicht in ihrer Mitte. Zweitens läßt sich das Trapez auffassen als die Vereinigung des Dreiecks DEC und des Parallelogramms $BCEA$. In den Schwerpunkten S_1 und S_2 greifen die

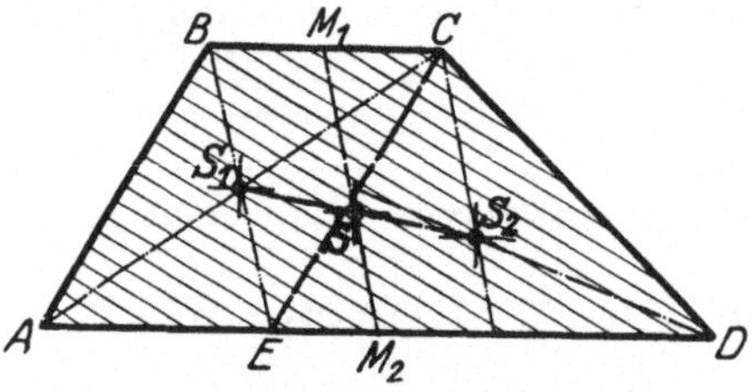

Abb. 98. Bestimmung des Schwerpunktes einer Trapezfläche auf zeichnerischem Wege durch Zerlegung derselben erstens in eine Parallelogramm- und eine Dreieckfläche und zweitens in schmale, parallel zur Grundlinie liegende Streifen.

Gewichte dieser beiden Flächen an. Da zwei Gewichte sich nur dann durch eine Kraft tragen lassen, wenn deren Angriffspunkt auf der die Angriffspunkte der beiden Gewichte verbindenden Geraden liegt, so muß der Schwerpunkt zweitens auf der Linie $S_1 S_2$ liegen. Der Schnittpunkt von $M_1 M_2$ und $S_1 S_2$ ist der Schwerpunkt S.

Trägt man (Abb. 99) an die obere Seite a die Länge b der Grundlinie nach beiden Seiten an und an die Grundlinie b beiderseitig dei Länge a der oberen Seite, so bestimmt die kreuzweise Verbindung der so gewonnenen Punkte mit ihrem Schnittpunkt den Schwerpunkt S.

Aus der Symmetrie der neuen Figur $JHGF$ gegenüber der alten Figur $ADCB$, welche durch die gleichzeitige Auftragung gleicher Längen nach beiden Seiten hin gewährleistet ist, folgt, daß dieser Schnittpunkt

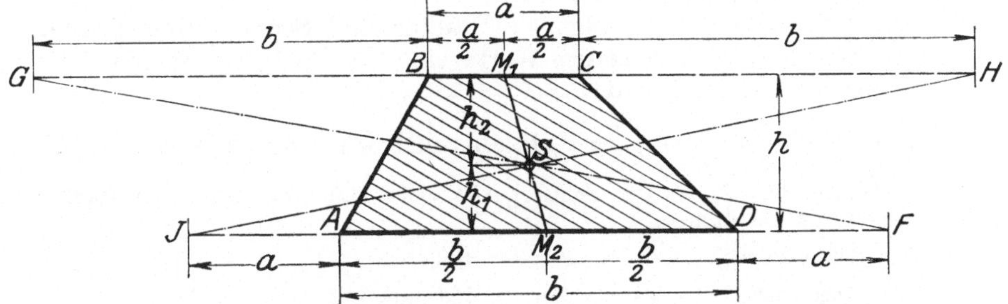

Abb. 99. Zeichnerische Bestimmung des Schwerpunktes einer Trapezfläche.

auf die Mittellinie $M_1 M_2$ fällt. Aus der Ähnlichkeit der Dreiecke JSM_2 und HSM_1 folgt

$$M_2 S : M_1 S = J M_2 : H M_1 \quad \text{oder} \quad \frac{M_2 S}{M_1 S} = \frac{a + b/2}{b + a/2} = \frac{2a + b}{2b + a}$$

Es teilt also S die Länge $M_1 M_2$ im Verhältnis $\dfrac{2a + b}{2b + a}$, und es ist $h_1 : h_2 = (2a + b) : (2b + a)$. Bildet man das Verhältnis $h_1 : (h_1 + h_2)$. d. i. $h_1 : h$, so folgt

$$h_1 : h = (2a + b) : (2a + b + 2b + a),$$

$$h_1 = h \cdot \frac{2a + b}{3a + 3b} = \frac{h}{3} \cdot \frac{2a + b}{a + b}.$$

Beispiel 68a. Wo liegt der Schwerpunkt einer Trapezfläche der Größen $h = 9\,\text{cm}$, $a = 8\,\text{cm}$ und $b = 12\,\text{cm}$?

$$h_1 = \frac{h}{3} \cdot \frac{2a + b}{a + b} = \frac{9}{3} \cdot \frac{2 \cdot 8 + 12}{8 + 12} = 3 \cdot \frac{28}{20} = 4{,}2\,\text{cm},$$

$$\left(h_2 = \frac{h}{3} \cdot \frac{2b + a}{a + b} = \frac{9}{3} \cdot \frac{2 \cdot 12 + 8}{8 + 12} = 3 \cdot \frac{32}{20} = 4{,}8 \quad h_1 + h_2 = h \right).$$

e) Schwerpunkt eines Kreisausschnittes.

Ein Kreisausschnitt (Kreissektor) läßt sich (Abb. 100) auffassen als die Vereinigung einer großen Anzahl unendlich kleiner Sektoren, die wegen der Geringfügigkeit der Krümmung ihres Bogenstückchens wie Dreiecke behandelt werden können. Die Schwerpunkte aller dieser Dreiecke liegen auf $2/3$ Höhe von der Spitze aus gemessen. Es bilden diese Schwerpunkte also einen

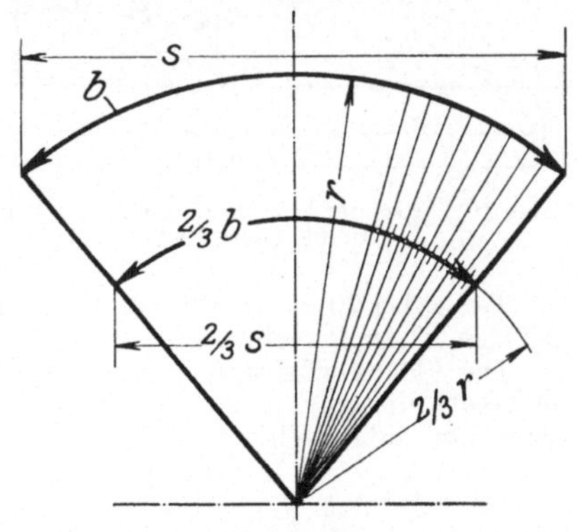

Abb. 100. Bestimmung des Schwerpunktes eines Kreissektors.

Bogen von $^2/_3$ Radius. Da alle diese kleinen Dreiecke untereinander gleich sind, lassen sie sich ersetzen durch eine gleichmäßig starke Linie von der Form dieses Bogens. Der Schwerpunkt dieses Bogens ist also zugleich der Schwerpunkt der Fläche.

Nach Gleichung (34) folgt y = Radius mal Sehne durch Bogen. Setzt man die entsprechenden Werte ein: Radius $^2/_3 \cdot r$, Sehne $^2/_3 \cdot s$ und Bogen $^2/_3 \cdot b$, so wird

$$y = {}^2/_3 \cdot r \frac{^2/_3 \cdot s}{^2/_3 \cdot b} = \frac{2}{3} \cdot r \frac{s}{b} = {}^2/_3 \text{ Radius mal Sehne durch Bogen.} \quad (37)$$

Beispiel 69. Es ist der Schwerpunkt einer Halbkreisfläche vom Radius $r = 50$ mm zu bestimmen.

Die Sehne beträgt $\quad 2 \cdot r = 2 \cdot 50 = 100$ mm.

Der Bogen ist $\quad\quad r \cdot \pi = 50 \cdot \pi = 157$ mm.

$$y = \tfrac{2}{3} \cdot \tfrac{100}{157} = 21{,}2 \text{ mm.}$$

$$\left(\text{Allgemein gilt für die Halbkreisfläche } y = \frac{2}{3} \cdot \frac{r \cdot 2 \cdot r}{r \cdot \pi} = \frac{4r}{3\,\pi}\right).$$

f) Schwerpunkte zusammengesetzter Flächen.

Die Bestimmung des Schwerpunktes zusammengesetzter Flächen erfolgt nach dem unter a) erklärten Verfahren. Man stellt die Momente der Einzelflächen auf und setzt ihre Summe dem Momente der Gesamtfläche gleich.

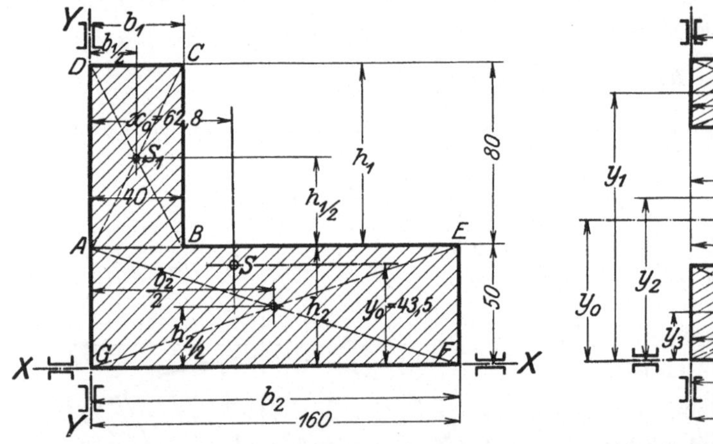

Abb. 101. Rechnerische Bestimmung des Schwerpunktes (Beispiel 70).

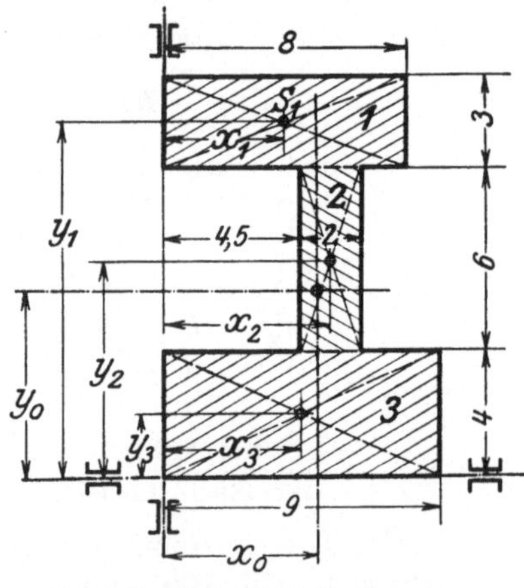

Abb. 102. Rechnerische Bestimmung des Schwerpunktes (Beispiel 71).

Beispiel 70. Abb. 101. Es ist der Schwerpunkt der winkelförmigen Fläche $GFEBCD$ zu berechnen.

Die Fläche wird unterteilt in die Rechtecke $ABCD$ und $AEFG$. Die Einzelmomente dieser Flächen sind erstens in bezug auf die untere Seite XX der Gesamtfigur aufgestellt.

$$F_1 \cdot \left(\frac{h_1}{2} + h_2\right) \quad \text{und} \quad F_2 \cdot \frac{h_2}{2}\,;$$

$$(b_1 \cdot h_1)\left(\frac{h_1}{2} + h_2\right) \quad \text{und} \quad (b_2 \cdot h_2)\frac{h_2}{2}\,.$$

Die Gesamtfläche hat die Größe

$$(b_1 \cdot h_1 + b_2 \cdot h_2),$$

$$y_0(b_1 \cdot h_1 + b_2 \cdot h_2) = b_1 \cdot h_1 \cdot \left(\frac{h_1}{2} + h_2\right) + b_2 \cdot h_2 \cdot \frac{h_2}{2},$$

$$y_0(40 \cdot 80 + 160 \cdot 50) = 40 \cdot 80 \left(\tfrac{80}{2} + 50\right) + 160 \cdot 50 \cdot \tfrac{50}{2},$$

$$y_0 = \frac{40 \cdot 80 \cdot 90 + 160 \cdot 50 \cdot 25}{40 \cdot 80 + 160 \cdot 50} = \frac{288000 + 200000}{11200} = \mathbf{43,5\ cm}.$$

Die Einzelmomente dieser Rechteckflächen sind zweitens in bezug auf die linke Kante YY der Gesamtfigur aufgestellt.

$$F_1 \cdot \frac{b_1}{2} \quad \text{und} \quad F_2 \cdot \frac{b_2}{2}, \qquad b_1 \cdot h_1 \cdot \frac{b_1}{2} \quad \text{und} \quad b_2 \cdot h_2 \cdot \frac{b_2}{2},$$

$$x_0(b_1 \cdot h_1 + b_2 \cdot h_2) = b_1 \cdot h_1 \cdot \frac{b_1}{2} + b_2 \cdot h_2 \cdot \frac{b_2}{2},$$

$$x_0(40 \cdot 80 + 160 \cdot 50) = 40 \cdot 80 \cdot 20 + 160 \cdot 50 \cdot 80,$$

$$x_0 = \frac{40 \cdot 80 \cdot 20 + 160 \cdot 50 \cdot 80}{40 \cdot 80 + 160 \cdot 50} = \frac{64000 + 640000}{11200} = \frac{2200}{35} = \mathbf{62,8\ cm}.$$

Beispiel 71. Es ist der Schwerpunkt der aus drei Rechtecken zusammengesetzten Abb. 102 zu berechnen.

Die Summe der Einzelmomente in bezug auf die untere Kante beträgt

$$F_1 \cdot y_1 + F_2 \cdot y_2 + F_3 \cdot y_3 = (8 \cdot 3)\left(\tfrac{3}{2} + 6 + 4\right) + (2 \cdot 6)\left(\tfrac{6}{2} + 4\right) + (9 \cdot 4)\left(\tfrac{4}{2}\right).$$

Die Gesamtfläche hat die Größe $(8 \cdot 3 + 2 \cdot 6 + 9 \cdot 4)$. Ihr Moment, dem der Summe der Einzelmomente gleichgesetzt, ergibt

$$y_0 \cdot (8 \cdot 3 + 2 \cdot 6 + 9 \cdot 4) = (8 \cdot 3)\left(\tfrac{3}{2} + 6 + 4\right) + (2 \cdot 6)\left(\tfrac{6}{2} + 4\right) + (9 \cdot 4)\left(\tfrac{4}{2}\right),$$

$$y_0 = \frac{24 \cdot 11,5 + 12 \cdot 7 + 36 \cdot 2}{24 + 12 + 36} = \frac{276 + 84 + 72}{72} = \frac{432}{72} = \mathbf{6}.$$

Die Summe der Einzelmomente in bezug auf die linke Kante beträgt

$$F_1 \cdot x_1 + F_2 \cdot x_2 + F_3 \cdot x_3 = (8 \cdot 3)\left(\tfrac{8}{2}\right) + (2 \cdot 6)\left(4,5 + \tfrac{2}{2}\right) + 9 \cdot 4 \left(\tfrac{9}{2}\right).$$

Das Moment der Gesamtfläche der Summe der Einzelmomente gleichgesetzt.

$$x_0(8 \cdot 3 + 2 \cdot 6 + 9 \cdot 4) = 8 \cdot 3 \cdot 4 + 2 \cdot 6 \cdot 5,5 + 9 \cdot 4 \cdot 4,5,$$

$$x_0 = \frac{96 + 66 + 62}{72} = \frac{324}{72} = \mathbf{4,5\ cm}.$$

Beispiel 72. Es ist der Schwerpunkt der Fläche nach Abb. 103 zu berechnen. Die Fläche zerlegt in ein Rechteck und eine Halbkreisfläche ergibt die Momentsumme

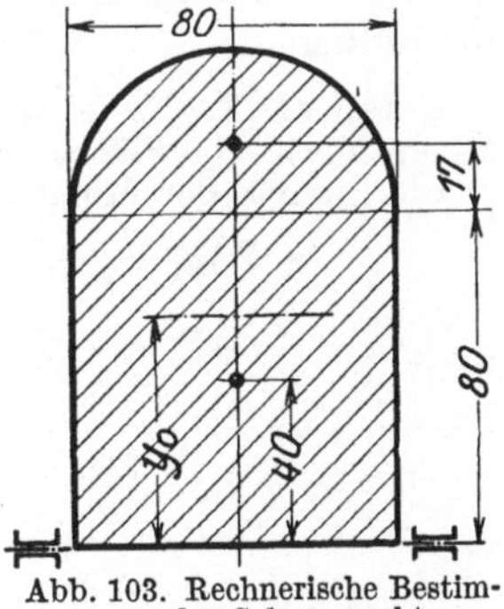

$$F_1 \cdot y_1 + F_2 \cdot y_2,$$

$$F_1 = 80 \cdot 80 = 6400,$$

$$F_2 = \frac{1}{2} \cdot \frac{80^2 \pi}{4} = 2500,$$

$$y_0(F_1 + F_2) = 6400 \cdot 40 + 2500 \cdot 97,$$

$$y_1 = \tfrac{80}{2} = 40,$$

$$y_2 = \frac{2}{3} \cdot 40 \cdot \frac{2}{\pi} + 80 = 17 + 80 = 97,$$

$$y_0 = \frac{256000 + 242500}{8900} = \mathbf{56\ mm}.$$

Abb. 103. Rechnerische Bestimmung des Schwerpunktes (Beispiel 72).

Bei Flächen, die sich, wie Abb. 104, aus zwei unsymmetrisch zueinander liegenden Teilen zusammensetzen, läßt sich in vielen Fällen der Schwerpunkt einfacher zeichnerisch ermitteln. Man zerlegt die Fläche in die zwei Teile *1* und *2*. Die Verbindungslinie der Schwerpunkte $S_1 S_2$ gibt einen geometrischen Ort für den Schwerpunkt der geraden Fläche.

Man zerlegt die Fläche dann in die zwei Teile *3* und *4*. Die Verbindungslinie der Schwerpunkte $S_3 S_4$ gibt einen zweiten geometrischen Ort für den Schwerpunkt der ganzen Fläche.

Es ist der Schwerpunkt bestimmt durch den Schnittpunkt S der zwei Linien $S_1 S_2$ und $S_3 S_4$.

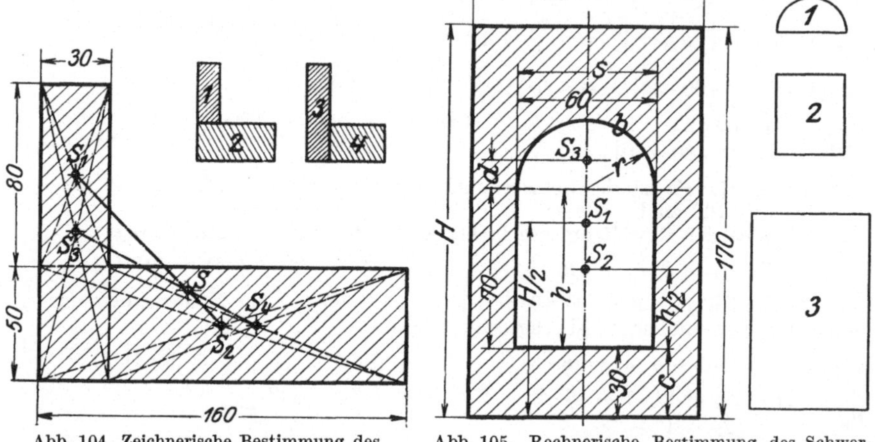

Abb. 104. Zeichnerische Bestimmung des Schwerpunktes.

Abb. 105. Rechnerische Bestimmung des Schwerpunktes (Beispiel 73).

Bei Flächen nach Abb. 105 kommt man am einfachsten zum Ziele, wenn man die Fläche durch Subtraktion einzelner Teile entstanden denkt. Es wird sich die Zerlegung dieser Fläche (wie rechts von der Hauptfigur in verkleinertem Maßstabe dargestellt) in ein großes Rechteck *3*, ein kleines Rechteck *2* und eine Halbkreisfläche *1* einfacher gestalten als eine Addition von vier Rechteckflächen und von zwei Kreiswinkelstücken. Man hat dabei die abzuziehenden Flächenstücke negativ einzusetzen.

Beispiel 73. Es ist der Schwerpunkt der in Abb. 105 dargestellten Fläche zu berechnen. Die Fläche hat die Größe $(-F_1 - F_2 + F_3)$.
Die Summe der Momente der Einzelflächen ergibt

$$(-F_1)y_1 + (-F_2) \cdot y_2 + F_3 \cdot y_3 ,$$

$$-F_1 = -\frac{1}{2} \frac{60^2 \pi}{4} = \text{rund} -1400 ,$$

$$y_1 = c + h + \frac{2}{3} r \cdot \frac{s}{b} = 30 + 70 + \frac{2}{2} \cdot 30 \cdot \frac{60}{30 \cdot \pi} = 112{,}7 ,$$

$$-F_2 = -60 \cdot 70 = -4200 ,$$

$$y_2 = c + \frac{h}{2} = 30 + \frac{70}{2} = 65 ,$$

$$F_3 = 100 \cdot 170 = 17000 \, ,$$

$$y_3 = \frac{H}{2} = 85 \, ,$$

$$y_0 \, (-F_1 - F_2 + F_3) = -1400 \cdot 112,7 - 4200 \cdot 65 + 17000 \cdot 85 \, ,$$

$$y_0 = \frac{-1400 \cdot 112,7 - 4200 \cdot 65 + 17000 \cdot 85}{-1400 - 4200 + 17000} = 88 \text{ mm} \, .$$

Beispiel 74. Es ist der Schwerpunkt eines Kreisabschnittes nach Abb. 106 zu berechnen.

$$\alpha = 90° \, , \qquad r = 100 \text{ cm} \, .$$

Der Kreisabschnitt, als Differenz eines Kreissektors und eines Dreiecks aufgefaßt, ergibt als Summe der Einzelmomente:

$$F_1 \cdot y_1 + (-F_2) \cdot y_2 \, ,$$

$$F_1 = \frac{r^2 \pi}{4} = \frac{100^2 \pi}{4} = 7850 \, , \qquad y_1 = \frac{2}{3} \text{ Radius } \frac{\text{Sehne}}{\text{Bogen}} \, ,$$

$$= \frac{2}{3} \cdot 100 \cdot \frac{100 \, \sqrt{2}}{100 \cdot \pi/2} = 60 \text{ mm} \, ,$$

$$-F_2 = -\frac{r^2}{2} = -5000 \, , \qquad y_2 = \frac{2}{3} \cdot \frac{1}{2} \cdot 100 \cdot \sqrt{2} = 47,2 \text{ mm} \, ,$$

$$y_0 (F_1 - F_2) = 7850 \cdot 60 + (-5000) \cdot 47,2 \, ,$$

$$y_0 = \frac{7850 \cdot 60 - 5000 \cdot 47,5}{7850 - 5000} = 82 \text{ mm} \, .$$

Für die Bestimmung des Schwerpunktes einer unregelmäßigen Fläche wendet man in den meisten Fällen das graphische Verfahren mittels Seilpolygons an. Man zerlegt die Fläche in eine Reihe von Dreiecken und Rechtecken, bestimmt deren Schwerpunkte und bringt in ihnen Kräfte gleich den Inhalten der Einzelflächen zum Angriff.

Abb. 107 zeigt diese Konstruktion für eine in zwei Dreiecke und zwei Parallelogramme zerlegte Fläche. Die Einzelschwerpunkte sind zeichnerisch ermittelt. Die Kräfte P_1, P_2, P_3, P_4 und P_1', P_2', P_3', P_4' entsprechen den Flächeninhalten von F_1, F_2, F_3, F_4.

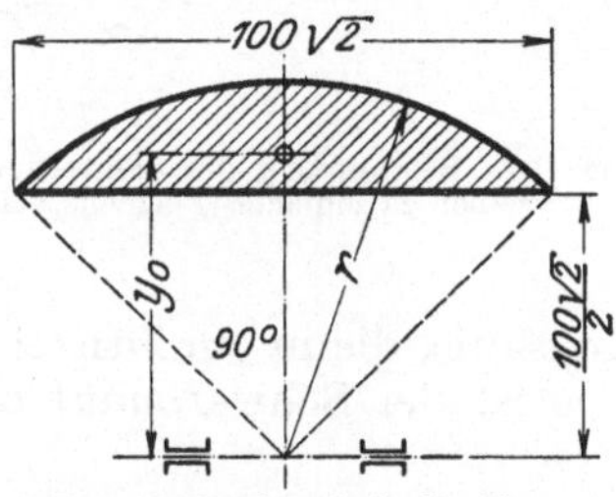

Abb. 106. Rechnerische Bestimmung des Schwerpunktes (Beispiel 74).

Das unter der Hauptfigur eingetragene Seilpolygon bestimmt die Lage der Resultanten R nach dem rechts verzeichneten Kräfteplan, d. i. für die vertikal angenommenen Kräfte $1, 2, 3, 4$. Das links eingetragene Seilpolygon, das sich auf dem unten verzeichneten Kräfteplan für die Kräfte $1'$, $2'$, $3'$ und $4'$ aufbaut, legt die Lage von R' fest.

Der Schnittpunkt von R und R' ist der Schwerpunkt.

g) Schwerpunkte gewölbter Flächen.

Der Schwerpunkt einer Zylindermantelfläche liegt in halber Höhe. (38)

Der Schwerpunkt einer Kegelmantelfläche liegt in ein Drittel Höhe. (39)

Die Mantelfläche kann man zerlegen in eine große Zahl kleiner Dreiecksflächen. Der Schwerpunkt dieser Dreiecksflächen liegt auf ein Drittel Höhe. Es bilden die Schwerpunkte dieser Dreiecksflächen eine

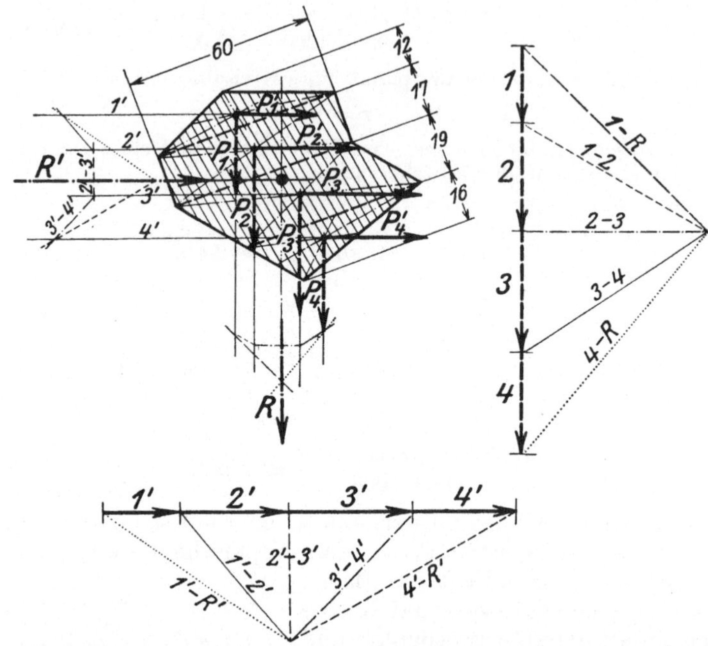

Abb. 107. Bestimmung des Schwerpunktes einer unregelmäßigen Fläche durch Unterteilung derselben in einfache Flächenstücke nach dem Verfahren: Kräfteplan — Seilpolygon.

Kreislinie, die in ein Drittel Höhe liegt. Der Schwerpunkt dieser Kreislinie ist der Schwerpunkt der Kegelmantelfläche.

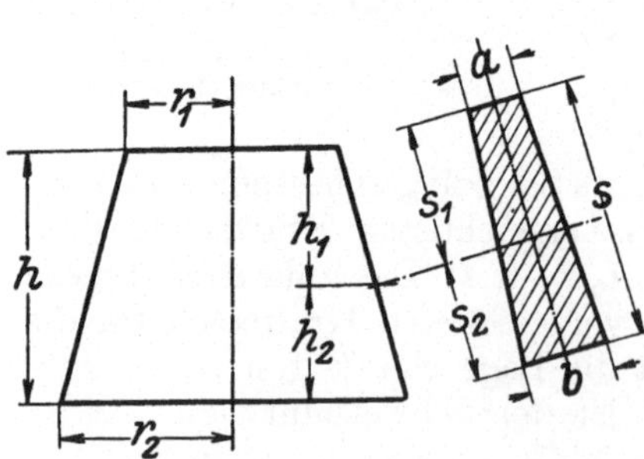

Abb. 108. Bestimmung des Schwerpunktes einer Kegelmantelfläche.

Der Schwerpunkt der Mantelfläche eines Kegelstumpfes liegt in der Höhe

$$h_0 = \frac{h}{3} \cdot \frac{2\,r_1 + r_2}{r_1 + r_2} \quad (\text{Abb. 108}). \quad (40)$$

Man kann die Mantelfläche zerlegen in eine große Zahl kleiner Trapezflächen, deren Höhe gleich s ist und deren obere Seite a zur unteren Seite b sich verhält wie r_1 zu r_2. Die Schwerpunkte aller dieser kleinen Trapezchen liegen auf einem Kreise im Abstande h_2 von der unteren Kante

$$h_2 : h = s_2 : s\,.$$

$s_2 : s$ berechnet sich nach Gleichung (31) mit

$$s_2 = \frac{s}{3} \cdot \frac{2a+b}{a+b}, \qquad \frac{s_2}{s} = \frac{2a+b}{3(a+b)}, \qquad \frac{h_2}{h} = \frac{s_2}{s} = \frac{2a+b}{3(a+b)},$$

$$h_2 = \frac{h}{3} \cdot \frac{2a+b}{a+b} = \frac{h}{3} \cdot \frac{2a/b+1}{a/b+1}.$$

Für a/b den Wert r_1/r_2 eingesetzt

$$h_2 = \frac{h}{3} \cdot \frac{2r_1/r_2+1}{r_1/r_2+1} = \frac{h}{3} \cdot \frac{2r_1+r_2}{r_1+r_2}. \tag{41}$$

Schwerpunkt einer Kugelkalotte und einer Kugelzone.

Teilt man die Oberfläche einer Kugelkalotte durch Parallelschnitte, die in den gleichen Abständen h voneinander liegen, in eine Anzahl von Kugelzonen, so haben diese gleiche Oberflächen. Es beträgt die Oberfläche des in Abb. 109 stark gezeichneten Zonenstückes $F = s \cdot x \cdot 2 \cdot \pi$.

Nach der Ähnlichkeit des kleinen schraffierten Dreiecks und des Dreiecks MAB ist $MA : x = s : h$, $r : x = s : h$. Setzt man den aus dieser Gleichung folgenden Wert $x = h \cdot r/s$ ein, in Gleichung $F = s \cdot x \cdot 2 \cdot \pi$, so beträgt die Oberfläche

$$F = 2 \cdot \pi \cdot \frac{s \cdot h \cdot r}{s} = 2 \cdot \pi \cdot h \cdot r.$$

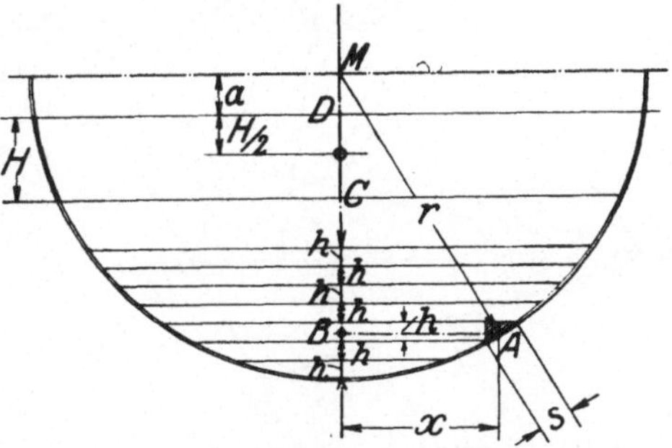

Abb. 109. Bestimmung des Schwerpunktes einer Kugelkalotte.

Es ist die Größe des Oberflächenstückes also lediglich abhängig von der Höhe h, d. h. alle Kugelzonen von der gleichen Höhe h haben dieselbe Oberfläche.

Denkt man sich die einzelnen Zonen in ihren Schwerpunkten vereinigt, so bilden diese Schwerpunkte das Stück eines Radius. Da auf die gleichen Längen h stets die gleiche Oberfläche entfällt, so ist die radiale Linie gleich stark. Ihr Schwerpunkt liegt also in der Mitte.

Daraus folgt: Der Schwerpunkt einer Kugelkalotte und einer Kugelzone liegt in halber Höhe.   (42)

Beispiel 75. Wo liegt der Schwerpunkt einer Kugelzone, wenn dieselbe die Höhe h gleich 300 mm besitzt und um den Betrag $a = 100$ mm vom Mittelpunkt entfernt liegt?

$$x = a + \frac{h}{2} = 100 + \frac{300}{2} = 250 \text{ mm}.$$

3. Schwerpunkte von Körpern.

a) Schwerpunkt eines Zylinders und eines Prismas.

Ein Zylinder läßt sich durch Schnitte parallel zu einer seiner Grundflächen in dünne, kreisförmige Scheiben zerlegen, deren Schwerpunkte im Kreismittelpunkte liegen. Diese Schwerpunkte bilden zusammen eine gleichförmige Linie. Ihr Schwerpunkt liegt in der Mitte.

Der Schwerpunkt eines Zylinders liegt in halber Höhe und auf der Verbindung der Mitten der beiden Endflächen. (43)

Für ein Prisma läßt sich die gleiche Ableitung anwenden. **Es liegt der Schwerpunkt in halber Höhe.** (44)

b) Schwerpunkt einer Pyramide und eines Kegels.

Zerlegt man eine dreiseitige Pyramide (Abb. 110) durch Schnitte parallel zu einer Seitenfläche in unzählige dünne Scheiben, die sich als

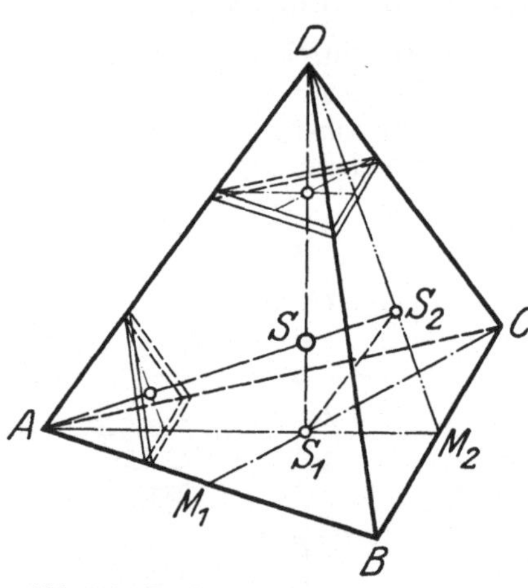

Abb. 110. Bestimmung des Schwerpunktes einer Pyramide.

Dreiecksflächen auffassen lassen, so liegt der Schwerpunkt aller dieser einzelnen Flächen auf einer die Mitte der Seitenfläche mit der gegenüberliegenden Spitze verbindenden Geraden. Bei der Zerlegung in Scheiben parallel zur Grundfläche ABC ist demzufolge die Linie $S_1 D$ ein geometrischer Ort für den Körperschwerpunkt. Zerlegt man die Pyramide nochmals durch Schnitte parallel zu einer anderen Seitenfläche, so wird die Vereinigung der Schwerpunkte dieser Scheibenflächen eine zweite Gerade ergeben, welche auch durch den Schwerpunkt gehen muß. Der Schwerpunkt muß auch auf der Linie $A S_2$ liegen. Die Lage des Schwerpunktes ist so bestimmt durch den Schnittpunkt S der beiden Geraden $A S_2$ und $D S_1$.

Da S_2 die Strecke $M_2 D$ im gleichen Verhältnis teilt wie S_1 die Strecke $M_2 A$, ist die Linie $S_1 S_2$ parallel der Kante $A D$. Es verhält sich $A D : S_1 S_2 = M_2 D : M_2 S_2 = 3 : 1$. ($S_2$ der Schwerpunkt der Fläche BCD liegt auf ein Drittel Höhe, d. i. auf ein Drittel der Mittellinie $M_2 D$.)

Aus der durch die Parallelität von $A D$ und $S_1 S_2$ festgelegten Ähnlichkeit der Dreiecke $A D S$ und $S_1 S S_2$ folgt

und

$$A D : D S = S_1 S_2 : S S_1$$
$$A D : S_1 S_2 = D S : S S_1 = 3 : 1 .$$

$D S$ und $S S_1$ bilden zusammen die Länge $D S_1$. Es wird $D S_1$ durch S im Verhältnis $3 : 1$ geteilt, d. h. es liegt S in ein Viertel der Länge von $D S + S S_1$, also in ein Viertel Höhe.

Der Schwerpunkt einer Pyramide liegt in ein Viertel Höhe.

$$(\tfrac{3}{4} : \tfrac{1}{4} = 3 : 1).$$ (45)

Da man einen Kegel als eine Pyramide von unendlich großer Seitenzahl auffassen darf, gilt das gleiche für den Kegel.

Der Schwerpunkt eines Kegels liegt in ein Viertel Höhe. (46)

c) Schwerpunkt eines Kegelstumpfes.

Der Schwerpunkt eines Kegelstumpfes berechnet sich aus der Momentengleichung: Statisches Moment des Stumpfes gleich Differenz der statischen Momente zweier Kegel (Abb. 111).

Bezogen auf die Grundfläche gilt:

$$V_0 \cdot x_0 = V_2 \cdot x_2 - V_1 \cdot x_1 .$$

Bezeichnet man mit F die Fläche $r_2^2 \pi$ und mit f die Fläche $r_1^2 \pi$, so ist

$$x_0 = \frac{h}{4} \cdot \frac{F + 2\sqrt{F \cdot f} + 3f}{F + \sqrt{F \cdot f} + f} . \qquad (47)$$

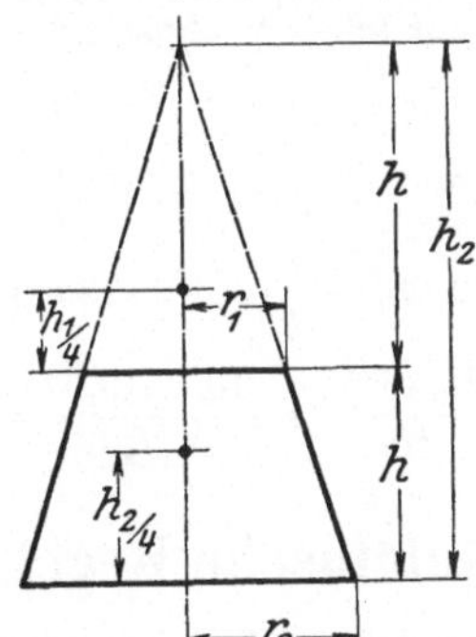

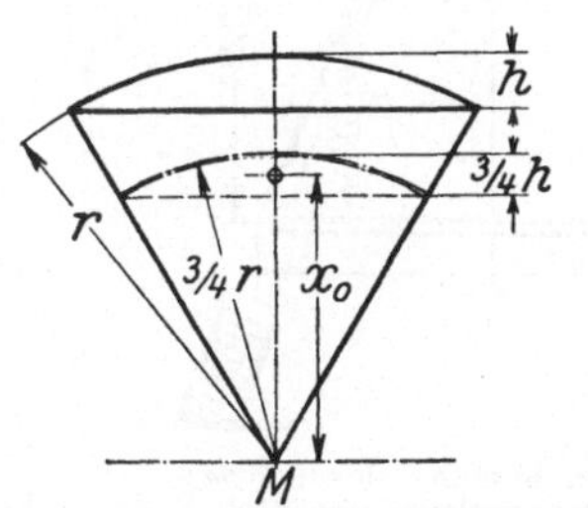

Abb. 111. Bestimmung des Schwerpunktes eines Kegelstumpfes.

Abb. 112. Bestimmung des Schwerpunktes eines Kugelausschnittes.

d) Schwerpunkt eines Kugelausschnittes und eines Kugelabschnittes.

Den Kugelausschnitt (Abb. 112) kann man ersetzt denken durch eine unendlich große Zahl kleiner Pyramiden, deren Spitzen im Kugelmittelpunkte liegen und deren Grundflächen zusammen die Oberfläche des Kugelsektors ausmachen.

Die Schwerpunkte aller dieser Pyramiden liegen in ein Viertel Höhe von der Grundfläche bzw. in drei Viertel Höhe von der Spitze, d. i. in diesem Falle auf $^3/_4\, r$.

Alle diese Schwerpunkte bilden zusammen eine gleichförmige Kugelkalotte vom Radius $^3/_4\, r$. Der Schwerpunkt derselben liegt in halber Höhe ihres Bogenstiches. Damit berechnet sich der Schwerpunkt des Kugelausschnittes mit dem Anstand

$$x_0 = \frac{3}{4}\, r - \frac{3}{4}\, h \cdot \frac{1}{2} = \frac{3}{4}\, r - \frac{3}{8}\, h . \qquad (48)$$

Der Kugelabschnitt ist aufzufassen als die Differenz eines Kugelausschnittes und eines Kegels.

Bei dünnwandigen Körpern, z. B. bei Hohlkegeln, faßt man den Körper besser als Fläche gleicher Dicke auf. Man begeht in den meisten Fällen eine in den Rahmen der Gesamtgenauigkeit der ganzen technischen Berechnungen fallende Ungenauigkeit. Ist der Hohlkegel aus

Blech hergestellt, so ist die Berechnung als Fläche sogar genauer. Diese Berechnung setzt eine Kantenausbildung nach Abb. 113 links voraus, während die Berechnung als Differenz zweier Kegelkörper eine Kantenform nach Abb. 113 rechts verlangen müßte.

Beispiel 75. Wo liegt der Schwerpunkt des in Abb. 113 dargestellten Kegelstumpfmantels?

Der Gesamtmantel hat die Oberfläche $r \cdot \pi \cdot s = 50 \cdot \pi \cdot \sqrt{50^2 + 120^2} = 50 \cdot \pi \cdot 130$.

Der Mantel der Spitze beträgt $\dfrac{50}{3} \cdot \pi \cdot \dfrac{\sqrt{50^2 + 120^2}}{3} = \dfrac{1}{9} \cdot 50 \cdot \pi \cdot 130$. Die Volumina betragen $s \cdot (50 \cdot \pi \cdot 130)$ und $\dfrac{s}{9} \cdot (50 \cdot \pi \cdot 130)$.

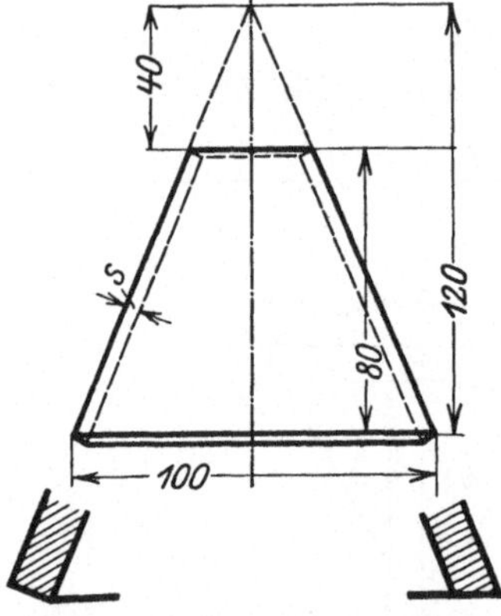

Der Schwerpunkt des Gesamtmantels liegt auf 40 cm Abstand von der Grundfläche. Der Schwerpunkt des abgeschnittenen Spitzenmantels liegt auf $80 + \frac{40}{3}$ Abstand.

$$V_0 \cdot x_0 = V_2 \cdot x_2 - V_1 \cdot x_1,$$

$$x_0 \left(s \cdot 50 \cdot \pi \cdot 130 - \frac{s}{9} \cdot 50 \cdot \pi \cdot 130 \right)$$

$$= s \cdot 50 \cdot \pi \cdot 130 \cdot 40 - \frac{s}{9} \cdot 50 \cdot \pi \cdot 130 \cdot \left(80 + \frac{40}{3} \right).$$

$$x_0 = \frac{40 - {}^1/_9 \cdot {}^{280}/_3}{1 - {}^1/_9} = \frac{40 - 10{,}37}{{}^8/_9} = 33{,}3.$$

Abb. 113. Bestimmung des Schwerpunktes eines Kegelstumpfmantels.

4. Guldinsche Regel.

Die Lehre vom Schwerpunkt findet Anwendung bei der Bestimmung der Oberflächen und Rauminhalte nach der Guldinschen Regel.

Die Guldinsche Regel lautet:

Die Oberfläche eines Rotationskörpers ist gleich dem Produkte aus Länge der die Oberfläche erzeugenden Linie mal dem Weg des Schwerpunktes der erzeugenden Linie.

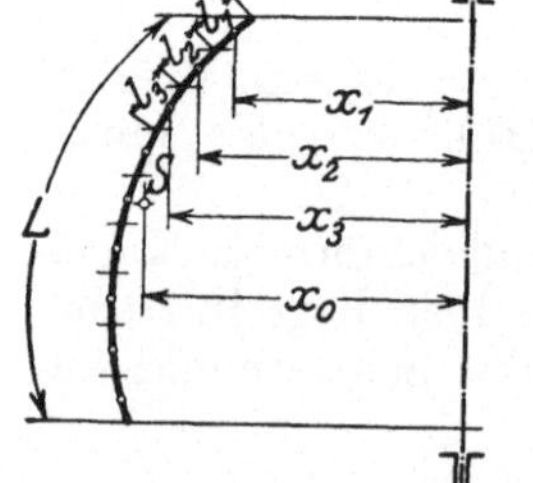

Der Rauminhalt eines Rotationskörpers ist gleich dem Produkte aus Flächeninhalt der erzeugenden Figur mal dem Schwerpunktsweg der erzeugenden Figur.

Für die erste der beiden Regeln gibt Abb. 114 den Beweis.

Die erzeugende Linie läßt sich in eine Anzahl von kleinen Graden unterteilen, welche ihre Schwerpunkte in der Mitte haben. Sie beschreiben einzelne Kegelflächen, deren Größen

Abb. 114. Guldinsche Regel zur Bestimmung der Oberfläche eines Rotationskörpers.

durch die Gleichung Länge der Kegelkante mal mittlerem Radius mal $2 \cdot \pi$ bestimmt ist. Für die Summe aller dieser Kegelmantelflächen gilt

$$F_1 + F_2 + F_3 \cdots = l_1 \cdot 2 \cdot x_1 \cdot \pi + l_2 \cdot 2 \cdot x_2 \cdot \pi + l_3 \cdot 2 \cdot x_3 \cdot \pi + l_4 \cdot 2 \cdot x_4 \cdot \pi \ldots$$

$$= 2 \cdot \pi (l_1 \cdot x_1 + l_2 \cdot x_2 + l_3 \cdot x_3 + l_4 \cdot x_4 \ldots).$$

Die rechts stehende Klammer ist die Summe der statischen Momente der Linienstücke in bezug auf die Rotationsachse. Diese Summe läßt sich durch das statische Moment der Linie als Ganzes ersetzen, nämlich durch das Produkt Länge der ganzen Linie mal Schwerpunktsabstand derselben. — Damit geht die Summe über in $L \cdot x_0$ (x_0 Schwerpunktsabstand), und es lautet die Gleichung

$$F = F_1 + F_2 + F_3 + F_4 \cdots = L \cdot 2 \cdot \pi \cdot x_0 \,. \tag{49}$$

Den Beweis für die zweite Regel gibt Abb. 115. Die erzeugende Fläche läßt sich in eine Anzahl kleiner Flächenteilchen unterteilen, deren Ausdehnung so gering ist, daß man den von ihnen erzeugten Körper als einen Zylinder von der Grundfläche f und der Höhe $2 \cdot x \cdot \pi$ ansehen darf. x ist dabei die Entfernung des Schwerpunktes der kleinen Fläche von der Achse. Die Summe aller dieser kleinen Zylinder bildet den Gesamtkörper. Sein Volumen ist daher

$$V = f_1 \cdot 2 \cdot x_1 \cdot \pi + f_2 \cdot x_2 \cdot 2 \cdot \pi + f_3 \cdot 2 \cdot x_3 \cdot \pi + f_4 \cdot 2 \cdot x_4 \cdot \pi \ldots$$
$$= 2 \cdot \pi \cdot (f_1 \cdot x_1 + f_2 \cdot x_2 + f_3 \cdot x_3 + f_4 \cdot x_4 \ldots) \,.$$

Der Klammerausdruck ist die Summe der statischen Momente der einzelnen Flächenteilchen in bezug auf die Drehachse. Setzt man für diese Summe das statische Moment der Gesamtfläche $F \cdot x_0$ — x_0 Schwerpunktsabstand — ein, so lautet die Gleichung

$$V = F \cdot 2 \cdot \pi \cdot x_0 \,. \tag{50}$$

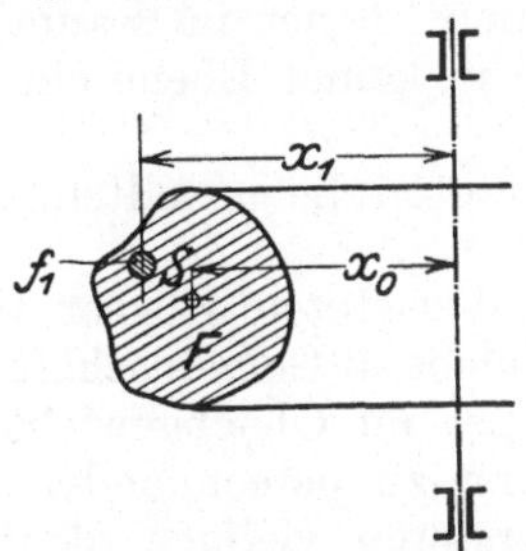

Abb. 115. Guldinsche Regel zur Bestimmung des Rauminhaltes eines Rotationskörpers.

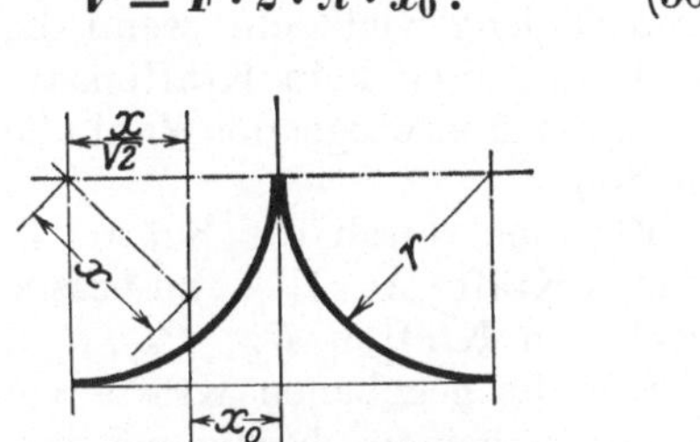

Abb. 116. Bestimmung der Oberfläche einer Spitze nach der Guldinschen Regel (Beispiel 76).

Die Oberfläche einer Kugel bestimmt sich nach der Guldinschen Regel mit $r \cdot \pi$ Linienlänge, $2 \cdot r/\pi$ Schwerpunktsabstand mit

$$(r \cdot \pi) \cdot \left(2 \cdot \frac{2 \cdot r}{\pi} \cdot \pi \right) = 4 r^2 \cdot \pi \,.$$

Der Inhalt einer Kugel bestimmt sich mit $\dfrac{r^2 \pi}{2}$ Flächeninhalt der erzeugenden Halbkreisfläche, und $\dfrac{2}{3} \cdot \dfrac{2r}{\pi}$ Abstand des Schwerpunktes der Halbkreisfläche mit

$$\left(\frac{r^2 \pi}{2} \right) \cdot \left(2 \cdot \frac{2}{3} \cdot \frac{2r}{\pi} \cdot \pi \right) = \frac{4}{3} r^3 \cdot \pi \,.$$

Beispiel 76. Es ist die Oberfläche einer Spitze nach Abb. 116 zu berechnen. Der Schwerpunkt des Viertelkreisstücks ist vom Mittelpunkte entfernt um $x = $ Radius mal Sehne durch Bogen. Sehne $= r \cdot \sqrt{2}$; Bogen $= r \cdot \pi/2$ ergibt

$$x = r \cdot \frac{r \cdot \sqrt{2}}{r \cdot \pi/2} = r \frac{2 \cdot \sqrt{2}}{\pi} \,.$$

Der Schwerpunktsabstand

$$x_0 = r - \frac{x}{\sqrt{2}} = r - r \cdot \frac{2}{\pi} = r \cdot \left(\frac{\pi - 2}{\pi}\right).$$

Mit $r = 50$ mm ist

$$x_0 = 50 \cdot \left(\frac{3{,}14 - 2}{3{,}14}\right) = 18{,}2 \text{ mm}.$$

Oberfläche gleich Linienlänge mal Schwerpunktsweg

$$F = \frac{r \cdot \pi}{2} \cdot 18{,}2 \cdot 2 \cdot \pi = \frac{50 \cdot \pi}{2} \cdot 18{,}2 \cdot 2 \cdot \pi = \sim 9000 \text{ mm}^2.$$

E. Lehre vom Gleichgewicht der Körper.

Die Lehre von der Zusammensetzung der Kräfte und der Zerlegung der Kräfte bildet die Grundlage der

Lehre vom Gleichgewicht.

Ein Körper befindet sich im Gleichgewicht, wenn die Gesamtheit der auf ihn wirkenden Kräfte eine Wirkung gleich Null ergibt.

Handelt es sich um Kräfte, die in einer Ebene liegen, so darf die Gesamtheit der Kräfte weder eine Einzelkraft noch ein Kräftepaar ergeben. Liegen die Kräfte in verschiedenen Ebenen im Raum, so tritt dann Gleichgewicht ein, wenn die Kräfte in keiner Ebene eine Einzelkraft und auch kein Kräftepaar ergeben.

In der überwiegenden Zahl aller Fälle lauten die gestellten Aufgaben wie folgt:

Für den durch die Kräfte $P_1 P_2 \ldots$ belasteten Körper sind diejenigen Kräfte X, $Y \ldots$ zu bestimmen, welche in Gemeinschaft mit den gegebenen Kräften P_1, $P_2 \ldots$ den Körper im Gleichgewicht halten.

Um die gegebenen Kräfte von den erst zu berechnenden Kräften zu unterscheiden, bezeichnet man die ersteren vielfach als Lasten. Im Grunde unterscheiden sich die Lasten von den Kräften nicht. Beide, die gegebenen wie die zu berechnenden Kräfte, unterliegen den Gesetzen von der Zusammensetzung und Zerlegung der Kräfte.

1. Zeichnerische Bestimmung des Gleichgewichtes.

Greifen die gegebenen Kräfte am gleichen Punkte an, so kann ihre Zusammensetzung nur eine Einzelkraft ergeben (s. S. 65). Um diese Einzelkraft zu Null zu ergänzen, muß eine Kraft hinzugefügt werden, die den Kräfteplan schließt.

Ein Körper, auf den im gleichen Punkte angreifende Kräfte wirken, ist dann im Gleichgewicht, wenn der Kräfteplan geschlossen ist.

Wirken auf den Körper K (Abb. 117) die drei Einzelkräfte P_1, P_2, P_3, die eine Resultante R_{1-2-3} ergeben, so ist zur Herstellung des Gleichgewichtes die Hinzufügung einer Kraft X, welche mit der Resultanten R_{1-2-3} gleiche Lage, gleiche Größe, aber entgegengesetzte Richtung hat, erforderlich. X hebt dann die Wirkung von R_{1-2-3}, d. i. von P_1, P_2, P_3, auf. Ein Körper K, der durch die drei Kräfte P_1, P_2, P_3 belastet ist, muß durch eine Kraft von der Größe, Richtung und Lage der Kraft $X = -R_{1-2-3}$ gestützt werden, um ins Gleichgewicht zu kommen.

Trägt man P_1, P_2, P_3 und X in einem Kräfteplan zusammen auf, so ist der Kräfteplan geschlossen (Abb. 118).

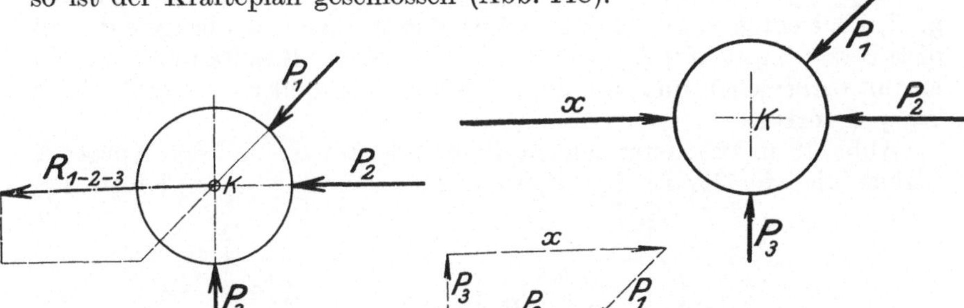

Abb. 117. Zusammensetzung der 3 Kräfte P_1, P_2 und P_3 zur Resultanten R_{1-2-3}.

Abb. 118. Bestimmung der Kraft x, welche den durch die 3 Kräfte P_1, P_2 und P_3 belasteten Körper K im Gleichgewicht hält.

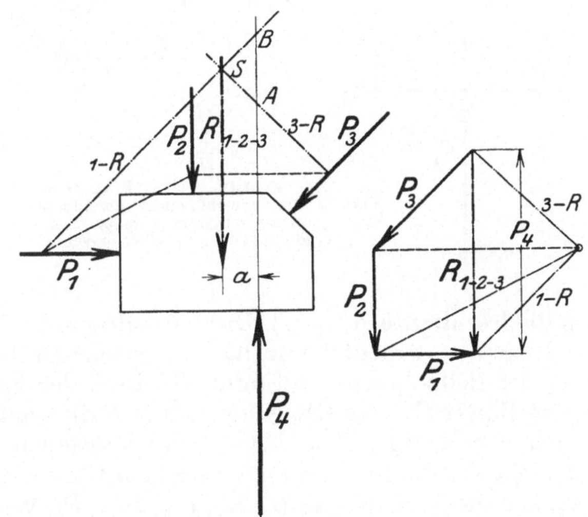

Abb. 119. Belastung eines Körpers durch Kräfte, die einen geschlossenen Kräfteplan, aber kein geschlossenes Seilpolygon ergeben. Bestimmung des resultierenden Kräftepaares.

Die Abb. 119 zeigt, daß man nicht erst aus den drei gegebenen Kräften P_1, P_2, P_3 die Resultante R zu bilden braucht, um deren Wirkung durch die Gegenwirkung der gesuchten Kraft X aufzuheben. Es genügt die Aneinanderreihung der gegebenen Kräfte P_1, P_2, P_3, um die Größe und Richtung der Stützkraft zu ermitteln, welche das Gleichgewicht herstellt.

Greifen die gegebenen Kräfte nicht am gleichen Punkte des Körpers an, so kann ihre Zusammensetzung entweder eine Einzelkraft oder ein

Kräftepaar ergeben. Die Bedingung: „Der Kräfteplan muß geschlossen sein", sichert, daß keine Einzelkraft auftritt. Sie ist jedoch nicht ausreichend dafür, daß nicht doch ein Kräftepaar auftritt.

Der geschlossene Kräfteplan legt fest, daß die Zusammensetzung aller Kräfte eine Resultante ergibt, die die gleiche Größe, aber entgegengesetzte Richtung wie die letzte Kraft hat. So geben die Kräfte P_1, P_2, P_3 die Resultante R_{1-2-3}, welche der letzten Kraft P_3 gleich groß, aber entgegengesetzt ist. Es ist damit aber nicht festgelegt, daß diese letzte Kraft in die gleiche Linie fällt wie die Resultante. Sie kann an ihr vorbeigehen und mit ihr ein Kräftepaar bilden. So geht P_4 an R_{1-2-3} vorbei.

Abb. 119 u. 120 kennzeichnen diese Verhältnisse. Auf den Körper K wirken die vier Kräfte P_1, P_2, P_3, P_4. Die drei ersten Kräfte P_1,

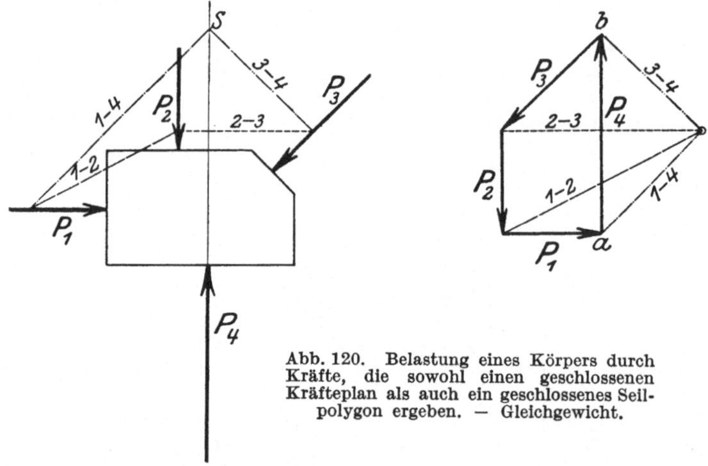

Abb. 120. Belastung eines Körpers durch Kräfte, die sowohl einen geschlossenen Kräfteplan als auch ein geschlossenes Seilpolygon ergeben. — Gleichgewicht.

P_2, P_3 ergeben die Resultante R_{1-2-3}. Diese Resultante ist der vierten Kraft P_4 entgegengesetzt gerichtet und hat die gleiche Größe wie P_4. Das Einflechten des Seilpolygons bestimmt die Lage der Resultanten R_{1-2-3} durch den Punkt S. (Es schneiden sich in S die beiden letzten Parallelen zu den Strahlen $1-R$ und $3-R$ des Kräfteplanes.) Geht die vierte Kraft P_4 am Punkte S vorbei, so ist kein Gleichgewicht vorhanden. Es bilden die beiden Kräfte R_{1-2-3} und P_4 vielmehr ein Kräftepaar von dem Momente $P_4 \cdot a$. Da die beiden letzten Strahlen die Kraft P_4 in zwei verschiedenen Punkten A und B schneiden, sagt man, das Seilpolygon ist nicht geschlossen. Es besitzt eine Lücke von der Länge AB.

Die Kräfte nach Abb. 120 sind im Gleichgewicht. Es geht P_4 durch den Schnittpunkt S der Strahlen $1-4$, $3-4$. Die Kräfte nach Abb. 119 sind nicht im Gleichgewicht.

Damit lautet die Gleichgewichtsbedingung:

Die auf einen Körper wirkenden Kräfte befinden sich im Gleichgewicht, wenn Kräfteplan und Seilpolygon geschlossen sind.

Beispiel 77. Wie muß der durch die drei Kräfte P_1, P_2 und P_3 belastete Körper gestützt werden, damit er im Gleichgewicht ist? (Abb. 120.)

Der Kräfteplan ist geschlossen, wenn die Stützkraft P_4 die durch die Strecke $a-b$ gegebene Größe und Richtung hat.

Das Seilpolygon schließt sich im Punkte S. Die Stützkraft P_4 muß also so liegen, daß sie durch S geht.

Ist ein Körper nur durch zwei Kräfte belastet, so bestimmt sich die Lage der stützenden, das Gleichgewicht herstellenden dritten Kraft einfacher durch den Schnittpunkt der Richtungen der beiden gegebenen Kräfte. Es können drei Kräfte nur dann im Gleichgewicht sein, wenn sich ihre Richtungen in einem Punkte schneiden. Die dritte, die gesuchte Kraft, muß die Resultante der zwei anderen Kräfte aufheben. Sie muß mit dieser also in eine Linie fallen. Die Linie der Resultanten ist aber durch den Schnittpunkt der zwei gegebenen Kräfte bestimmt. — Für so belastete Körper erübrigt sich die Zeichnung des Seilpolygons; der Schnittpunkt der zwei gegebene Kräfte legt die Lage der dritten Kraft fest.

2. Rechnerische Bestimmung des Gleichgewichtes.

Für die rechnerische Bestimmung des Gleichgewichtes zerlegt man alle Kräfte, die gegebenen wie die gesuchten, nach zwei Richtungen. (In der Mehrzahl der Fälle wird man zwei senkrecht aufeinanderstehende Richtungen wählen.) Man gewinnt durch diese Zerlegung eine Erleichterung der Rechnung insofern, als man um die Winkelrechnung herumkommt (s. S. 67). Man legt dann jede Kraft nicht nach Lage, Größe und Richtung fest, sondern nach den zwei Größen ihrer Komponenten und deren Lage gegeneinander.

Den Richtungssinn der gesuchten Kräfte nimmt man an. Ist die Annahme unrichtig, so ergibt das Rechnungsresultat ein Minuszeichen.

Da das Gleichgewicht verlangt, daß keine Einzelkraft und kein Kräftepaar auftritt, müssen drei Gleichgewichtsbedingungen erfüllt sein.

1. Die Kräfte dürfen keine Vertikalkraft ergeben. Man sagt: „Die Summe der Vertikalkräfte muß gleich Null sein."

2. Die Kräfte dürfen keine Horizontalkraft ergeben. Man faßt diese Bedingung in die Worte: „Die Summe der Horizontalkräfte muß gleich Null sein."

3. Die Kräfte dürfen kein Kräftepaar ergeben oder: „Die Summe der statischen Momente, bezogen auf einen beliebigen Punkt, muß gleich Null sein."

Diese drei Gleichgewichtsbedingungen genügen für die Bestimmung von drei Größen.

Da für jede Kraft drei Bestimmungsstücke nötig sind, kann man mit den drei Gleichgewichtsbedingungen z. B. folgende Aufgaben lösen:

Drei unbekannte Kräfte:

a) Gegeben die drei Richtungen und die drei Lagen der Unbekannten. — Zu bestimmen die drei Größen.

b) Gegeben je zwei Richtungen, zwei Größen und zwei Lagen. Zu bestimmen eine Richtung, eine Größe und eine Lage.

Zwei unbekannte Kräfte:

a) Gegeben zwei Lagen und eine Richtung. — Zu bestimmen eine Richtung und zwei Größen.

b) Gegeben eine Lage und zwei Richtungen. — Zu bestimmen eine Lage und zwei Größen.

c) Gegeben zwei Richtungen und eine Lage. — Zu bestimmen zwei Größen und eine Lage.

Eine unbekannte Kraft. — Zu bestimmen eine Richtung, eine Lage und eine Größe.

Bei der Bestimmung der Lage einer Kraft darf nicht übersehen werden, daß die Bestimmung der Lage keineswegs identisch ist mit der Bestimmung des Angriffspunktes. Die Lage ist festgelegt durch die Linie, auf welcher die Kraft zur Wirkung kommt, nicht aber durch einen Punkt auf dieser Linie (s. S. 53). Im übrigen überwiegen die Aufgaben, bei denen die Lage der das Gleichgewicht herstellenden Kräfte von vornherein gegeben ist, und zwar durch einen Angriffspunkt gegeben ist. Es ist durch einen gegebenen Angriffspunkt die Lage der Kraft festgelegt. Es ist durch die rechnerisch oder zeichnerisch bestimmte Lage ein Angriffspunkt aber nicht festgelegt.

Sind zwei unbekannte Kräfte an einem Körper zu bestimmen, ist z. B. der Körper an zwei Stellen gestützt, so sind von den zwei Stützkräften entweder beide Richtungen und eine Größe oder beide Größen und eine Richtung bestimmbar. Ist der Körper an drei Stellen gehalten, so kann die Aufgabe gestellt sein, die drei Kraftgrößen oder die drei Kraftrichtungen zu bestimmen oder zwei Größen und eine Richtung oder zwei Richtungen und eine Größe zu bestimmen.

Die Richtung der Stützkräfte ist vielfach durch die Ausbildung der Stützflächen festgelegt. Es können, wenn man von der Reibung an den Stützflächen absieht, nur senkrecht durch die Stützflächen gehende Kräfte übertragen werden. Der in Abb. 121 dargestellte Körper kann demnach nur durch senkrecht zu den Stützflächen a—a und b—b gerichtete Kräfte gehalten werden. Er darf also nur mit einer durch den Schnittpunkt S der Stützrichtungen A—A und B—B gehenden Kraft bzw. mit einer Reihe von Kräften, deren Resultante durch den Schnittpunkt der Stützrichtungen A—A und B—B geht, belastet sein.

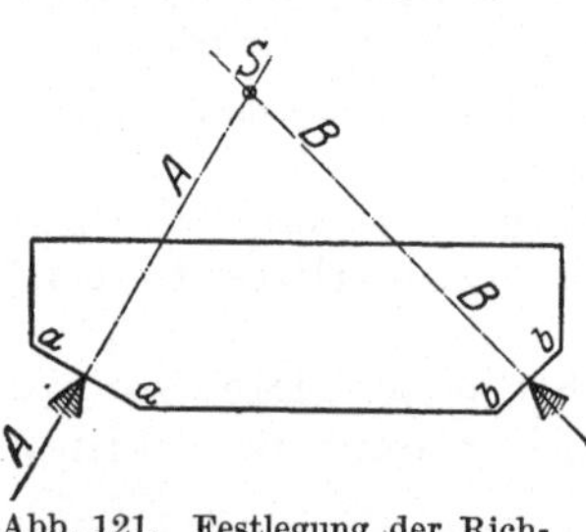

Abb. 121. Festlegung der Richtungen der Stützkräfte durch die Stützflächen a—a und b—b.

Bei der Stützung eines Körpers in einem Gelenk, d. h. mittels Zapfens und Lagers, ist die Richtung nicht festgelegt. Ein Gelenk vermag eine beliebig gerichtete Druckkraft zu übertragen. Dieselbe muß nur die eine Bedingung erfüllen: sie muß durch den Zapfenmittelpunkt gehen. Genügt sie dieser Bedingung, so genügt sie gleichzeitig der vorher aufgestellten des senkrechten Durchganges durch die Stützfläche. Der durch die Kraft Q belastete Körper Abb. 122, der beiderseits durch Gelenke gehalten wird, kann demnach in der verschiedensten Weise ins Gleichgewicht gebracht werden. Es können ihn die Kräfte S_1 und S_2 im Gleichgewicht halten, oder die Kräfte $R_1 R_2$ usw. Es sind bei dieser Art der Stützung vier Unbekannte: zwei Kraftgrößen und zwei Kraftrichtungen, vorhanden, zu deren Bestimmung nur drei Gleichungen zur Verfügung stehen. Eine eindeutige Bestimmung des Gleichgewichtes ist also unmöglich.

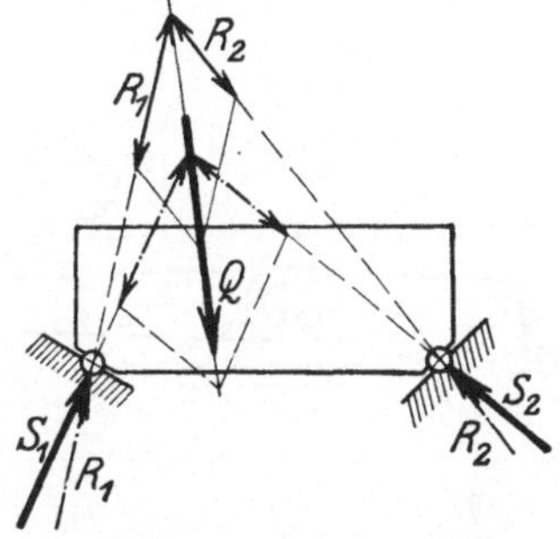

Abb. 122. Stützung eines Körpers in 2 Gelenken. Unbestimmtheit der Stützkraftrichtungen und damit auch Unbestimmtheit der Stützkraftgrößen.

Oft genügt scheinbar die Benutzung von zwei Gleichgewichtsbedingungen zur Berechnung der gefragten Größen. Ist z. B. ein Körper lediglich durch Vertikalkräfte belastet, und ist auch für die gesuchten Kräfte durch die Form der Stützflächen die Vertikalrichtung vorgeschrieben, so kann man auf die Benutzung der zweiten Gleichgewichtsbedingung verzichten. Ordnungshalber sollte man auch in diesen Fällen die zweite Gleichgewichtsbedingung — in der freilich kein Resultat ergebenden Form $0 = 0$ — aufstellen, um klarzustellen, daß keine Horizontalkräfte vorhanden sind.

3. Beispiele zur Lehre vom Gleichgewicht in einer Ebene wirkender Kräfte.

a) Hebel.

Das Gleichgewicht an einem Hebel zeigt Abb. 123. Nach der dritten Gleichgewichtsbedingung muß die Summe der Momente, bezogen auf den Drehpunkt, Null sein. Es ist

$$P_1 \cdot r_1 - P_2 \cdot r_2 = 0, \qquad P_1 = P_2 \cdot \frac{r_2}{r_1}, \qquad P_1 \cdot l_1 = P_2 \cdot l_2.$$

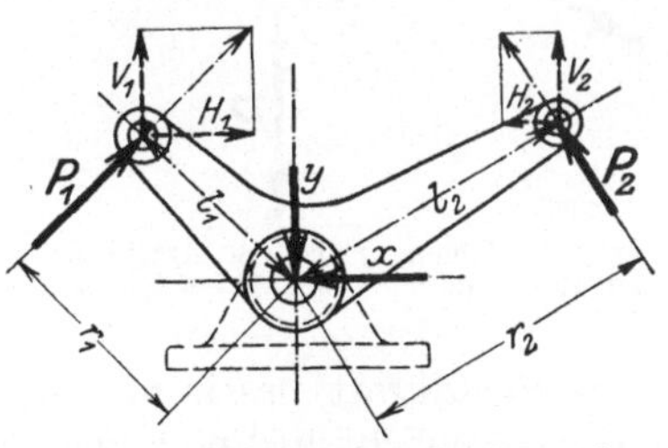

Abb. 123. Gleichgewicht der Kräfte an einem Hebel. P_1 und P_2 gegebene Kräfte senkrecht zu l_1 und l_2.

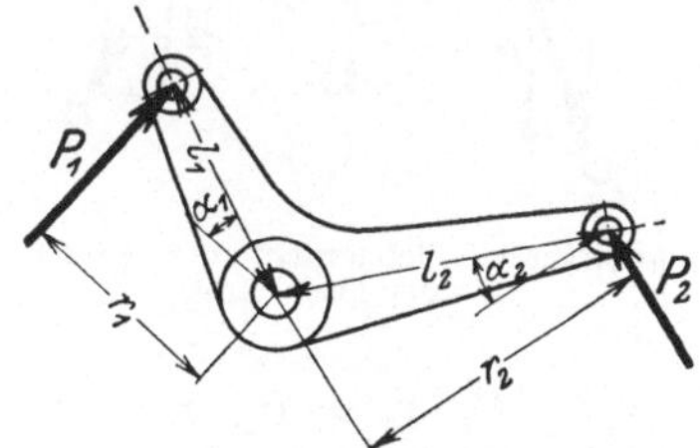

Abb. 124. Gleichgewicht der Kräfte an einem Hebel.

Bei der gezeichneten Stellung stehen P_1 und P_2 senkrecht zu den Hebellängen l_1 und l_2, so daß r_1 und r_2 gleich l_1 und l_2 sind. Bilden die Richtungen von P_1 und P_2 keinen rechten Winkel mit l_1 und l_2, so sind die Hebelarme r_1 und r_2 (Abb. 124) gleich $l_1 \cdot \cos \alpha_1$ und $l_2 \cdot \cos \alpha_2$

$$P_1 \cdot l_1 \cdot \cos \alpha_1 - P_2 \cdot l_2 \cdot \cos \alpha_2 = 0.$$

Bei Hebeln, die beiderseitig durch Gewichte belastet sind nach Art der Abb. 125, ändern sich auch bei weitestgehendem Ausschlage des Hebels die Hebelarme stets im gleichen Verhältnis, und so bleibt für alle Stellungen erhalten $P_1 \cdot l_1 - P_2 \cdot l_2 = 0$, da $\cos\alpha_1 \cos\alpha_2 = 1$ ist.

Auf die Bestimmung der Stützkraft im Drehpunkt des Hebels legt man in den seltensten Fällen Wert. Sie berechnet sich für die Anordnung nach Abb. 123 aus den ersten beiden Gleichgewichtsbedingungen

$$-H_1 + H_2 + X = 0,$$
$$V_1 + V_2 - Y = 0.$$

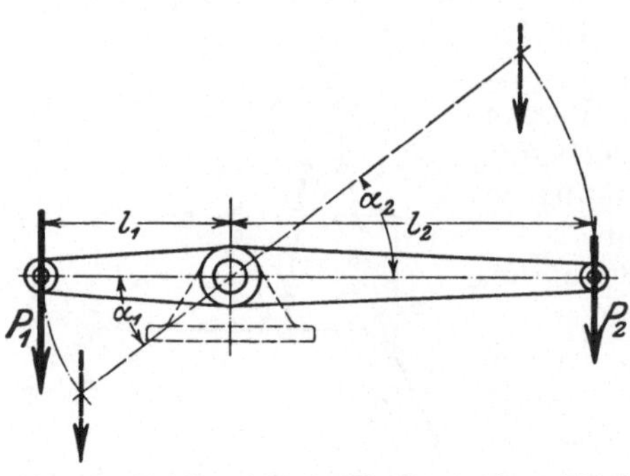

Abb. 125. Gleichgewicht der Kräfte an einem Hebel bei verschiedenen Stellungen des Hebels.

Aus den Komponenten X und Y bestimmt sich der Stützdruck.

b) Die lose Rolle.

Die lose Rolle (Abb. 126), d. i. eine Rolle, die kein Drehmoment überträgt, sich also entweder lose auf ihrer Achse dreht oder mit der Achse lose in den Lagern dreht, befindet sich im Gleichgewicht mit

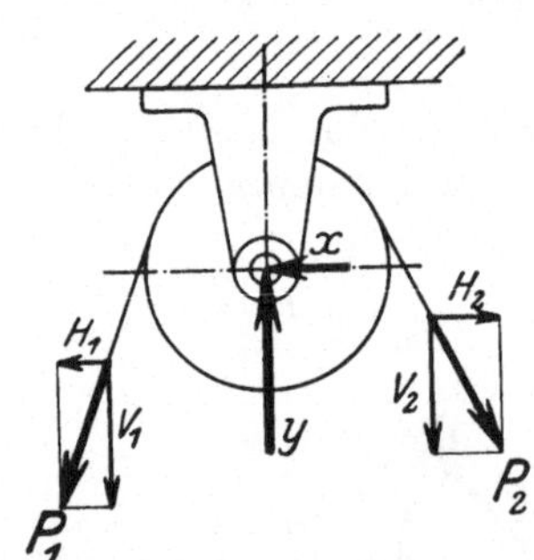

Abb. 126. Gleichgewicht der Kräfte an einer losen Rolle.

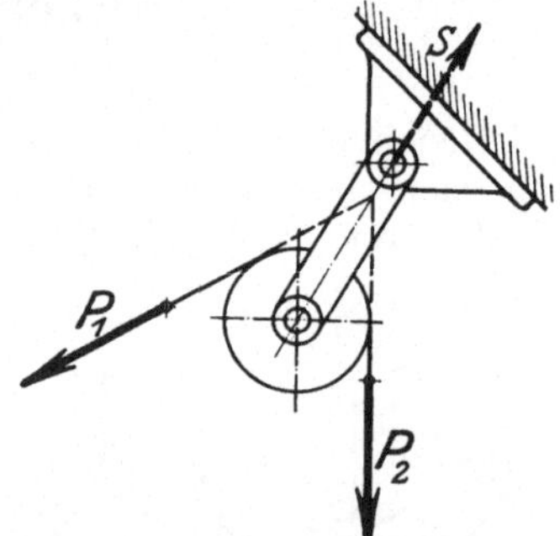

Abb. 127. Gleichgewicht der Kräfte an einer Rolle, deren Achse beweglich ist.

$P_1 = P_2 \, (P_1 \cdot r_1 = P_2 \cdot r_2, \quad r_1 = r_2)$. Die Stützkraft bestimmt sich, wie beim Hebel, aus den ersten beiden Gleichgewichtsbedingungen

$$-H_1 + H_2 - X = 0,$$
$$-V_1 - V_2 + Y = 0.$$

Hängt die Rolle an einer gelenkartig befestigten Stange (Abb. 127), so muß sie sich so einstellen, daß diese Stange in die Richtung der Stützkraft fällt. Eine Stange mit nur zwei Gelenken vermag nur solche Kräfte aufzunehmen, welche in die Verbindungslinie der beiden Zapfenmitten fallen. Für die sie belastenden zwei Kräfte sind die Zapfenmittelpunkte als Angriffspunkte festgelegt. Zwei Kräfte können sich aber nur dann aufheben, d. h. im Gleichgewicht halten, wenn sie in die gleiche Linie fallen, und diese Linien bestimmen die zwei Zapfenmitten.

c) Der Balken auf zwei Stützen.

Zur Bestimmung des Gleichgewichtes eines Balkens auf zwei Stützen wendet man das zeichnerische und auch das rechnerische Verfahren an. Wo es sich dabei um Belastungen durch Vertikalkräfte (Gewichte) handelt, wird man die zweite Gleichgewichtsbedingung nicht mit aufzustellen brauchen.

α) Rechnerische Bestimmung (Abb. 128).

Nach der ersten Gleichgewichtsbedingung ist

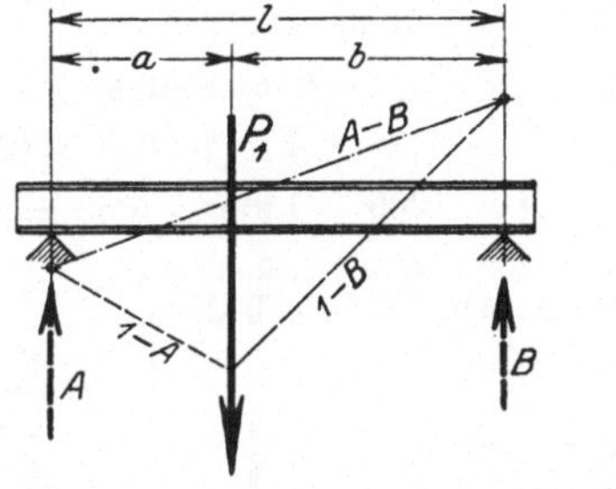
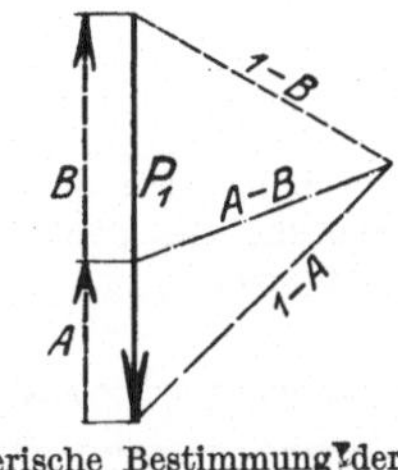

Abb. 128. Rechnerische und zeichnerische Bestimmung der Stützkräfte A und B, die den durch P_1 belasteten Balken im Gleichgewicht halten.

$$+A - P_1 + B = 0.$$

Nach der dritten Gleichgewichtsbedingung ergibt sich bei einer Annahme des Drehpunktes im Stützpunkt links die Momentengleichung

$$+P_1 \cdot a - B \cdot l = 0.$$

Daraus folgt: $B = \dfrac{P_1 \cdot a}{l}$.

Aus der ersten und dritten Gleichgewichtsbedingung folgt

$$A = P_1 - B = P_1 - \frac{P_1 \cdot a}{l} = \frac{P_1(l - a)}{l} = \frac{P_1 \cdot b}{l}.$$

Diese Gleichung ergibt sich auch unmittelbar bei Aufstellung der dritten Gleichgewichtsgleichung für einen im Stützpunkt rechts liegenden Drehpunkt

$$-P_1 \cdot b + A \cdot l = 0,$$

$$A = \frac{P_1 \cdot b}{l}$$

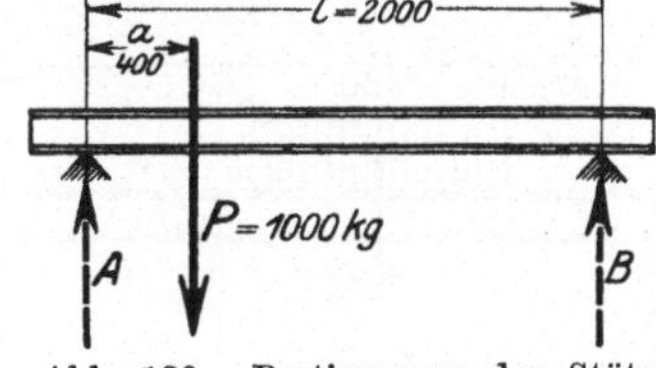

Abb. 129. Bestimmung der Stützdrucke A und B für den durch P belasteten Balken (Beispiel 78).

Beispiel 78. Wie groß sind die Stützkräfte des nach Abb. 129 belasteten Balkens?

Die Summe der Vertikalkräfte ist gleich 0. (Erste Gleichgewichtsbedingung.) $A+B-P=0$. (Plusrichtung nach oben.)

Die Summe der statischen Momente für einen beliebigen Drehpunkt ist gleich 0. Als Drehpunkt angenommen der Stützpunkt A.

$$-B \cdot l + P \cdot a = 0, \qquad B = \frac{P \cdot a}{l} = \frac{1000 \cdot 400}{2000} = 200 \text{ kg},$$

$$A + 200 - 1000 = 0, \qquad A = 1000 - 200 = 800 \text{ kg}.$$

Beispiel 79. Durch welche Stützdrucke wird der überhängende Träger nach Abb. 130 im Gleichgewicht gehalten?

Nach der ersten Gleichgewichtsbedingung ist

$$-P_1 + A + B - P_2 = 0 \,.$$

Unter Annahme des Drehpunktes im linken Stützpunkt folgt

$$-P_1 \cdot a - B \cdot l + P_2 \cdot (b + l) = 0 \,,$$

$$-1500 \cdot 300 - B \cdot 1000 + 1200(250 + 1000) = 0 \,,$$

$$B = \frac{1200 \cdot 1250 - 1500 \cdot 300}{1000} = \frac{1\,500\,000 - 450\,000}{1000} \,,$$

$$\boldsymbol{B = 1050 \text{ kg}} \,,$$

$$-1500 + A + 1050 - 1200 = 0 \,,$$

$$A = 1200 + 1500 - 1050 = \boldsymbol{1650 \text{ kg}} \,.$$

Beispiel 80. Welche Größe haben die Stützkräfte des nach Abb. 131 belasteten Balkens?

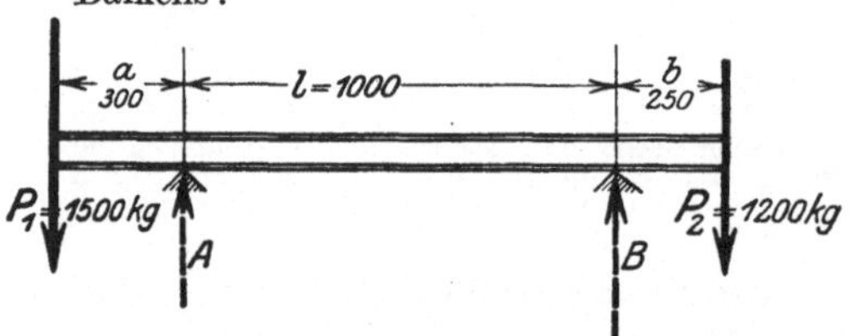

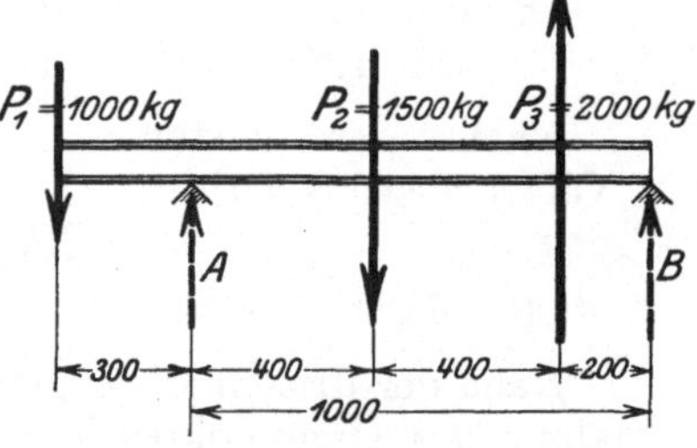

Abb. 130. Bestimmung der Stützdrucke A und B für den durch P_1 und P_2 belasteten Balken (Beispiel 79).

Abb. 131. Bestimmung der Stützkräfte A und B (Beispiel 80).

(Angenommen A und B sind nach oben gerichtet. Plusrichtung nach oben.)

$$+A + B - P_1 - P_2 + P_3 = 0 \,, \qquad +A + B - 1000 - 1500 + 2000 = 0 \,.$$

Drehpunkt über A angenommen.

$$-P_1 \cdot a + P_2 \cdot b - P_3 \cdot c - B \cdot l = 0 \,,$$

$$-1000 \cdot 300 + 1500 \cdot 400 - 2000 \cdot 800 - B \cdot 1000 = 0 \,,$$

$$\boldsymbol{B} = \frac{1500 \cdot 400 - 2000 \cdot 800 - 1000 \cdot 300}{1000} = \frac{-1\,300\,000}{1000} = \boldsymbol{-1300 \text{ kg}} \boldsymbol{.}$$

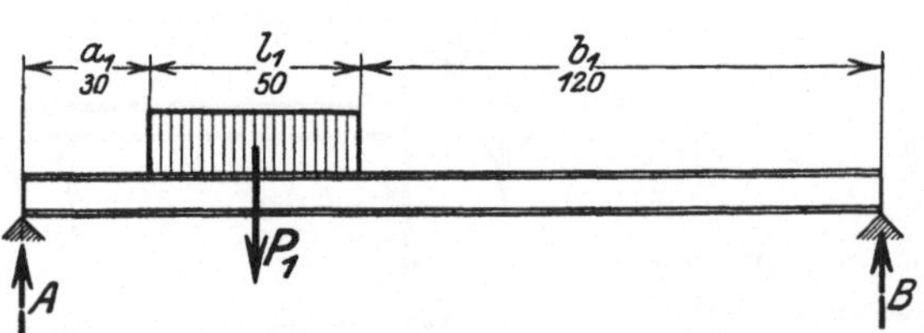

Abb. 132. Bestimmung der Stützkräfte A und B (Beispiel 81) für eine Belastung des Balkens durch eine gleichmäßig verteilte Last.

(Die Richtung von B ist unrichtig angenommen. B ist nicht von unten nach oben, sondern von oben nach unten gerichtet.)

$$+A - 1300 - 1000 - 1500 + 2000 = 0 \,,$$

$$\boldsymbol{A = +1800} \boldsymbol{.}$$

(Die Richtung von A ist richtig gewählt.)

Für eine verteilte Last kann man eine ihr gleiche Einzellast, die im Schwerpunkte der verteilten Last angreift, einsetzen. So wird die gleichmäßig über die Länge l_1 verteilte Last $l_1 \cdot q$ in der Mitte von l_1 angreifen (Abb. 132). Die ungleichmäßig nach einem rechtwinkligen

Dreieck aufgeschüttete Belastung (Abb. 133) greift auf $1/3$ Abstand von der Grundlinie an.

Besispiel 81. Welche Belastung erfahren die zwei Stützpunkte, wenn die Belastung $q = 100$ kg für einen Zentimeter Balkenlänge beträgt? (Abb. 132.)

$$a_1 = 30 \text{ cm}, \quad l_1 = 50 \text{ cm}, \quad b_1 = 120 \text{ cm}.$$

Der Angriffspunkt der die gleichmäßig verteilte Last ersetzenden Einzellast liegt im Abstande $a_1 + l_1/2$ von links.

$$P_1 = l_1 \cdot q = 50 \cdot 100 = 5000 \text{ kg},$$

$$B = \frac{P_1[a_1 + (l_1/2)]}{l}$$

$$= \frac{5000 \cdot (30 + 25)}{200} = \mathbf{1375 \text{ kg}},$$

$$A = 5000 - 1375 = \mathbf{3625 \text{ kg}}.$$

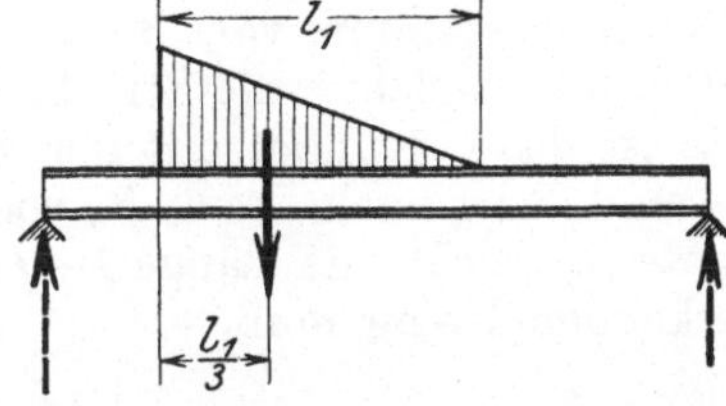

Abb. 133. Bestimmung der Stützkräfte A und B für eine Belastung des Balkens durch eine ungleichmäßig verteilte Last.

β) Zeichnerische Bestimmung.

Die zeichnerische Bestimmung der beiden Stützdrucke erfolgt mittels Kräfteplans und Seilpolygons nach Abb. 133a.

Der Kräfteplan ist die Gerade $I—II$. Die Parallelen zu den Polstrahlen $P—B$ und $P—A$ geben von c aus eingeflochten die Punkte a und b auf den Richtungslinien von A und B. Die Parallele zu ab, in den Kräfteplan übertragen, bestimmt den Punkt S, der die Länge $I—II$, welche die Summe der Stützdrucke $A + B$ darstellt, in $I—S = A$ und $II—S = B$ teilt.

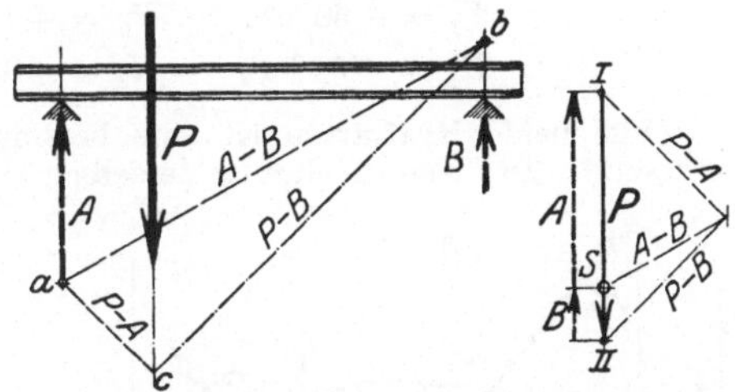

Abb. 133a. Zeichnerische Bestimmung der Stützkräfte A und B, die den durch die Kraft P belasteten Balken im Gleichgewicht halten.

Abb. 134 zeigt die zeichnerische Bestimmung der Stützkraft A und B zu Abb. 131 bzw. Beispiel 80.

Im Kräfteplan, der in eine gerade Linie zusammengeschrumpft ist, wird die Summe $A + B$ durch die Länge $I—III$ dargestellt. I Ausgangspunkt der Kräfteauftragung (Anfang von P_1), III Endpunkt der Kräfteauftragung (Ende von P_3).

Das Seilpolygon nimmt, von a beginnend, den Verlauf $a—b—c—d—e$. Es endet in der Stützlinie von A

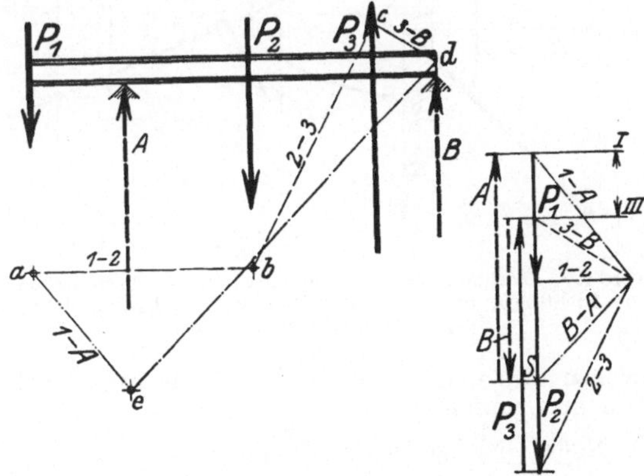

Abb. 134. Zeichnerische Bestimmung der Stützkräfte A und B, die den durch die Kräfte P_1, P_2 und P_3 belasteten Balken im Gleichgewicht halten.

mit dem Punkte e und in der Stützlinie von B mit dem Punkte d. Die Parallele $B{-}A$ zur Verbindungslinie $e{-}d$ in den Kräfteplan übertragen, gibt den Teilpunkt S für die Länge $I{-}III$. Es stellt $I{-}S$ die Größe von A dar, $III{-}S$ die Größe von B. (Der auf A liegende Punkt e stammt von der Linie $I{-}A$, daher ist $I{-}S = A$; der auf B liegende Punkt d stammt von $3{-}B$, daher ist $III{-}S = B$). Es fällt der Punkt S, welcher die Strecke $I{-}III$ teilt, aus dieser Strecke heraus. Es ist das begründet mit der Verschiedenheit des Richtungssinnes von A und B (A nach oben, B, wie die Rechnung im Beispiel zeigt, nach unten), welche die Länge $I{-}III$ als einen Wert $A + (-B) = A - B$ erkennen lassen muß.

d) Der allgemeine Fall der rechnerischen Bestimmung einer Stützkraft nach Lage, Größe und Richtung.

Beispiel 82. Es ist die Kraft zu bestimmen, welche den durch die drei Kräfte P_1, P_2 und P_3 belasteten Körper im Gleichgewicht hält (Abb. 135).

Die Zerlegung der drei Kräfte P_1, P_2, P_3 in ihre Horizontal- und Vertikalkomponenten ergibt die sechs Kräfte

$$V_1 = +60\ \text{kg}, \qquad V_2 = +45\ \text{kg}, \qquad V_3 = -69\ \text{kg},$$
$$H_1 = -50\ \text{kg}, \qquad H_2 = +35\ \text{kg}, \qquad H_3 = -70\ \text{kg}.$$

(Für beide Kraftarten ist eine bestimmte Richtung als positive Richtung angesetzt. Zur Kennzeichnung derselben sind links in der Figur Richtungspfeile mit dem Pluszeichen eingetragen.)

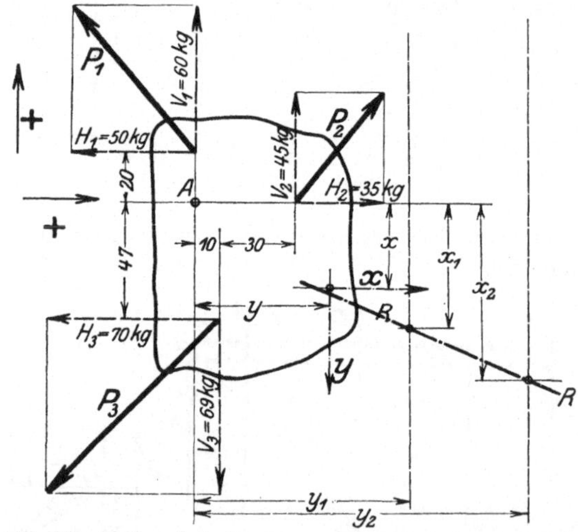

Es ist zunächst angenommen, daß durch die Rechnung der Angriffspunkt der zu bestimmenden Kraft ermittelt werden kann, obschon das unmöglich ist. Zur Ermittlung seiner Lage sollen die beiden Abstände x und y berechnet werden.

Die zu berechnenden Komponenten X und Y sind mit beliebigen Richtungen eingetragen, und zwar X nach rechts gerichtet, also als positive Kraft, und Y nach unten gerichtet, also als negative Kraft. Ergibt die Berechnung für einen der beiden Werte ein negatives Vorzeichen, so bedeutet das, daß die Richtung falsch gewählt war. Es bedeutet das negativ herausgerechnete Vorzeichen also nicht, daß die Kraft die negative Richtung hat, sondern daß die Annahme unrichtig war.

Abb. 135. Rechnerische Bestimmung der Kraft (Lage, Größe und Richtung), die den durch P_1, P_2 und P_3 belasteten Körper im Gleichgewicht hält.

Erste Gleichgewichtsbedingung:

$$+V_1 + V_2 - V_3 - Y = 0,$$
$$+60 + 45 - 69 - Y = 0, \qquad Y = 36\ \text{kg (nach unten)}.$$

Zweite Gleichgewichtsbedingung:

$$-H_1 + H_2 - H_3 + X = 0,$$
$$-50 + 35 - 70 + X = 0, \qquad X = 85 \text{ kg (nach rechts)}.$$

Dritte Gleichgewichtsbedingung:

Angenommen Drehpunkt A.

$$-H_1 \cdot 20 - V_1 \cdot 0 - V_2 \cdot 40 - H_2 \cdot 0 - X \cdot x + Y \cdot y + V_3 \cdot 10 + H_3 \cdot 47 = 0,$$
$$-50 \cdot 20 - 45 \cdot 40 - X \cdot x + Y \cdot y + 69 \cdot 10 + 70 \cdot 47 = 0,$$
$$-1000 - 1800 - X \cdot x + Y \cdot y + 690 + 3290 = 0,$$
$$-X \cdot x + Y \cdot y + 1180 = 0,$$
$$-85 \cdot x + 36 \cdot y = -1180.$$

Wie bereits vorausgeschickt, ist eine Bestimmung von x und y nicht möglich. Es gibt für die Kraft keinen festen Angriffspunkt. Es läßt sich nur die Linie ermitteln, auf welcher die zu berechnende Kraft wirken muß.

Setzt man für x einen beliebigen Wert ein, so bestimmt sich damit ein zugehöriger Wert für y.

$$\text{Für } x_1 = 50 \text{ mm folgt } y_1 = \frac{-1180 + 85 \cdot 50}{36} = 85 \text{ mm}.$$

$$\text{Für } x_2 = 70 \text{ mm folgt } y_1 = \frac{-1180 + 85 \cdot 70}{36} = 133 \text{ mm}.$$

Die Auftragung dieser zwei Punkte legt eine Linie fest, auf welcher die Kraft zur Wirkung gebracht werden muß, um das Gleichgewicht herzustellen. (Das Pluszeichen für die Werte x_1, x_2, y_1, y_2 bedeutet, daß die Werte so liegen wie die angenommenen Werte x und y. Es sind nicht Werte, die nach der Lage der Linie in den Quadranten zu beurteilen wären.)

e) Gleichgewicht eines aus mehreren Einzelteilen bestehenden Körpers. Aktion und Reaktion.

Bei der Feststellung des Gleichgewichtes einer Körpergruppe, die unter der Wirkung einer Reihe äußerer Kräfte steht, tritt das Gesetz von Aktion und Reaktion in Erscheinung.

Die Kraft, mit welcher der eine Körper einer Gruppe auf den anderen einwirkt, ist gleich groß, in dieselbe Richtung fallend, aber entgegengesetzt gerichtet derjenigen Kraft, mit welcher der andere Körper auf den einen wirkt. Es heben sich Aktion und Reaktion auf, solange man die Gesamtheit der einzelnen Körper, d. i. die ganze Körpergruppe, in Betracht zieht. Es sind Reaktion und Aktion gewissermaßen innere Kräfte in dem Körpersystem, die wohl den Zusammenhang des einen Teils mit dem anderen sichern und so beide zusammen mittelbar unter dem Einfluß der äußeren Kräfte stehen, die aber einzeln für die Berechnung der Kraftwirkung nach außen nicht einzusetzen sind.

Sie kommen einzeln nur dann zur Erscheinung, wenn man jeden einzelnen Körper des ganzen Systems für sich betrachtet.

Als Beispiel für das Obige dient Abb. 136. Auf das System der drei Kugeln 1, 2 und 3 wirkt die Last Q. Für die Aufnahme dieser Last kommen nur die Kräfte in Frage, welche an den Stützpunkten der beiden Kugeln 2 und 3 von den äußeren Stützflächen ausgeübt werden. Die Richtungen dieser Stützkräfte liegen senkrecht zu den Stützflächen a—a und b—b und müssen durch die Mittelpunkte der Kugeln

2 und *3* gehen. Da Q durch den Mittelpunkt der Kugel *1* gehen muß, ergibt sich das Gleichgewicht des ganzen Systems nach Abb. 137.

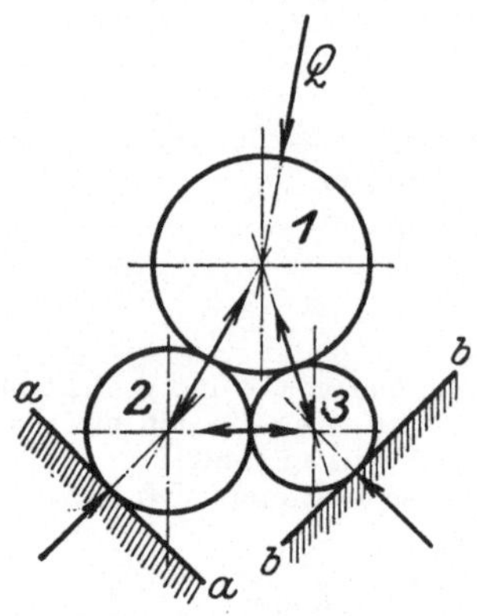

Abb. 136. Äußere und innere Kräfte an einer aus mehreren Teilen bestehenden Körpergruppe.

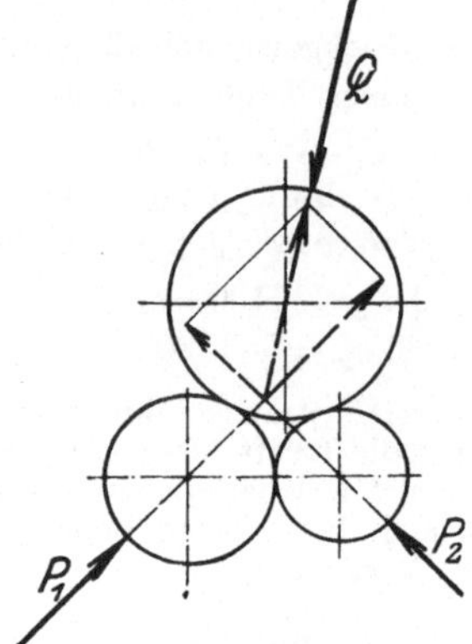

Abb. 137. Gleichgewicht der äußeren Kräfte an einer Körpergruppe.

Das Gleichgewicht der einzelnen Teile kennzeichnen die Abb. 138 bis 140.

Die Kugel *2* steht unter dem Einfluß der einen äußeren Kraft P_1 und der beiden von den Kugeln *1* und *3* auf sie ausgeübten Kräfte S_{1-2} und S_{3-2}. Für das Gleichgewicht der Kugel *3* sind einzutragen die äußere Kraft P_2 und die Reaktion S_{2-3} zu der Stützkraft S_{3-2}, die vor er

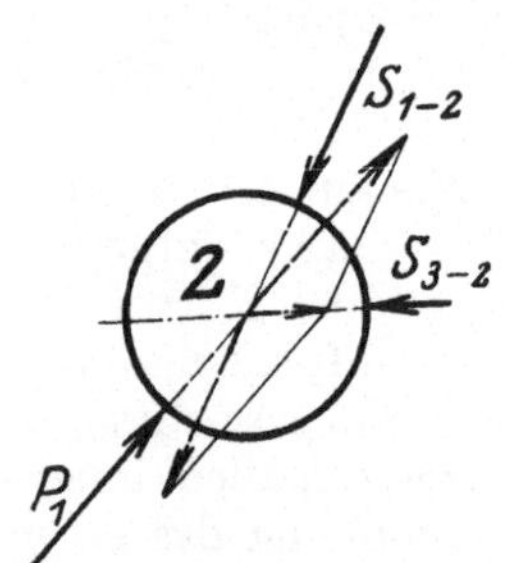

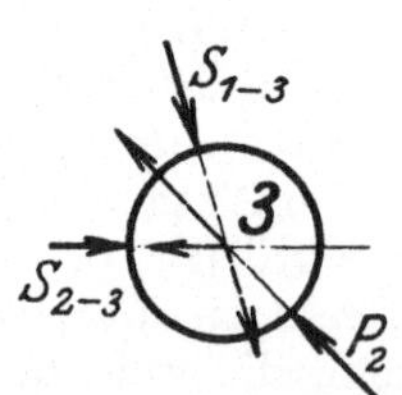

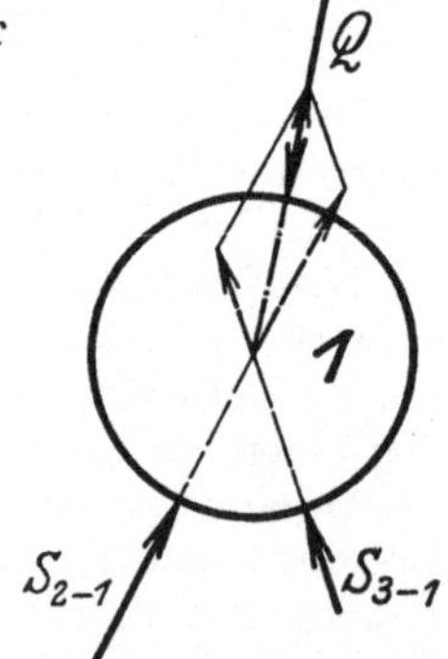

Abb. 138. Gleichgewicht der Kugel *2* unter der Wirkung der zwei inneren Kräfte des Systems S_{1-2} und S_{3-2} und der äußeren Kraft P_1.

Abb. 139. Gleichgewicht der Kugel *3* unter Wirkung der zwei inneren Kräfte des Systems S_{1-3} und S_{2-3} und der äußeren Kraft P_2.

Abb. 140. Gleichgewicht der Kugel *1* unter Wirkung der zwei inneren Kräfte des Sytems S_{2-1} und S_{3-1} und der Last Q.

beim Gleichgewicht der Kugel *2* bestimmt wurde, ferner die Stützkraft S_{1-3}. Ihr Gleichgewicht kennzeichnet die Abb. 139. In gleicher Weise ist das Gleichgewicht für die Kugel *1* ermittelt (Abb. 140).

Bei der Bestimmung des Gleichgewichtes einer aus mehreren Teilen zusammengesetzten Konstruktion ermittelt man entweder zunächst das Gleichgewicht des ganzen Systems und bestimmt dann unter Einsetzen von Aktion und Reaktion das Gleichgewicht der Einzelteile, oder man schreitet von einem Einzelteil zum anderen fort, die Aktion am einen Teil als Reaktion am anderen einsetzend.

Der aus drei Rollen bestehende Rollenzug nach Abb. 141 gibt ein Beispiel zu obigem. Mit der Kraft P_1 wird die Last Q gehoben.

Das Gleichgewicht für die Rolle _1_ ergibt

$$-P_1 + P_2 - S_1 = 0 \quad \text{und} \quad -P_1 \cdot r_1 + S_1 \cdot r_1 = 0, \quad P_1 = S_1,$$

$$P_2 = 2P_1.$$

Für die Rolle _2_ gilt

$$+S_1 + P_3 - S_3 = 0 \quad \text{und} \quad S_1 \cdot r_2 - P_3 \cdot r_2 = 0, \qquad S_1 = P_3,$$

$$S_3 = 2S_1 = 2P_1$$

$$= 2P_3.$$

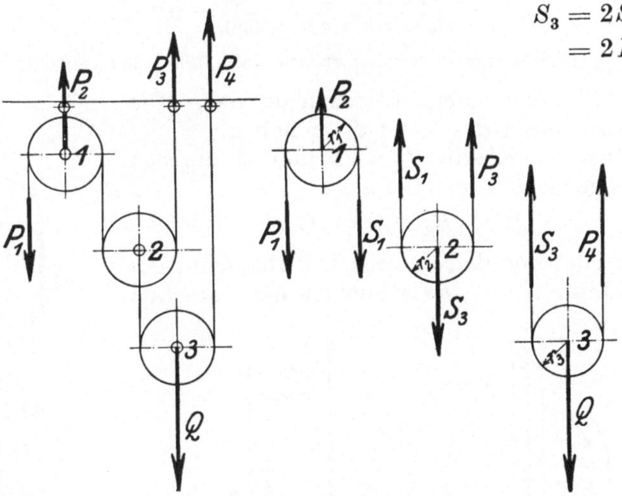

Abb. 141. Gleichgewicht an einem Rollenzug und Gleichgew-cht an den einzelnen Teilen des Rollenzuges.

Für die Rolle _3_ gilt

$$+S_3 + P_4 - Q = 0 \quad \text{und} \quad S_3 \cdot r_3 - P_4 \cdot r_3 = 0, \qquad S_3 = P_4,$$

$$\mathbf{Q = 2S_3 = 4P_1.}$$

Das Gleichgewicht der äußeren Kräfte ergibt

$$-P_1 + P_2 + P_3 + P_4 - Q = 0,$$

$$-P_1 + 2P_1 + P_1 + 2P_1 - 4P_1 = 0,$$

$$-5P_1 + 5P_1 = 0.$$

Bei einem Differentialflaschenzug nach Abb. 142 ergeben sich folgende Gleichgewichtsbedingungen.

An der unteren Rolle

$$+S_1 + S_2 - Q = 0 \qquad \text{und} \qquad S_1 \cdot r_1 - S_2 \cdot r_1 = 0,$$

$$S_1 = S_2 = \frac{Q}{2},$$

$$S_1 = S_1', \quad S_2 = S_2'.$$

An der oberen Rolle

$$-S_1' - S_2' + P_2 - P_1 = 0 \qquad \text{und} \qquad -S_1' \cdot R + P_1 \cdot R + S_2' \cdot r = 0,$$

$$-\frac{Q}{2} \cdot R + P_1 \cdot R + \frac{Q}{2} \cdot r = 0,$$

$$\boldsymbol{P_1 = \frac{Q}{2}\frac{R-r}{R}}, \qquad \boldsymbol{Q = \frac{2 \cdot P_1 \cdot R}{R-r}}.$$

Beispiel 83. Welche Last vermag ein Mann bei Ausüben einer Zugkraft von $P_1 = 40$ kg zu heben, wenn der Differentialflaschenzug die Radien $R = 420$, $r = 350$ mm besitzt und der Wirkungsgrad des Getriebes 80% beträgt? Theoretisch hebt der Mann

$$Q = \frac{2 \cdot P_1 \cdot R}{R-r} = \frac{2 \cdot 40 \cdot 420}{420 - 350} = 480 \text{ kg}.$$

Bei 80% Wirkungsgrad vermag er nur $480 \cdot 0{,}8 = 384$ kg zu heben.

Abb. 143 stellt einen Flaschenzug dar. Die Last Q wird durch die Kraft P_1 gehoben.

Die äußeren Kräfte P_1, P_2 und Q ergeben das Gleichgewicht mit

$$-P_1 + P_2 - Q = 0.$$

Denkt man sich den unteren Teil abgeschnitten nach der Linie $A-A$, so schneidet man das Seil

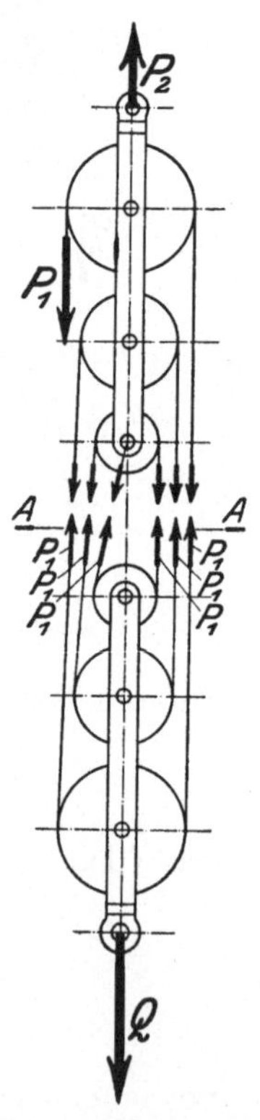

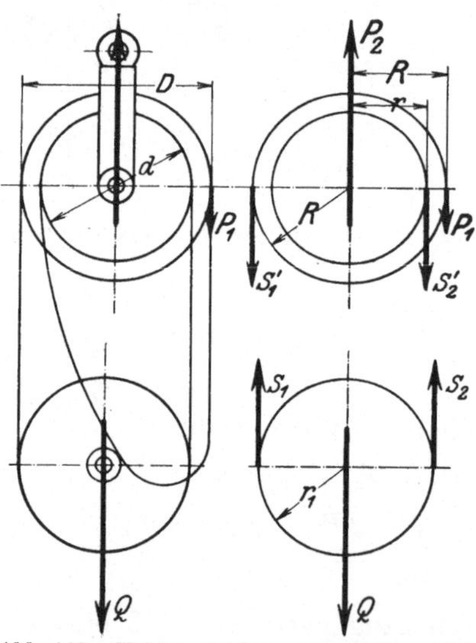

Abb. 142.   Gleichgewicht an einem Differential flaschenzug.

Abb. 143. Gleichgewicht an einem Flaschenzug.

sechsmal. Da die Kraft im Seil unverändert die Größe P_1 besitzt, folgt für den unteren Teil $+6P_1 - Q = 0$, $Q = 6P_1$.

(Die Seilkräfte sind vereinfachend alle genau vertikal angenommen.)

Abb. 144 zeigt dieses Verfahren für die Bestimmung der Kräfte, die an den einzelnen Teilen einer Wage auftreten.

Die Wage ist belastet durch die vier äußeren Kräfte

G_1 Gewicht auf der Wagschale,

G_2 Last auf der Wageplatte *4*,

P_1 Stützdruck am Wagebalken *1*,

P_2 Stützdruck an dem Hebel *5*.

Für die äußeren vier Kräfte gilt:

$$-G_1 - G_2 + P_1 + P_2 = 0\,,$$
$$-G_1 \cdot (a + b + e) + P_1(b + e) - G_2(f + d) = 0\,. \quad \text{(Drehpunkt } A.)$$

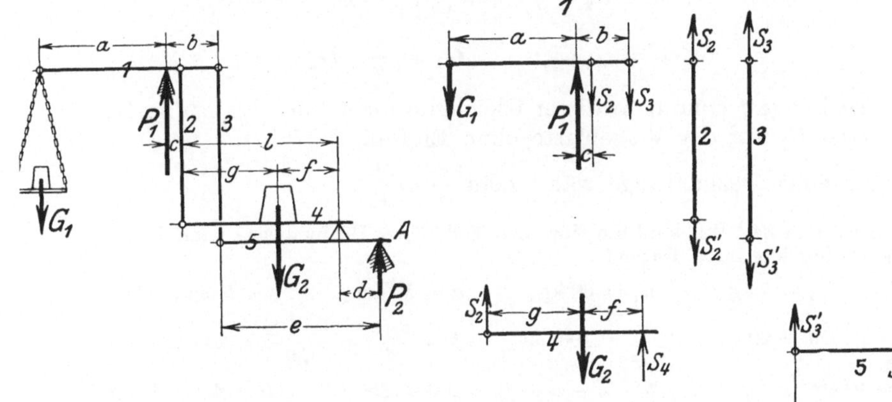

Abb. 144. Gleichgewicht an einer Wage. — Äußere Kräfte G_1, P_1, G_2 und P_2 — innere Kräfte S_2, S_2', S_3, S_3', S_4, S_4'.

Für die inneren Kräfte gilt:

Am Wagebalken *1*	1.	$-G_1 + P_1 - S_2 - S_3 = 0\,,$
	2.	$-G_1 \cdot a + S_2 \cdot c + S_3 \cdot b = 0\,.$
An der Stange *2*	3.	$+S_2 - S_2' = 0\,.$
An der Stange *3*	4.	$+S_3 - S_3' = 0\,.$
An der Wageplatte *4*	5.	$+S_2' \cdot (g + f) - G_2 \cdot f = 0\,,$
	6.	$+S_2' + S_4 - G_2 = 0\,.$
An dem Hebel *5*	7.	$+S_3' \cdot e - S_4' \cdot d = 0\,,$
	8.	$+S_3' + P_2 - S_4' = 0\,.$

Aus Gleichung 5. berechnet sich S_2' bzw. S_2 mit

$$S_2' = \frac{G_2 \cdot f}{(g + f)} = G_2 \cdot \frac{f}{l}\,.$$

Aus Gleichung 3. folgt $\qquad S_2 = G_2 \cdot \dfrac{f}{l}\,.$

Mit Gleichung 6. folgt dann $S_4 = \dfrac{G_2(l - f)}{l}\,.$

Aus Gleichung 4. und 7. folgt $S_3 = S_3' = S_4 \dfrac{d}{e} = \dfrac{G_2 \cdot (l - f)}{l} \cdot \dfrac{d}{e}\,.$

Das Einsetzen der zwei Werte für S_2 und S_3 in Gleichung 2. ergibt

$$-G_1 \cdot a + \left(G_2 \cdot \frac{f}{l}\right) \cdot c + \left(G_2 \frac{(l-f)}{l} \cdot \frac{d}{e}\right) b = 0 \, .$$

Wählt man ein Hebelverhältnis

$$\frac{d}{e} = \frac{c}{b} \, , \qquad \text{d. i.} \qquad \frac{d \cdot b}{e} = c \, ,$$

so folgt

$$-G_1 \cdot a + G_2 \cdot \frac{c \cdot f}{l} + G_2 \frac{(l-f) \cdot c}{l} = 0 \, ,$$

$$-G_1 \cdot a + G_2 \cdot \frac{c \cdot f}{l} + G_2 \frac{l \cdot c}{l} - G_2 \frac{f \cdot c}{l} = 0 \, ,$$

$$G_1 \cdot a = G_2 \cdot c \, , \qquad \boldsymbol{G_1 = \frac{c}{a} \cdot G_2} \, .$$

Die Länge f kommt in dieser Gleichung nicht vor. Es ist die Lage der Last G_2 auf der Wageplatte ohne Einfluß.

Bei einer Dezimalwage wählt man $\dfrac{c}{a} = \dfrac{1}{10}$.

Beispiel 84. Wie sind die einzelnen Teile einer Dezimalwage nach Abb. 144 belastet bei folgenden Daten?

$$G_1 = 6 \,\text{kg} \, , \qquad G_2 = 60 \,\text{kg} \, . \qquad a = 50 \,\text{cm} \, , \qquad c = 5 \,\text{cm} \, ,$$

$$d = 20 \,\text{cm} \, , \qquad e = 100 \,\text{cm} \, , \qquad b = \frac{c \cdot e}{d} = \frac{5 \cdot 100}{20} = 25 \,\text{cm} \, .$$

$$f = 40 \,\text{cm} \, , \qquad g = (l + b - c - d - f) = 100 + 25 - 5 - 20 - 40 = 60 \,\text{cm} \, .$$

$$\text{Nach 5.} \quad S_2 \cdot 100 - 60 \cdot 40 = 0 \, , \qquad S_2 = 24 \,\text{kg} \, .$$

$$\text{Nach 6.} \quad 24 + S_4 - 60 = 0 \, , \qquad S_4 = 36 \,\text{kg} \, .$$

$$\text{Nach 7.} \quad S_3 \cdot 100 - 36 \cdot 20 = 0 \, , \qquad S_3 = 7{,}2 \,\text{kg} \, .$$

Gleichung 2. ergibt dann

$$6 \cdot 50 = 24 \cdot 5 + 7{,}2 \cdot 25 \, ,$$

$$300 = 120 + 180 \, ,$$

$$300 = 300 \, .$$

Für die rechnerische Bestimmung der Kräfte in den einzelnen Stäben eines ebenen Fachwerkes wendet man die Rittersche Methode an. Man ermittelt zunächst alle äußeren Kräfte, welche das Fachwerk als Ganzes im Gleichgewicht halten. Dann schneidet man von dem Fachwerk einzelne Teile ab und stellt für sie nach dem Satz vom statischen Moment die Gleichgewichtsbedingungen auf. Es werden beim Durchschneiden die inneren Kräfte, die durch die einzelnen Stäbe von Knotenpunkt zu Knotenpunkt übertragen werden, um die Wirkung der einen äußeren Kraft zur anderen zu leiten, freigelegt. Auf der Schnittfläche muß eine Kraft angreifen, die gleich der vorher vom Stabe übertragenen inneren Kraft ist. Man gewinnt also mit dem Durchschneiden die Möglichkeit einer Bestimmung der Stabkräfte.

Da die drei Gleichgewichtsbedingungen nicht mehr als drei Stücke bestimmen lassen, müssen die Schnitte so gelegt werden, daß allerhöchstens drei Stäbe geschnitten werden. — Man muß ferner die vereinfachende Annahme machen, daß die Stäbe in den Knotenpunkten gelenkartig gehalten werden, d. h. daß die Stabkräfte in die Stangenrichtungen fallen. — Die Drehpunkte wird man möglichst so wählen, daß man stets nur eine unbekannte Stabkraft in jeder Momentgleichung hat.

Der Ausleger nach Abb. 145 ist belastet durch die an seinem Ende hängende Last Q. Er wird gestützt durch ein Traglager in der Ecke A und ein Trag- und Stützlager, deren gemeinschaftlicher Mittelpunkt vereinfachend in B angenommen ist. In Wirklichkeit erfolgt die obere Stützung über dem Knotenpunkt A und die untere Stützung unterhalb des Knotenpunktes B.

Die äußeren Kräfte, die Stützkräfte P_1, P_2 und P_3 berechnen sich aus

$$-Q + P_3 = 0,$$
$$-P_2 + P_1 = 0,$$
$$-Q \cdot l + P_1 \cdot h = 0.$$

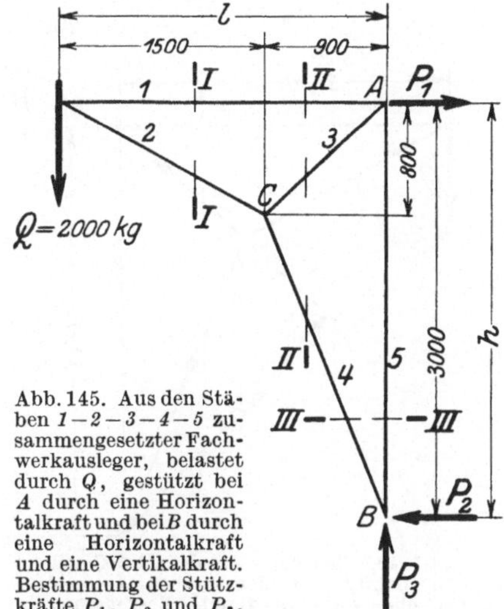

Abb. 145. Aus den Stäben $1-2-3-4-5$ zusammengesetzter Fachwerkausleger, belastet durch Q, gestützt bei A durch eine Horizontalkraft und bei B durch eine Horizontalkraft und eine Vertikalkraft. Bestimmung der Stützkräfte P_1, P_2 und P_3.

Mit den Zahlendaten der Abb. 145 folgt

$$P_3 = Q = 2000\ \text{kg}, \qquad P_2 = P_1, \qquad P_1 = \frac{2000 \cdot 2400}{3000} = 1600\ \text{kg}.$$

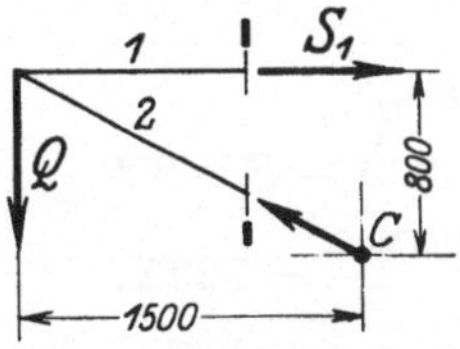

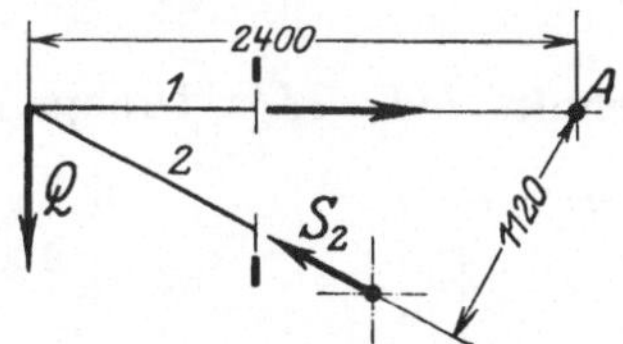

Abb. 146. Gleichgewicht der Last Q mit den Kräften in Stab 1 und Stab 2. Bestimmung der Kraft im Stabe 1 unter Annahme des Drehpunktes C.

Abb. 147. Gleichgewicht der Last Q mit den Kräften in Stab 1 und Stab 2. Bestimmung der Kraft im Stabe 2 unter Annahme des Drehpunktes A.

Der Schnitt $I-I$ legt die Kräfte der Stäbe 1 und 2 frei. Drehpunkt C (Abb. 146).

$$S_1 \cdot 800 - Q \cdot 1500 = 0,$$
$$S_1 = \frac{Q \cdot 1500}{800} = \frac{2000 \cdot 1500}{800} = 3750.$$

Drehpunkt A (Abb. 147).

$$-Q \cdot 2400 + S_2 \cdot 1120 = 0, \qquad S_2 = \frac{2000 \cdot 2400}{1120} = 4300.$$

Der Schnitt $II-II$ legt die Kräfte der Stäbe 3, 4 und 1 frei (S_1 ist bereits bestimmt).

Drehpunkt B (Abb. 148).

$$-Q \cdot 2400 - S_1 \cdot 3000 + S_3 \cdot 2200 = 0,$$

$$S_3 = \frac{-3750 \cdot 3000 + 2000 \cdot 2400}{2200} = -2900 \text{ kg}.$$

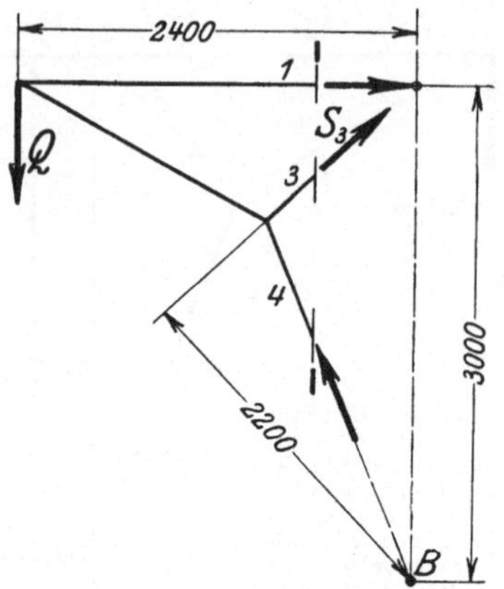

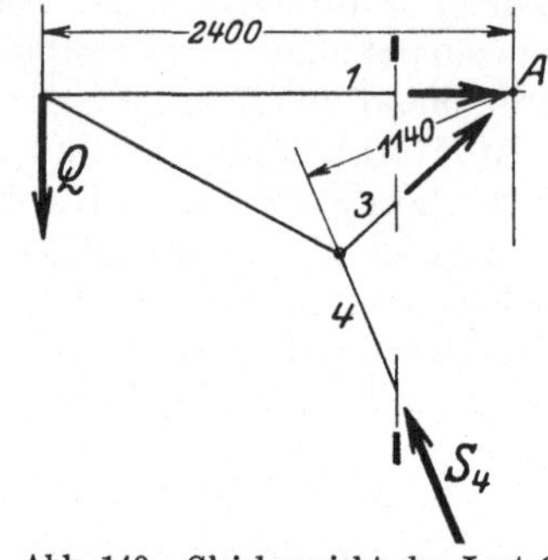

(S_3 wirkt nicht in der eingetragenen Richtung, sondern in umgekehrter Richtung.)

Abb. 148. Gleichgewicht der Last Q mit den Kräften in den Stäben $1-3-4$ (S_1 schon vorher bestimmt). Bestimmung der Kraft im Stabe 3 unter Annahme des Drehpunktes B.

Abb. 149. Gleichgewicht der Last Q mit den Kräften in den Stäben $1-3-4$ (S_1 schon vorher bestimmt). Bestimmung der Kraft im Stabe 4 unter Annahme des Drehpunktes A.

Drehpunkt A (Abb. 149). $-Q \cdot 2400 + S_4 \cdot 1140 = 0,$

$$S_4 = \frac{2000 \cdot 2400}{1140} = 4250.$$

Schnitt $III-III$. Drehpunkt C (Abb. 150).

$$+P_2 \cdot 2200 - P_3 \cdot 900 - S_5 \cdot 900 = 0,$$

$$S_5 = \frac{1600 \cdot 2200 - 2000 \cdot 900}{900} = \mathbf{1900}.$$

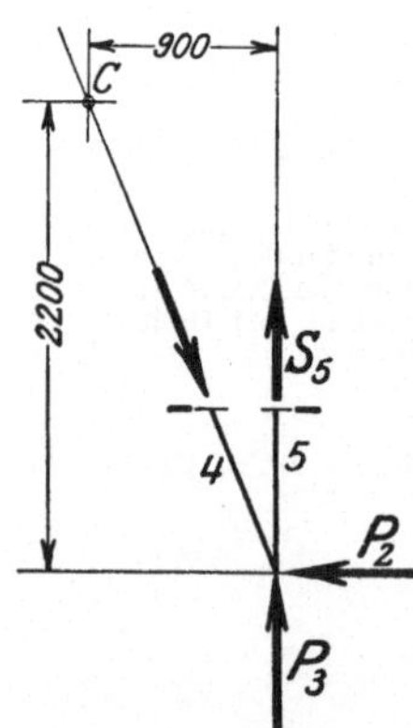

Abb. 150. Gleichgewicht der Stützkräfte P_2 und P_3 mit den Kräften im Stab 4 und Stab 5.

Die zeichnerische Bestimmung der Stabkräfte eines ebenen Fachwerkes nach Cremona ist nichts anderes als eine auf dem Parallelogrammgesetz aufgebaute Zerlegung der äußeren Kräfte nach den einzelnen Stabrichtungen für die einzelnen Knotenpunkte.

Die im Knotenpunkte 1 (Abb. 151) angreifenden Kräfte Q, S_1 und S_2 bilden den Kräfteplan I. In ihm bestimmen sich S_1 und S_2. Entnimmt man ihm die Größe S_2 für den Kräfteplan II der im Knotenpunkte 2 angreifenden Kräfte, so bestimmen sich daraus die Größen S_3 und S_4. Der Kräfteplan III für die im Knotenpunkte 3 angreifenden Kräfte ergibt die Größe der Kräfte A und S_5. Das Einführen von S_4 und S_5 in den Kräfteplan IV für den Knotenpunkt 4 ergibt endlich die Bestimmung der zwei Kräfte B und C.

Die einzelnen Kräftepläne $I-IV$ lassen sich aneinanderreihen, wie Abb. 151 links unten zeigt. Man verwendet die in I gewonnene Länge für S_1 und S_2, um daran S_4 und S_3 anzuschließen usw.

Bei der Aneinanderreihung der Kräfte hat man darauf zu achten, daß man dieselben an allen Knotenpunkten in gleicher Reihenfolge verwendet. Ist man um den Knotenpunkt 1 im Uhrzeigersinne herumgegangen $(Q-S_1-S_2)$, so muß man auch im Knotenpunkt 2 in diesem Sinne vorgehen und in der Reihenfolge S_2, S_3, S_4 aneinanderreihen.

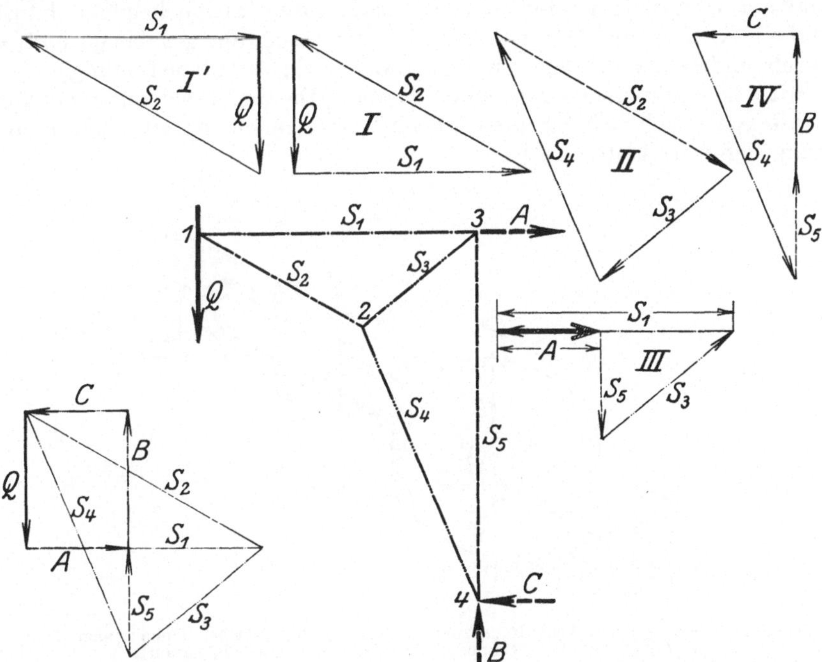

Abb. 151. Zeichnerische Bestimmung der Stabkräfte eines Auslegers (Cremonascher Kräfteplan).

So schließt sich in der Abb. 151 unten links die Summe der Figuren $I-IV$ so zusammen, daß jede Kraft nur einmal verzeichnet ist. Im übrigen ist es für die Bestimmung von S_1 und S_2 vollkommen gleichgültig, ob man die in I gewählte Reihenfolge oder die in I' angenommene benutzt.

Die gesamten äußeren Kräfte, die das System als Ganzes im Gleichgewicht halten, stellen im Cremonaschen Kräfteplan eine für sich geschlossene Figur, einen geschlossenen Kräfteplan, dar. Sie halten sich untereinander das Gleichgewicht, wie das Rechteck aus den Kräften $Q-A-B-C$ in Abb. 151 links unten zeigt.

4. Gleichgewicht von Kräften im Raum.

Für die Herstellung des Gleichgewichtes im Raume liegender Kräfte lassen sich ähnliche Gleichgewichtsbedingungen aufstellen, wie auf S. 92 für die in einer Ebene wirkenden Kräfte abgeleitet ist.

Übersichtlicher wird die Rechnung, wenn man anders verfährt, wenn man durch Hinzufügung von sich gegenseitig aufhebenden Hilfskräften die gegebenen Kräfte so ergänzt, daß die Sätze vom Gleichgewicht in einer Ebene liegender Kräfte und der Satz von der Verlegbarkeit eines Kräftepaares in eine Parallelebene angewendet werden können.

Wie bei Abb. 87 erklärt ist, läßt sich eine beliebig im Raum liegende Kraft durch Hinzufügung zweier sich gegenseitig aufhebender Hilfskräfte verwandeln in eine in einer bestimmten Ebene liegende Kraft und ein Kräftepaar. Man hat es also in der Hand, alle gegebenen Kräfte durch andere zu ersetzen, welche die Gleichgewichtsbedingungen für Kräfte in einer Ebene anwenden lassen. Da die dabei entstehenden Kräftepaare sich beliebig verschieben lassen, macht deren Vereinigung keine Schwierigkeiten.

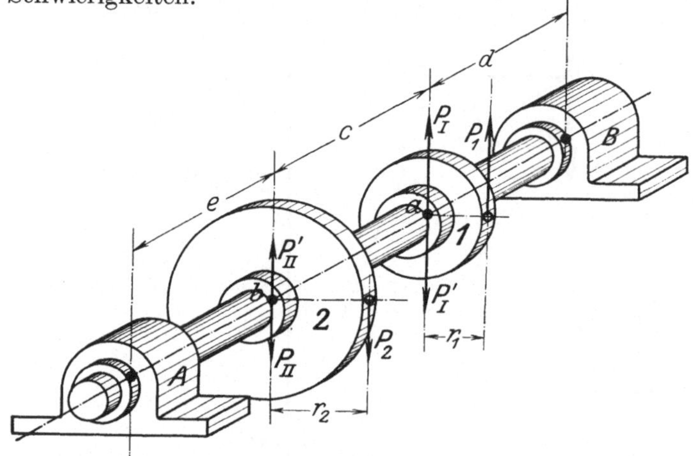

Abb. 152. Belastung einer Welle durch zwei am Umfange der Scheiben *1* und *2* angreifende Kräfte P_1 und P_2. Gegebene Kraft P_1. — P_1 und P_2 parallel.

Abb. 152 zeigt einen vorbildlichen Fall. Die Welle trägt zwei Scheiben, die durch die Einzelkräfte P_1 und P_2 belastet sind. Die Welle ist gestützt in den beiden Lagern A und B. P_1 ist gegeben, P_2 und die Kräfte in A und B gesucht. In der Ebene der Scheibe *1* werden zwei Hilfskräfte P_I und P_I' hinzugefügt. $P_\mathrm{I} = P_\mathrm{I}' = P_1$. P_I' bildet mit der gegebenen Kraft P_1 das Kräftepaar $P_1 \cdot r_1$, die übrigbleibende Kraft P_I hat ihren Angriffspunkt bei a, das ist in der Mitte der Welle. Sie liegt also in einer die Wellenmittellinie enthaltenden Ebene. Demgemäß wird sie sich durch die Stützkräfte in den Lagern A und B im Gleichgewicht halten lassen.

In der Ebene der Scheibe *2* sind die Hilfskräfte P_II und P_II' hinzugefügt. P_II' bildet mit der gegebenen Kraft P_2 das Kräftepaar $P_2 \cdot r_2$. Die übrigbleibende Kraft P_II hat ihren Angriffspunkt bei b, das ist in der Mitte der Welle, sie liegt also auch in einer die Wellenmittellinie enthaltenden Ebene und wird sich demgemäß durch die Stützkräfte in den Lagern ins Gleichgewicht bringen lassen.

Die Kräftepaare $P_1 \cdot r_1$ und $P_2 \cdot r_2$ sind im Gleichgewicht, sobald $-P_1 \cdot r_1 + P_2 \cdot r_2 = 0$ ist (Abb. 153).

Es bestimmt sich also P_2 mit $P_1 \cdot r_1/r_2$. Die zwei Kräfte P_I und P_II, die beide vertikal durch die Wellenmitte gehen, liegen in der gleichen durch die Wellenmittellinie gehenden Ebene. Sie befinden sich im Gleichgewicht mit den Stützkräften A und B (Abb. 154).

Beispiel 85. Es sind die Stützdrucke A und B an einer Vorgelegewelle nach Abb. 152 zu berechnen.

Durchmesser des kleinen Rades

$$d_1 = 380 \text{ mm},$$

Durchmesser des großen Rades

$$d_2 = 600 \text{ mm}.$$

$$e = 500 \text{ mm}, \qquad c = 550 \text{ mm},$$
$$d = 520 \text{ mm}.$$

Die übertragene Leistung beträgt bei $n = 120$ Umdrehungen 40 PS. Die Zahnraddrucke liegen beide vertikal, der größere Druck ist von unten nach oben gerichtet.

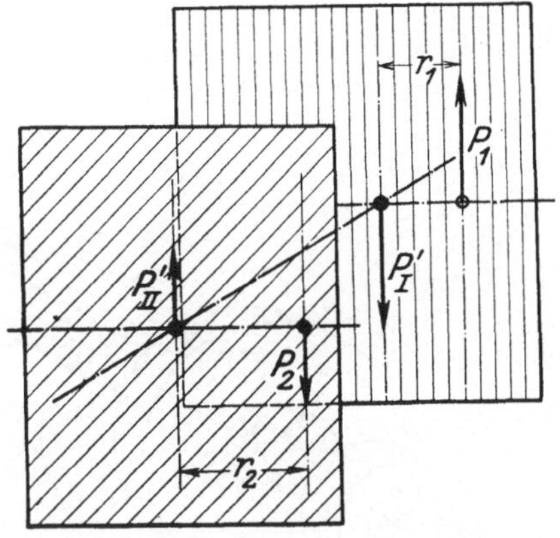

Abb. 153. Gleichgewicht der zwei Kräftepaare $P_1 - P'_\mathrm{I}$ und $P_2 - P'_\mathrm{II}$ der Belastung nach Abb. 152.

Die Umfangskraft P_1 am kleinen Rad bestimmt sich aus Gleichung (32)

$$M_d = \frac{N}{n} \cdot 71\,620 = P_1 \cdot r_1, \qquad P_1 = \frac{40 \cdot 71\,620}{120 \cdot 19} = 1260 \text{ kg}.$$

Die Umfangskraft P_2 am großen Rade ist

$$P_2 = \frac{P_1 \cdot r_1}{r_2} = \frac{1260 \cdot 19}{30} = 800 \text{ kg}.$$

Die Hilfskräfte P'_I und P'_II haben die Größen 1260 und 800 kg. Nach Abb. 154 wird damit die Gleichgewichtsbedingung für die Stützdrucke A und B

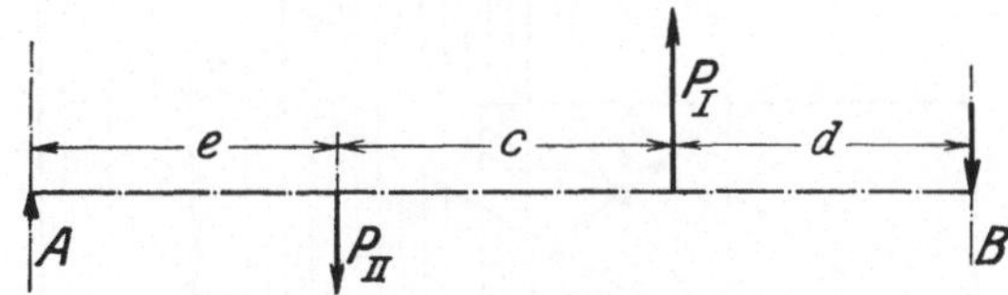

Abb. 154. Gleichgewicht der zwei Einzelkräfte P_II und P_I der Abb. 152 mit den Stützkräften A und B.

$$A(e + c + d) - P_\mathrm{II}(c + d) + P_\mathrm{I} \cdot d = 0,$$
$$A(50 + 55 + 52) - 800(55 + 52) + 1260 \cdot 52 = 0,$$
$$A = \frac{-65\,520 + 85\,600}{157} = \frac{20\,080}{157} = 128 \text{ kg},$$
$$A - P_\mathrm{II} + P^\mathrm{I} - B = 0,$$
$$128 - 800 + 1260 - B = 0,$$
$$B = 588 \text{ kg}.$$

Abb. 155 zeigt eine ähnliche Wellenbelastung, bei welcher jedoch P_1 und P_2 verschiedene Richtung haben und demzufolge die zwei Hilfskräfte P_I und P_{II} nicht in die gleiche (durch die Wellenmittellinie gelegte) Ebene fallen.

Für das Gleichgewicht der Kräftepaare gilt (Abb. 156)

$$+ P_1 \cdot r_1 - P_2 \cdot r_2 = 0 \,.$$

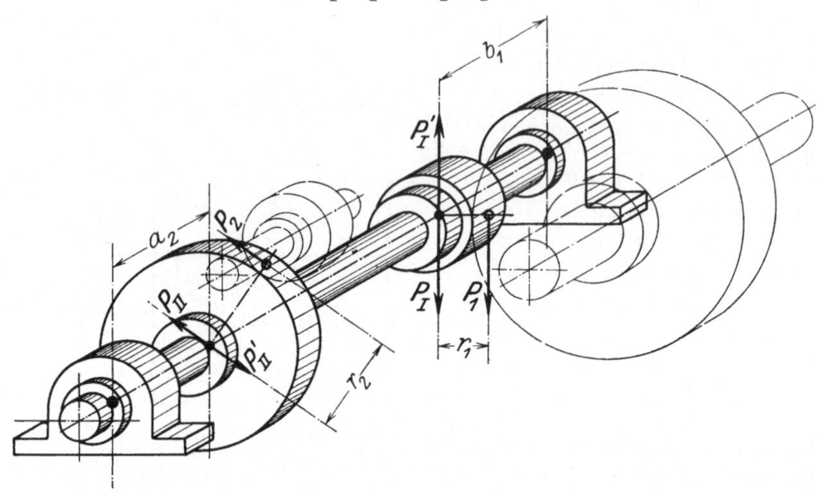

Abb. 155. Belastung einer Welle durch zwei am Umfange zweier Scheiben angreifende Kräfte P_1 und P_2. Gegebene Kraft: P_1. P_1 und P_2 nicht parallel.

Das Gleichgewicht in der die Kraft P_I enthaltenden Ebene wird bestimmt (Abb. 157) aus

$$+ A_1 \cdot (a_1 + b_1) - P_I \cdot b_1 = 0 \quad \text{und} \quad A_1 + B_1 - P_I = 0 \,.$$

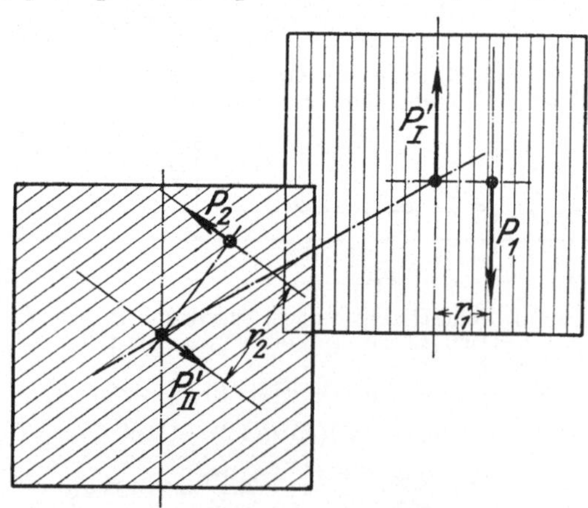

Abb. 156. Gleichgewicht der zwei Kräftepaare $P_1 - P_I'$ und $P_2 - P_{II}'$ der Belastung nach Abb. 155.

Das Gleichgewicht in der die Kraft P_{II} enthaltenden Ebene wird bestimmt (Abb. 158) aus

$$+ A_2 (a_2 + b_2) - P_{II} \cdot b_2 = 0 \quad \text{und} \quad A_2 + B_2 - P_{II} = 0 \,.$$

Die Vereinigung der zwei Kräfte A_1 und A_2 und B_1 und B_2 erfolgt, wie Abb. 159 zeigt, in den senkrecht zur Wellenachse gelegten Ebenen a und b.

Da die Gleichung

$$P_1 \cdot r_1 - P_2 \cdot r_2 = 0$$

ohne die genaue, oben gegebene Erklärung der Kräftepaare $P_1\,P_1'$ und $P_2\,P_{II}'$ und ohne die Stützdruckzeichnungen nach Abb. 157 und 158 aus dem Satz vom statischen Moment der Kräfte folgt, wird man einfacher arbeiten.

Man bestimmt P_2 aus

$$P_2 = P_1 \cdot r_1/r_2 .$$

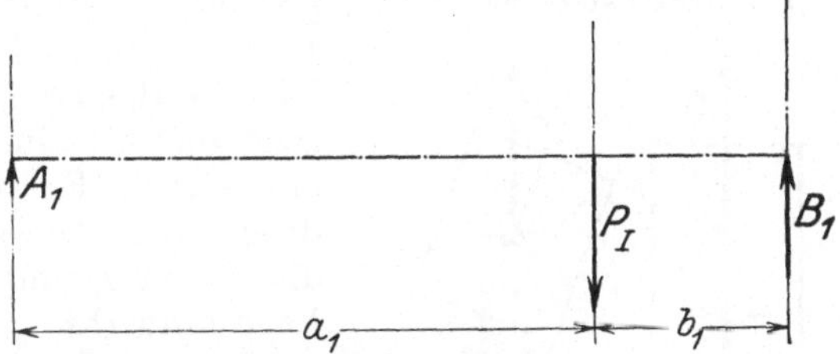

Abb. 157. Gleichgewicht der Einzelkraft P_I der Abb. 155 mit den Stützkräften A_1 und B_1.

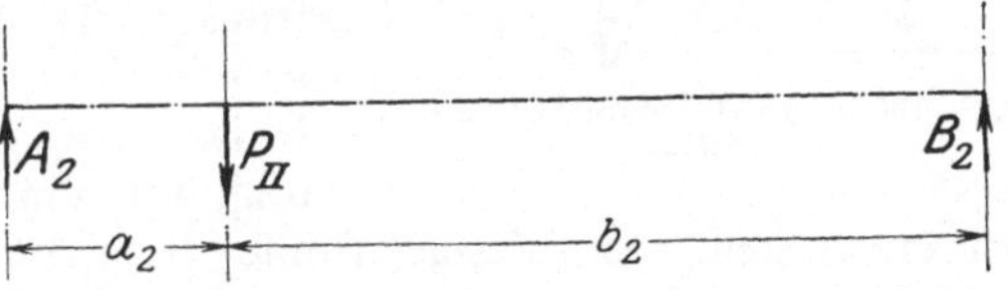

Abb. 158. Gleichgewicht der Einzelkraft P_{II} mit den Stützkräften A_2 und B_1.

Dann denkt man sich die Umfangskräfte in die Wellenmitte verlegt und berechnet für sie A_1, B_1 und A_2, B_2.

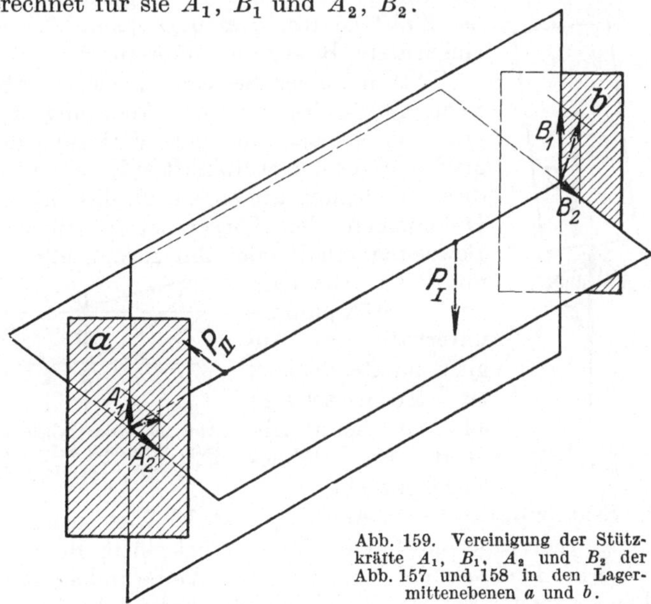

Abb. 159. Vereinigung der Stützkräfte A_1, B_1, A_2 und B_2 der Abb. 157 und 158 in den Lagermittenebenen a und b.

5. Standsicherheit vom Körper.

Man unterscheidet drei Gleichgewichtslagen. Die stabile, die labile und die indifferente Gleichgewichtslage.

Beim stabilen Gleichgewicht erzeugt eine Änderung der ursprünglichen Lage der Last ein Drehmoment, das im Sinne einer Wiederherstellung der alten Lage wirkt. Abb. 160 zeigt einen im stabilen Gleichgewicht befindlichen Körper. Der Stützpunkt P und das Gewicht G halten sich das Gleichgewicht. Der Angriffspunkt der Stützkraft liegt oberhalb des Angriffspunktes des Gewichtes, das ist des Schwerpunktes. Abb. 161 zeigt das bei einer Änderung der Körperlage auftretende Kräftepaar gebildet aus Stützdruck und Gewicht, dessen Drehsinn auf die Rückführung des Gewichtes in die alte Lage hinwirkt.

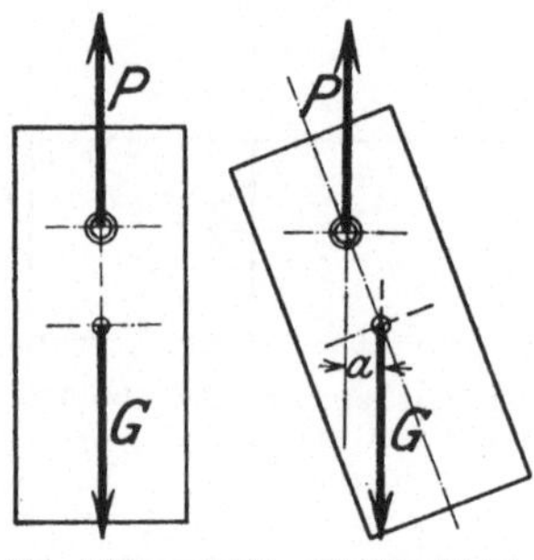
Abb. 160. und 161. Stabile Gleichgewichtslage.

Beim labilen Gleichgewicht entsteht bei einer Änderung der Gleichgewichtslage ein Kräftepaar, das bestrebt ist, die Bewegung, der es sein Entstehen verdankt, fortzusetzen. Es bedarf also nur der Einleitung der Bewegung, um ein Weiterdrehen des Körpers zu erzwingen. In diesem Sinne bezeichnet man die labile Gleichgewichtslage als unsichere Gleichgewichtslage.

Abb. 162 zeigt einen im labilen Gleichgewicht befindlichen Körper. Der Angriffspunkt der Stützkraft liegt unterhalb des Angriffspunktes des Gewichtes. Abb. 163 zeigt das Auftreten des Kräftepaares, dessen Drehsinn die einmal eingeleitete Bewegung unterstützt.

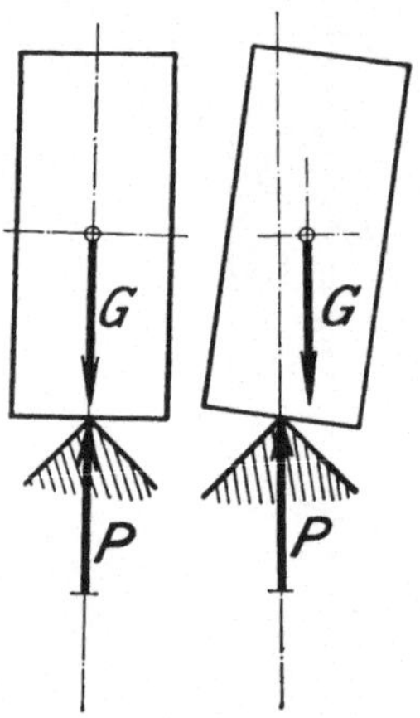

Tritt bei einer Bewegung, wie sie Abb. 164 zeigt, gleichzeitig mit der Änderung des Angriffspunktes der Last eine Verlegung des Angriffspunktes der Stützkraft auf, so wird es von dieser Verlegung abhängen, ob das entstehende Drehmoment den Körper bei der eingeleiteten Bewegung erhält oder ihn zurückzudrehen bemüht ist. Die Lage des Stützpunktes unterhalb des Angriffspunktes der Last ist keineswegs allein kennzeichnend für labiles Gleichgewicht.

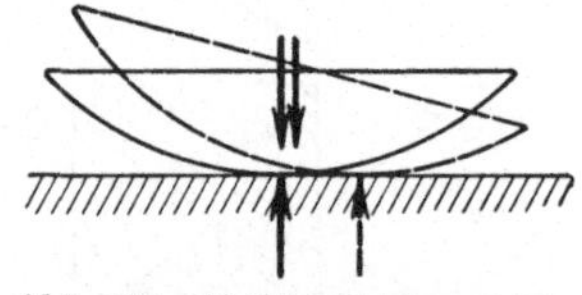
Abb. 164. Stabile Gleichgewichtslage. Verlegung des Stützpunktes bei einer Lageänderung des Körpers.

Abb. 162 und 163. Labile Gleichgewichtslage.

Fällt der Stützpunkt mit dem Angriffspunkt der Last zusammen, so ist die Gleichgewichtslage indifferent. Es tritt bei einem Bewegen des Körpers keinerlei Drehmoment auf, das ein Weiterdrehen oder ein Zurückdrehen erzwingen könnte. Es fallen vielmehr Stützkraft und Last in jedem Falle in eine gerade Linie und heben sich auf.

Abb. 165 zeigt einen im indifferenten Gleichgewicht befindlichen Körper. Abb. 166 kennzeichnet das Gleichgewicht bei einer anderen Lage des Körpers.

Den Einfluß der Verlegung des Stützpunktes kennzeichnet Abb. 167. Um den Körper K zu kippen, bedarf es der Drehmomente von der

Größe $P \cdot r_1 = G \cdot a_1$ oder $P_2 \cdot r_2 = G \cdot a_2$. Vor dem Auftreten der kippenden Last P halten sich Gewicht und Stützkraft das Gleichgewicht, indem die Stützkraft in die gleiche Linie wie das Gewicht fällt. Beim Auftreten von P_1 rückt die Stützkraft nach links, bis das Gleichgewicht $G_1 \cdot a_1 = P_1 \cdot r_1$ erreicht ist und der Körper sich zu bewegen beginnt. Nach dieser Gleichgewichtsbedingung berechnet man die Standsicherheit eines Körpers.

Unter dynamischer Standsicherheit versteht man die Arbeit $A = G \cdot h$, welche aufzuwenden ist, um einen Körper in die labile Gleichgewichtslage überzuführen. Es ist der Ausdruck unrichtig gewählt. Es handelt sich nicht um eine dynamische Wirkung der Kraft im Sinne der Lehre von den Bewegungsänderungen.

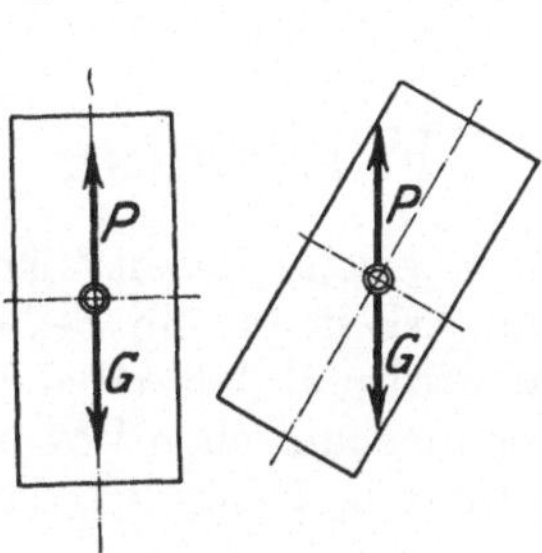

Abb. 165 und 166. Indifferente Gleichgewichtslage.

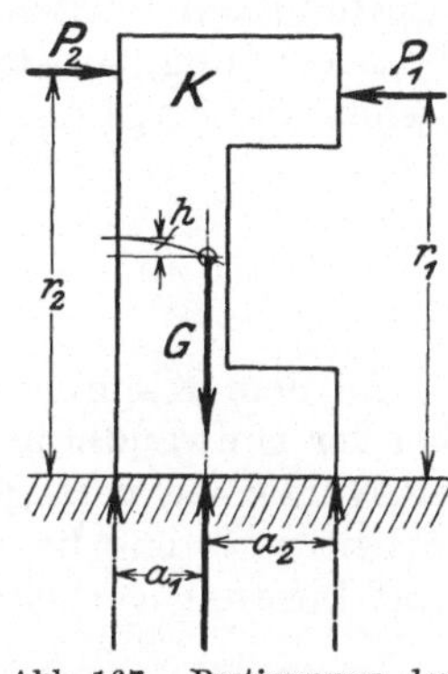

Abb. 167. Bestimmung der zum Kippen eines Körpers aufzuwendenden Arbeit. Dynamische Standsicherheit.

Man mißt die dynamische Standsicherheit in mkg.

6. Vereinfachungen an Gleichgewichtsaufgaben.

Die Aufstellung der Gleichgewichtsbedingungen verlangt vielfach vereinfachende Annahmen über die Art der Kraftaufnahme an den Stützstellen des Körpers. Die Gleichgewichtsbedingungen geben nur die Möglichkeit, drei Stücke zu bestimmen. Ist ein Körper nicht in scharf festgelegten Punkten gestützt, erfolgt vielmehr seine Stützung in einer breiten Fläche, so ist zunächst einmal bei jeder Stützfläche die Lage der Stützkraft unbekannt. Schon bei einer Stützung in zwei Flächen entfallen also zwei der vorhandenen Gleichgewichtsbedingungen für die Bestimmung allein der Lagen. Bei einer Auflage des Körpers an drei Flächen also könnten überhaupt nur die Lagen bestimmt werden. Demzufolge muß man vielfach vereinfachen, um zum Ziele zu kommen.

Die Aufgabe der Gleichgewichtsbestimmung für einen Körper nach Abb. 168 wird durch Annahme über die Stützpunkt-

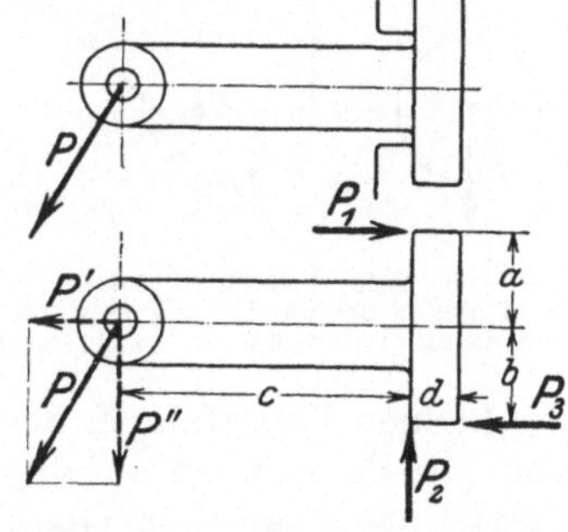

Abb. 168. Vereinfachung an Gleichgewichtsaufgaben.

lagen lösbar. Man nimmt an, die Stützung erfolgt in den äußersten Ecken. Damit entfallen die drei unbekannten Lagen, und es bleiben nur die drei Kräftegrößen als Unbekannte übrig.

Inwieweit es berechtigt ist, diese Vereinfachung vorzunehmen, muß von Fall zu Fall entschieden werden. Man kann geneigt sein, die Angriffspunkte der Kräfte nach den Mitten der Stützflächen zu verlegen. Muß man das Resultat der Gleichgewichtsbedingungen für eine Festigkeitsrechnung verwerten, und schließlich ist die Feststellung der Stützkräfte in den meisten Fällen nur der Auftakt zur Aufstellung der Festigkeitsrechnung, so wird man in jedem Falle diejenige Art der Stützung, welche die ungünstigste Beanspruchung des Körpers ergibt, wählen.

F. Reibung.

In dem Kapitel „mechanische Arbeit" ist darauf hingewiesen, daß bei der Umwandlung von Arbeit nur ein Teil der aufgewendeten Arbeit als Nutzarbeit verfügbar wird und daß dabei ein Teil der aufgewendeten Arbeit verlorengeht. Die mechanischen Vorgänge, welche diese Arbeits- und Leistungsverluste erklären, behandelt das Kapitel: Reibung.

1. Gleitende Reibung.

Die Nutzarbeit ist gleich Kraft mal Weg in der Kraftrichtung. $A = P \cdot s$. — Weg in der Kraftrichtung ist eine relative Weglänge, d. h. die auf die Kraftrichtung bezogene Weglänge. Die Verluste sind abhängig von der absoluten Weglänge, der Güte des Weges und der Belastung der Wegbahn.

Bei einem Heben des Gewichtes G (Abb. 169 links) mit der Hand von A nach B wird man kaum mehr als die Nutzarbeit $A = G \cdot h$ auf-

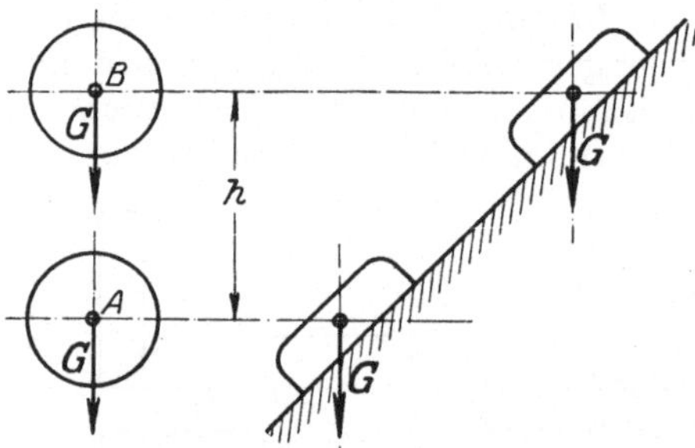

wenden müssen. Der Wirkungsgrad wird verhältnismäßig hoch sein. Dagegen wird bei einem Heraufschieben des Gewichtes G (Abb. 169 rechts) an der schiefen Ebene eine wesentlich über $G \cdot h$ hinausgehende Arbeitsaufwendung nötig sein.

Bei der gleitenden Bewegung des Gewichtes an der schiefen Ebene entlang dringt das Gewicht mit den kleinen Vorsprüngen seiner Oberfläche in

Abb. 169. Leisten einer Nutzarbeit — Heben eines Gewichtes G um die Höhe h — durch freies Heben und durch Heraufschieben an einer schiefen Ebene.

die kleinen Vertiefungen der tragenden Oberfläche der schiefen Ebene ein. Die Vorsprünge auf dieser wiederum senken sich in entsprechende Vertiefungen an der Oberfläche des Gewichtes. Das Gewicht muß also beim Verschieben dauernd um kleine Streckenteilchen gehoben werden, damit die Vorsprünge aus den Vertiefungen herauskommen, und diese kleinen Wege werden dann nutzlos durchfallen werden. Oder es muß — nach einer anderen Auffassung der Reibungsvorgänge — jeder einzelne Vorsprung zurückgebogen werden, um dann nutzlos zurückzuschnellen oder überhaupt in der verbogenen Stellung zu verbleiben. In jedem Falle ist für die Bewegung einer Fläche auf einer anderen ein Arbeitsaufwand nötig. Ob derselbe für ein Heben und Fallenlassen oder für ein Umbiegen verbraucht wird, kann dahingestellt bleiben. Vermutlich gehen Vorgänge der einen Art mit Vorgängen der anderen Hand in Hand.

Aus diesen Vorgängen erklärt sich die Ermüdung eines Menschen beim Wandern auf ebener Bahn. Wohl wird keine Nutzarbeit im Sinne der Mechanik geleistet, wenn das Ziel des Weges in gleicher Höhe liegt wie der Ausgangspunkt. Es hat dann der Mensch sein Gewicht um nichts vom Erdmittelpunkte entfernt, d. h. gehoben. Aber das Bewegen der Gelenke, auf denen das Körpergewicht ruht, das dauernde Anspannen der Muskeln und ihr Loslassen, das Heben des Körpers bei jedem einzelnen Schritte und schließlich auch das Auffangen des Körpergewichtes bei jedem Schritte — Gehen ist ein verhindertes Fallen — erfordert Arbeitsaufwendungen, die den Körper ermüden.

Die Vorgänge der Reibung sind sehr verwickelt. Die genaue rechnerische Ermittlung der Reibungsverluste ist äußerst kompliziert, wenn man alle Einzelbedingungen, die dabei eine Rolle spielen, in Ansatz bringen will. Man ist gezwungen, sich mit der Berücksichtigung einer kleinen Zahl der in Betracht kommenden Faktoren zu begnügen, d. h. die Rechnung zu vereinfachen, will man überhaupt zu einem greifbaren und durchsichtigen Resultate kommen.

Bei der Verschiebung eines Körpers auf einem anderen tritt ein Reibungswiderstand W in der Berührungsfläche auf (Abb. 170). Die Größe des Reibungswiderstandes hängt ab:

1. von der Größe des Druckes N, mit dem die sich berührenden Körper gegeneinander gepreßt werden (Der Druck steht senkrecht zu den sich berührenden Flächen.);

2. von der Beschaffenheit der sich berührenden Flächen;

3. von der Größe der sich berührenden Flächen;

4. von der Geschwindigkeit, mit der die Körper aufeinander gleiten.

Man rechnet in der Technik vorwiegend mit den beiden ersten Faktoren allein.

Die Reibungsgleichung lautet:

Der Reibungswiderstand W ist gleich dem Normaldruck (N) zwischen den sich berührenden Flächen mal dem Reibungskoeffizienten.

Der Reibungskoeffizient wird allgemein mit dem griechischen Buchstaben μ (sprich „mü") bezeichnet.

$$W = N \cdot \mu . \tag{51}$$

Beispiel 86. Welchen Widerstand setzt ein mit seinem Gewichte $G = 200$ kg aufliegender Körper einer Verschiebung entgegen, wenn der Reibungskoeffizient $\mu = 0{,}3$ beträgt?

$$W = N \cdot \mu = 200 \cdot 0{,}3 = 60 \text{ kg} .$$

In dem Werte des Reibungskoeffizienten ist in erster Linie der Einfluß der Oberflächenbeschaffenheit in Rechnung gestellt. Bei rauhen Flächen wird man für μ einen hohen Wert wählen, bei polierten Flächen einen kleinen Wert. In zweiter Linie bringt man die unter 3. und 4. angeführten Einflüsse zur Geltung bei der Bemessung von μ. Sind die Berührungsflächen übermäßig groß, so daß eine übergroße Anzahl von Vorsprüngen und Vertiefungen in Wirksamkeit treten, so wird man μ größer einsetzen als bei kleinen Flächen. Bei ganz kleinen Flächen wird naturgemäß μ wieder höher zu wählen sein, da dann die Gefahr eines Eindringens der einen ganzen Fläche in die andere zu befürchten steht. Bei hohen Gleitgeschwindigkeiten wird man einen niedrigeren Wert für μ einsetzen als bei niedrigen. Es finden dann die einzelnen Vorsprünge nicht die Zeit, sich ganz in die Vertiefungen der anderen Fläche zu versenken, und es können die einmal zurückgebogenen Vorsprünge nicht ganz zurückfedern, bevor sie zu einem nochmaligen Zurückgebogenwerden kommen. Es bleibt also ein Teil der für das Zurückbiegen einmal aufgewendeten Arbeit für den zweiten gleichartigen Vorgang aufgespeichert.

Für die zahlenmäßige Bemessung von μ mit Berücksichtigung der verschiedenen Gleitgeschwindigkeiten unterscheidet man der Einfachheit halber nur zwei Fälle: den des Stillstandes und den der Bewegung. Man bezeichnet den Reibungskoeffizienten für den Zustand des Stillstandes als Reibungskoeffizienten der Ruhe und schreibt für ihn den Buchstaben μ_0. Den Reibungskoeffizienten der Bewegung kennzeichnet man durch den Buchstaben μ, $\mu_0 \geqq \mu$. Es fällt der größere Wert μ_0 nicht momentan mit dem Eintreten der Bewegung von μ_0 auf μ; auch ist μ bei verschiedenen Gleitgeschwindigkeiten sehr verschieden groß. Es verlangt jedoch die Vereinfachung der Rechnung in den Mechanikbeispielen die Beschränkung auf nur zwei Werte. Bei den Aufgaben des Maschinenbaues, für welche in jedem einzelnen Falle besondere Angaben über die Größe der berührenden Flächen, die Herstellungsart der Flächen, die Höhe der Gleitgeschwindigkeit gemacht werden können, wird man μ aus kontinuierlich verlaufenden Kurven entnehmen. Im übrigen sind die Vorgänge bei der gleitenden Reibung noch immer nicht so weit geklärt, daß man ein richtiges Resultat für einen außerhalb des Rahmens der normalen Bewegungs- und Belastungsvorgänge liegenden Fall vorausberechnen könnte.

Der Wert des Reibungskoeffizienten der Ruhe ist als Grenzwert aufzufassen. Zieht an einem stillstehenden Körper eine Kraft $P = 20$ kg, wenn der Reibungswiderstand der Ruhe nach der Gleichung $W = N \cdot \mu$ eine Höhe von 30 kg erreichen kann — ($N = 100$ kg; $\mu = 0{,}3$) —, so wird der erreichbare Höchstwert des Reibungswiderstandes nicht zur Geltung kommen. Die Gleichgewichtsbedingungen verlangen $P = N \cdot \mu$. Daraus ergibt sich, daß das Gleichgewicht bereits durch 20 kg Reibungswiderstand, d. h. bereits durch einen Reibungskoeffizienten $\mu = 0{,}2$ erreicht wird. Da der Höchstwert der Reibung (30 kg) den in Anspruch genommenen Reibungswiderstand (20 kg) um 50% übersteigt, würde man in diesem Falle von einer $1^1/_2$ fachen Sicherheit gegen Gleiten sprechen.

Der Reibungswiderstand W ist der Bewegung entgegengesetzt gerichtet bzw. derjenigen Richtung entgegengesetzt, in welcher die auf den Körper wirkenden Kräfte den Körper zu bewegen bestrebt sind. Wirkt auf einen Körper (Abb. 170) eine nach links gerichtete Kraft P_1, so ist der Reibungswiderstand W_1 nach rechts gerichtet anzutragen.

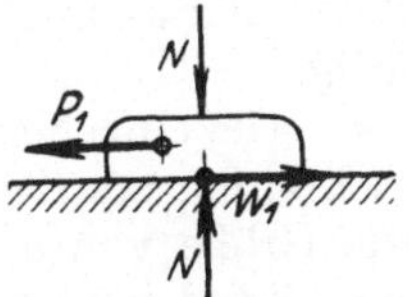

Abb. 170. Kräfte beim Verschieben eines Körpers auf einer ebenen Fläche durch eine Kraft P_1 bei einer Anpressung des Körpers gegen die Unterlage mit der Kraft N.

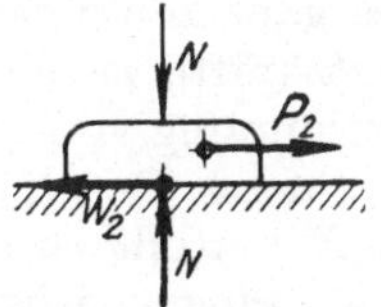

Abb. 171. Kräfte beim Verschieben eines Körpers auf einer ebenen Fläche durch eine Kraft P_2 bei einer Anpressung des Körpers gegen die Unterlage mit der Kraft N.

Steht der Körper unter dem Einflusse der Kraft P_2 (Abb. 171), und will er ihr nachgebend nach rechts ausweichen, so ist der Reibungswiderstand als nach links gerichtet einzutragen.

a) Verschiebung eines Körpers auf einer Ebene.

Stellt man für den nach Abb. 172 durch das Eigengewicht, den Stützdruck, den Reibungswiderstand und die horizontal gerichtete Zugkraft P belasteten Körper die Gleichgewichtsbedingungen auf, so folgt:

1. $G - N = 0$;

2. $P - W = 0$;

3. $W \cdot h - N \cdot a = 0$.

(Drehpunkt A angenommen.)

Bei Benutzung der Reibungsgleichung $W = \mu \cdot N$ lassen sich vier Größen von den in obigen Gleichungen vorkommenden sieben Stücken G, N, P, W, μ, a, h bestimmen.

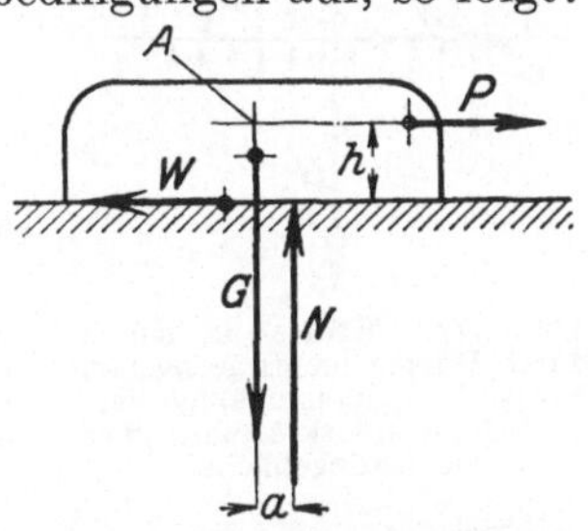

Abb. 172. Bestimmung des Gleichgewichtes an einem durch eine Kraft P nach rechts gezogenen Körper, den sein Gewicht G gegen die Unterlage drückt.

Beispiel 87. Welche Kraft ist erforderlich, um einen Körper von 1000 kg Gewicht auf einer ebenen Fläche zu verschieben, wenn der Reibungskoeffizient $\mu = 0,2$ ist? Wo greift der Stützdruck an, wenn der Angriffspunkt der Kraft um $h = 50$ mm über der Gleitfläche liegt?

$$G - N = 0, \qquad 1000 - N = 0, \qquad \boldsymbol{N = 1000 \text{ kg}},$$

$$W = N \cdot \mu = 1000 \cdot 0,2 = \boldsymbol{200 \text{ kg}},$$

$$P - W = 0, \qquad \boldsymbol{P = 200 \text{ kg}},$$

$$W \cdot h - N \cdot a = 0, \qquad 200 \cdot 5 - 1000 \cdot a = 0, \qquad \boldsymbol{a = 1 \text{ cm}}.$$

In den meisten Fällen legt man auf die Berechnung von a, d. h. auf die Feststellung der Lage von N, keinen Wert. Es handelt sich eigentlich immer nur um die Berechnung der Größe des Reibungswiderstandes und nicht um die Feststellung der Lage des Stützdruckes. Es genügt in diesen Fällen die Anwendung der zweiten Gleichgewichtsbedingung allein. Im übrigen darf nicht übersehen werden, daß die Stützung des Körpers auf der ganzen Fläche durch unendlich viele kleine Stützkräftchen erfolgt und daß die eingetragene Stützkraft N nichts anderes ist als die Resultante derselben. Die rechnerische Verfolgung des ganzen Vorganges macht die Zusammenfassung der vielen kleinen Stützkräfte zu einer Resultanten nötig.

Die Bestimmung von a hat folgenden Wert. Die einzelnen Flächendruckkräfte, deren Resultante N ist, sind gleichmäßig um den Angriffspunkt von N verteilt zu denken. Es gibt die Größe von a, d. h. die Lage von N, einen gewissen Anhalt über die Art der Verteilung der Flächendruckkräfte über die ganze Stützfläche. Bei einer Körperform nach Abb. 173 und einem kleinen Wert a wird die an der äußersten vorderen Kante A auftretende Flächenpressung nicht wesentlich von der an der äußersten hinteren Kante B auftretenden abweichen. Bei einer Belastung des Körpers nach Abb. 174, die einen großen Wert a ergibt, wird die Flächenpressung bei A wesentlich größer sein als die bei B, und es besteht hier die Gefahr eines Fressens der Kante A.

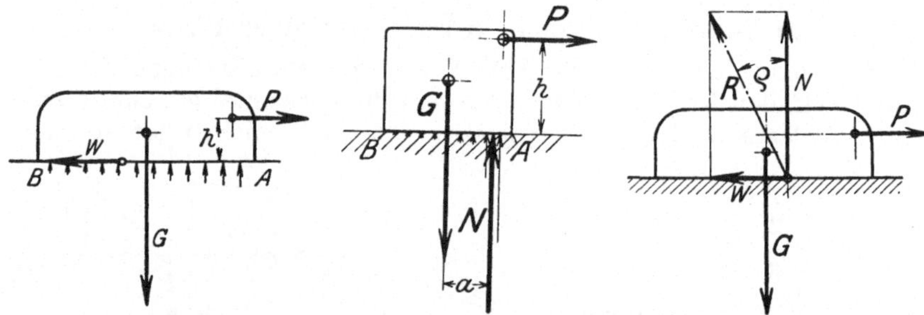

<table>
<tr><td>

Abb. 173. Kräfte an einem durch P nach rechts gezogenen Körper — ungleichmäßige Verteilung der Stützkräftchen über die Auflagefläche.

</td><td>

Abb. 174. Ungleichmäßigkeit der Stützkräfteverteilung bei großem Werte h und demzufolge großem Werte a.

</td><td>

Abb. 175. Zusammensetzung des Stützdruckes N und des Reibungswiderstandes W zur Resultanten R.

</td></tr>
</table>

Für die zeichnerische Behandlung der Reibungsvorgänge faßt man die beiden Kräfte N und W zusammen zu ihrer Resultanten R (Abb. 175)

$$R = \sqrt{W^2 + N^2}. \quad \operatorname{tg}\varrho = W/N.$$

Den Winkel ϱ bezeichnet man als Reibungswinkel. $\operatorname{tg}\varrho$ ist gleich dem Reibungskoeffizienten μ. $W = N \cdot \mu$ und $W = N \cdot \operatorname{tg}\varrho$. Daraus folgt $\operatorname{tg}\varrho = \mu$.

Hat man bei reibungsloser Stützung den Stützdruck senkrecht zu den Stützflächen anzusetzen, so muß bei Berücksichtigung der Reibung die Auftragung unter $\varrho°$ erfolgen. Es kann der Stützdruck um $\varrho°$ von der Normalrichtung abweichen. Dabei liegt die Abweichung um $\varrho°$ gegen die Bewegungsrichtung.

Beispiel 88. Es ist zeichnerisch die in einem festgelegten Punkt angreifende, horizontal gerichtete Zugkraft für die Bewegung eines Körpers zu bestimmen, wenn das Gewicht des Körpers $G = 18$ kg und der Reibungskoeffizient $\mu = 0,45$ beträgt. Der Angriff der Kraft soll in einer Höhe $h = 15$ mm erfolgen (Abb. 176). Der $\operatorname{tg}\varrho = 0,45$ eingesetzt, bestimmt die Richtung des Stützdruckes. Es wirken auf den Körper drei Kräfte: das Gewicht G, die Zugkraft P und der Stützdruck S. Damit diese drei Kräfte im Gleichgewicht sind, müssen sie sich in einem Punkte schneiden. Durch Auftragen nach ihren Richtungen im Maßstabe 1 kg = 1 mm ergibt sich der Kräfteplan, aus dem P mit 8,1 mm = 8,1 kg abgestochen werden kann.

Abb. 177 zeigt den allgemeinen Fall der Belastung eines auf ebener Fläche gleitenden Körpers durch eine beliebig liegende und beliebig gerichtete Kraft P und durch das Gewicht G.

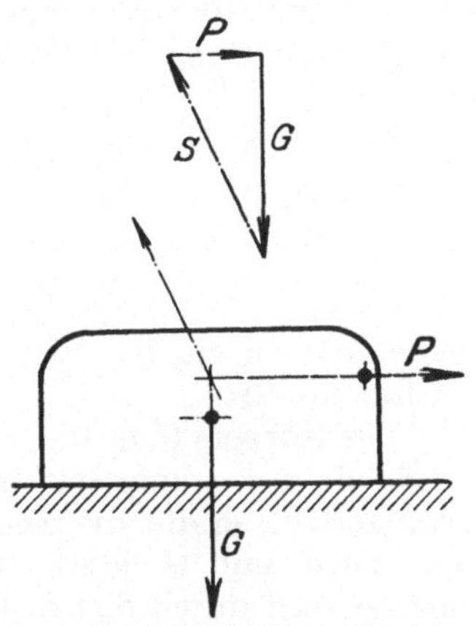

Abb. 176. Zeichnerische Bestimmung der Zugkraft P, die einen durch sein Gewicht G an die Unterlage angepreßten Körper bei gegebenem Reibungskoeffizienten μ verschiebt.

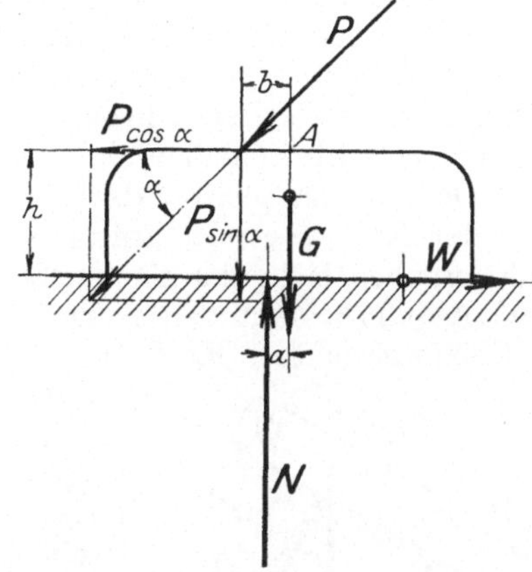

Abb. 177. Gleichgewicht an einem durch die Kraft P und sein Gewicht G belasteten Körper bei Auftreten von Reibung an der Stützfläche.

Für die rechnerische Lösung dieser Aufgaben stehen die drei Gleichgewichtsbedingungen und die Reibungsgleichung, das sind insgesamt vier Gleichungen, zur Verfügung:

1. $G + P \cdot \sin\alpha - N = 0$;
2. $P \cdot \cos\alpha - W = 0$;
3. $-P \cdot \sin\alpha \cdot b - W \cdot h + N \cdot a = 0$
   (Drehpunkt in A);
4. $W = N \cdot \mu$.

Bei einer Ausbildung der Tragfläche nach Abb. 178 als Rinne werden die zwei Stützpunkte N je $G/2 \cdot \cos\alpha$ groß. Damit steigt der Reibungswiderstand für die Verschiebung des Körpers in der Rinne vom Werte

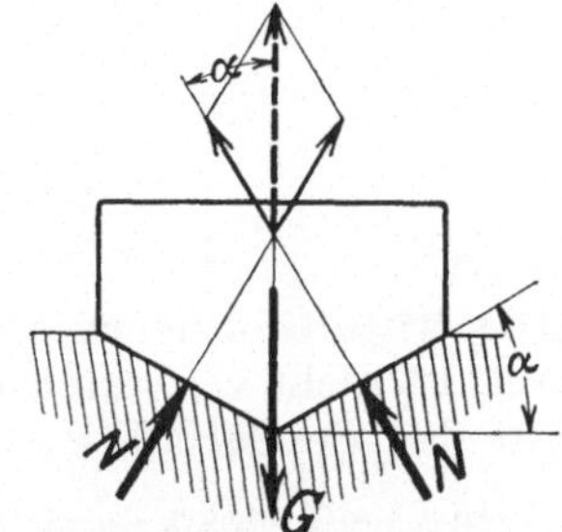

Abb. 178. Stützung eines Körpers in einer Rille.

$W = 2 \cdot N \cdot \mu = G \cdot \mu$ auf $G \cdot \mu/\cos\alpha$. Man faßt für solche Ausführungen den Wert μ vielfach mit dem Werte $1/\cos\alpha$ zusammen und führt für den so erhöhten Reibungskoeffizienten den Buchstaben μ' ein. So folgt $W = G \cdot \mu/\cos\alpha = G \cdot \mu'$.

b) Verschiebung eines Körpers auf einer schiefen Ebene.

Neben der Verschiebung von Körpern auf einer horizontalen Ebene spielt in der Technik die Verschiebung auf einer schiefen Ebene eine große Rolle. Dabei handelt es sich entweder um eine Verschiebung mit geradliniger Bewegung (Keil) oder um eine Verschiebung mit kreisender Bewegung (Schraube). Die Verschiebung muß mit gleichförmiger

Bewegung erfolgen, d. h. ohne Änderung der Bewegungsgeschwindigkeit. Bei einer Verschiebung in verzögerter oder beschleunigter Bewegung ist Gleichgewicht nicht vorhanden.

Für beide Fälle kommen zwei grundlegende Arten der Kraftanordnung in Betracht (Abb. 179 und 181). (1. Kraftrichtung parallel zur schiefen Ebene; 2. Kraftrichtung wagerecht.)

Bei diesen zwei Belastungsfällen sind ferner je zwei Gleichgewichtszustände zu unterscheiden.

1. Der Körper gleitet abwärts;

2. der Körper gleitet aufwärts.

So ergeben sich vier Sonderfälle:

α) Abb. 179. Auf den Körper wirkt eine parallel zu der Neigung der Ebene gerichtete Kraft; der Körper gleitet abwärts.

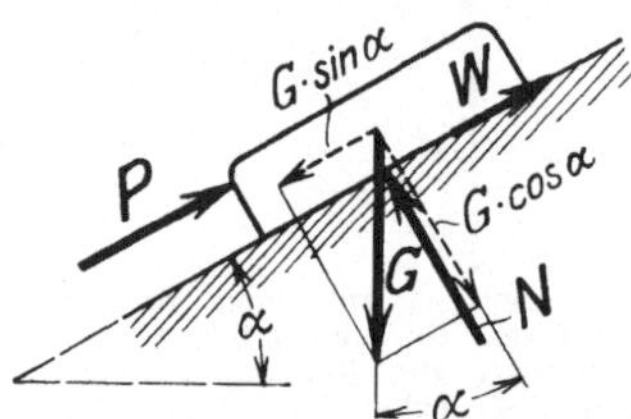

Abb. 179. Stützung eines abwärtsgleitenden Körpers durch die Kraft P.

Das Gewicht des Körpers G in die zwei Richtungen parallel und senkrecht zur tragenden Fläche zerlegt, ergibt die beiden Komponenten $G \cdot \sin \alpha$ und $G \cdot \cos \alpha$. Die zweite Komponente wird durch den Stützdruck N ins Gleichgewicht gebracht.

$$G \cdot \cos \alpha - N = 0 \,.$$

Die erstere Komponente und der aus N resultierende Reibungswiderstand $W = N \cdot \mu$ müssen sich mit der Kraft P im Gleichgewicht befinden. $G \sin \alpha$ ist abwärts, W ist aufwärts gerichtet

$$-G \sin \alpha + W + P = 0 \,,$$
$$-G \sin \alpha + N \cdot \mu + P = 0 \,,$$
$$-G \sin \alpha + (G \cdot \cos \alpha)\mu + P = 0 \,,$$
$$\boldsymbol{P = G(\sin \alpha - \mu \cdot \cos \alpha)} \,. \tag{52}$$

(Die dritte Gleichgewichtsbedingung, welche die Lage von N berechnen läßt, ist nicht verwertet, da die Lage vom N unwesentlich ist, s. S. 119.) Für den Sonderfall $P = 0$ geht die obige Gleichung über in

$$G \cdot \sin \alpha - G \cdot \cos \alpha \cdot \mu = 0, \quad \sin \alpha - \mu \cdot \cos \alpha = 0, \quad \mu = \sin \alpha / \cos \alpha = \operatorname{tg} \alpha \,.$$

Führt man für μ $\operatorname{tg} \varrho$ ein, so folgt $\operatorname{tg} \varrho = \operatorname{tg} \alpha$. Der Winkel α ist gleich dem Reibungswinkel ϱ.

Auf dieser Gleichung $\operatorname{tg} \alpha = \operatorname{tg} \varrho$ baut man die Versuche zur Bestimmung des Reibungskoeffizienten μ und des Reibungswinkels ϱ auf. Man legt einen Körper auf eine schiefe Ebene, deren Neigung verstellbar ist. Der Neigungswinkel α_1, bei welchem der Körper zu gleiten beginnt, bestimmt mit $\operatorname{tg} \alpha_1 = \mu_0 = \operatorname{tg} \varrho_0$ den Reibungskoeffizienten der Ruhe μ_0. Der Winkel, bei welchem der Körper in gleichförmiger Geschwindigkeit abwärts gleitet, gibt nach der Gleichung $\operatorname{tg} \alpha = \mu = \operatorname{tg} \varrho$ den Reibungskoeffizienten μ der Bewegung.

Da μ_0 größer ist als μ, wird man für die Einleitung der Bewegung einen größeren Winkel einstellen müssen als für den fortlaufenden Bewegungsvorgang. Man wird die schiefe Ebene nach dem Eintreten der Bewegung wieder flacher stellen, bis die Bewegung aus der beschleunigten in eine gleichförmige Bewegung übergeht.

β) Auf den Körper wirkt eine parallel zur Neigung der Ebene gerichtete Kraft P (Abb. 180). Der Körper gleitet aufwärts.

Die erste Gleichgewichtsbedingung ergibt das gleiche Resultat wie bei der Ableitung unter α)

$$G \cdot \cos\alpha - N = 0, \qquad N = G \cdot \cos\alpha.$$

Die zweite weicht von der für den Bewegungsvorgang unter α) aufgestellten insofern ab, als W die umgekehrte Richtung hat, also mit dem umgekehrten Vorzeichen einzusetzen ist.
Der Körper hat umgekehrte Bewegungsrichtung, demzufolge wirkt W nach der anderen Seite.

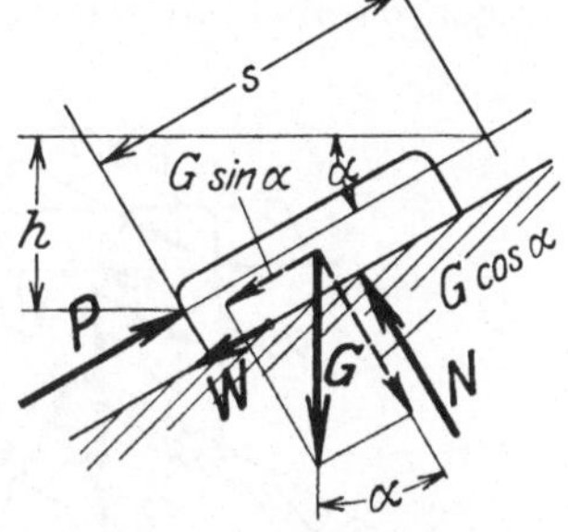

$$-G \cdot \sin\alpha - W + P = 0,$$

$$-G \cdot \sin\alpha - N \cdot \mu + P = 0,$$

$$-G \cdot \sin\alpha - G \cdot \cos\alpha \cdot \mu + P = 0,$$

$$P = G \cdot \sin\alpha + G \cdot \cos\alpha \cdot \mu,$$

$$\boldsymbol{P = G\,(\sin\alpha + \mu \cdot \cos\alpha)\,.} \tag{53}$$

Abb. 180. Heraufschieben eines Körpers an einer schiefen Ebene.

Durch Zusammenfassung der beiden vorstehenden Ergebnisse gewinnt man einen Überblick über das Verhalten eines Körpers dieser Belastungsart bei schwankender Größe von P.

Gleichgewicht ist am Körper K vorhanden, solange P in den Grenzen zwischen $G\sin\alpha - G \cdot \cos\alpha \cdot \mu$ und $G\sin\alpha + G\cos\alpha \cdot \mu$ liegt. Bei dem ersteren Werte gleitet K gleichförmig herunter, bei dem zweiten Werte geht K in gleichförmiger Bewegung nach oben. Für alle dazwischenliegenden Werte von P befindet sich der Körper in Ruhe. Es genügt dann P zwar nicht, um die Bewegung nach oben zu erzwingen. P ist aber zu groß, als daß der Körper nach unten gleiten könnte.

Beispiel 89. In welchen Grenzen darf die einen Körper K von 1200 kg Gewicht belastende Kraft P verändert werden, ohne daß der Körper in Bewegung kommt, wenn die Neigung der schiefen Ebene $\alpha = 20°$ beträgt und auf einen Reibungskoeffizienten $\mu = 0{,}18$ gerechnet werden kann?

$$P_1 = G \cdot \sin\alpha - G \cdot \cos\alpha \cdot \mu = 1200 \cdot 0{,}342 - 1200 \cdot 0{,}939 \cdot 0{,}18 = 208\;\text{kg},$$
$$P_2 = G \cdot \sin\alpha + G \cdot \cos\alpha \cdot \mu = 1200 \cdot 0{,}342 + 1200 \cdot 0{,}939 \cdot 0{,}18 = 612\;\text{kg}.$$

Mit $P_2 = 612$ kg beginnt die Aufwärtsbewegung. Mit $P_1 = 208$ kg beginnt der Körper abwärts zu gleiten. Angenommen $\mu_0 = \mu$.

Für $P_1 = 0$ wird $G \cdot \sin\alpha = G \cdot \cos\alpha \cdot \mu$, $\mu = \operatorname{tg}\alpha$, $\operatorname{tg}\varrho = \operatorname{tg}\alpha$. P_1 kann entfallen, sobald $\alpha \leqq \varrho$ ist. Ein Körper bleibt auf einer schiefen Ebene ohne Stützung liegen, wenn die Neigung (α) gleich oder kleiner ist als der Reibungswinkel (ϱ).

Den Arbeitsverlust und den Wirkungsgrad für das Heraufschieben einer Last nach Abb. 180 berechnet man aus der Arbeitsbilanz. Legt die Kraft P den beliebig angenommenen Weg s zurück, so beträgt die aufgewendete Arbeit $A_1 = P \cdot s$. Bei Zurücklegen dieses Weges in Richtung der schiefen Ebene wird das Körpergewicht um die Höhe h gehoben. $h = s \cdot \sin\alpha$. Die Nutzarbeit beträgt also $A_2 = G \cdot h$. Der Wirkungsgrad η berechnet sich aus Nutzarbeit A_2 dividiert durch aufgewendete Arbeit A_1 mit

$$\eta = \frac{A_2}{A_1} = \frac{G \cdot h}{P \cdot s} = \frac{G \cdot \sin\alpha}{P} = \frac{\sin\alpha}{\sin\alpha + \mu \cdot \cos\alpha} . \tag{54}$$

γ) Auf den Körper wirkt eine horizontal gerichtete Kraft. Der Körper gleitet abwärts (Abb. 181).

Die Zerlegung des Gewichtes G und der Kraft P nach den zwei Richtungen parallel zur schiefen Ebene und senkrecht zur Tragfläche ergibt

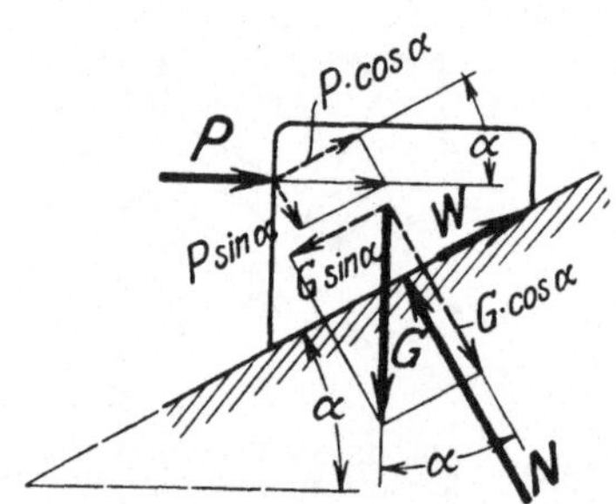

Abb. 181. Halten eines Körpers gegen Heruntergleiten an einer schiefen Ebene.

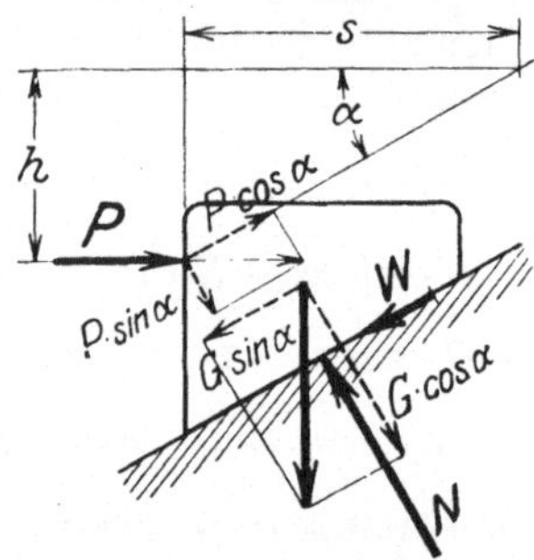

Abb. 182. Bestimmung des Wirkungsgrades für das Heben eines Gewichtes durch Heraufschieben an einer schiefen Ebene.

die Komponenten $P \cdot \sin\alpha$, $P \cdot \cos\alpha$, $G \cdot \sin\alpha$, $G \cdot \cos\alpha$. Die Summe der Kräfte senkrecht zur Tragfläche ergibt

$$G\cos\alpha + P\sin\alpha - N = 0 .$$

Die zweite Gleichgewichtsbedingung verlangt

$$G\sin\alpha - P\cos\alpha - W = 0 ,$$
$$G\sin\alpha - P\cos\alpha - N \cdot \mu = 0 ,$$
$$G\sin\alpha - P\cos\alpha - (G\cos\alpha + P\sin\alpha)\mu = 0 ,$$
$$G\sin\alpha - G\cos\alpha\,\mu - P\cos\alpha - P\sin\alpha\,\mu = 0 ,$$
$$P \cdot (\cos\alpha + \mu\sin\alpha) = G \cdot (\sin\alpha - \mu\cos\alpha) ,$$
$$\mathbf{P = G\frac{\sin\alpha - \mu\cos\alpha}{\cos\alpha + \mu\sin\alpha}} . \tag{55}$$

Setzt man für μ den Wert $\operatorname{tg}\varrho$ (Tangens des Reibungswinkels) ein, so geht diese Gleichung über in

$$P = G \cdot \frac{\sin\alpha - \operatorname{tg}\varrho \cdot \cos\alpha}{\cos\alpha + \operatorname{tg}\varrho \cdot \sin\alpha} .$$

Durch $\cos\alpha$ gekürzt folgt

$$P = G\frac{\operatorname{tg}\alpha - \operatorname{tg}\varrho}{1 + \operatorname{tg}\alpha\operatorname{tg}\varrho} ,$$
$$\mathbf{P = G\operatorname{tg}(\alpha - \varrho)} . \tag{56}$$

δ) Auf den Körper wirkt eine horizontal gerichtete Kraft. Der Körper gleitet aufwärts (Abb. 182).

Die erste Gleichgewichtsbedingung ergibt das gleiche Resultat wie bei der Ableitung unter γ:

$$G \cos \alpha + P \sin \alpha - N = 0 \, .$$

Die zweite weicht von der für den Bewegungsvorgang unter γ aufgestellten insofern ab, als W die umgekehrte Richtung hat, also mit dem umgekehrten Vorzeichen einzusetzen ist. Der Körper hat umgekehrte Bewegungsrichtung, demzufolge wirkt W nach der umgekehrten Richtung.

$$G \sin \alpha - P \cos \alpha + N \mu = 0 \, ,$$
$$G \sin \alpha - P \cdot \cos \alpha + (G \cos \alpha + P \sin \alpha) \mu = 0$$
$$G \sin \alpha + G \cos \alpha - P \cos \alpha + P \sin \alpha \, \mu = 0 \, ,$$
$$P \cdot (\cos \alpha - \mu \cdot \sin \alpha) = G \cdot (\sin \alpha + \mu \cdot \cos \alpha) \, ,$$

$$\boldsymbol{P = G \cdot \frac{\sin \alpha + \mu \cos \alpha}{\cos \alpha - \mu \sin \alpha}} \, . \tag{57}$$

Setzt man für μ den Wert $\operatorname{tg} \varrho$ (Tangens des Reibungswinkels) ein, so geht diese Gleichung über in

$$P = G \frac{\sin \alpha + \operatorname{tg} \varrho \cos \alpha}{\cos \alpha - \operatorname{tg} \varrho \sin \alpha} \, .$$

Durch $\cos \alpha$ gekürzt folgt

$$\boldsymbol{P = G \cdot \frac{\operatorname{tg} \alpha + \operatorname{tg} \varrho}{1 - \operatorname{tg} \alpha \operatorname{tg} \varrho} = G \cdot \operatorname{tg} (\alpha + \varrho)} \, . \tag{58}$$

Durch Zusammenfassung der beiden vorstehenden Ergebnisse gewinnt man einen Überblick über das Verhalten eines Körpers dieser Belastungsart bei schwankender Kraftgröße.

Gleichgewicht ist am Körper K vorhanden, solange P in den Grenzen zwischen $P = G \operatorname{tg}(\alpha - \varrho)$ und $P = G \operatorname{tg}(\alpha + \varrho)$ liegt. Bei ersterem Werte gleitet K in gleichförmiger Bewegung herunter, bei dem zweiten Werte geht K in gleichförmiger Bewegung herauf. Für alle dazwischenliegenden Werte von P befindet sich der Körper K in Ruhe. Es genügt dann P zwar nicht, um die Bewegung nach oben zu erzwingen. P ist aber zu groß, als daß der Körper K nach unten gleiten könnte.

Für ein Gleichgewicht bei $P = 0$ gilt, wie bereits abgeleitet, $\operatorname{tg} \alpha = \operatorname{tg} \varrho$.

Den Arbeitsverlust und den Wirkungsgrad für das Heraufschieben einer Last nach Abb. 182 berechnet man wie folgt. Legt die Kraft P den beliebig gewählten Weg s zurück, so beträgt die aufgewendete Arbeit $A_1 = P \cdot s$. Bei Zurücklegen dieses Weges wird das Körpergewicht gehoben um die Höhe h, $h = s \cdot \operatorname{tg} \alpha$. Die Nutzarbeit beträgt $A_2 = G \cdot h = G \cdot s \cdot \operatorname{tg} \alpha$.

Der Wirkungsgrad η berechnet sich aus Nutzarbeit durch aufgewendete Arbeit mit

$$\eta = \frac{A_2}{A_1} = \frac{G \cdot h}{P \cdot s} = \frac{G \cdot s \cdot \operatorname{tg} \alpha}{P \cdot s} = \frac{G \cdot \operatorname{tg} \alpha}{P} \, ,$$

$$\eta = \frac{G \cdot \operatorname{tg} \alpha}{G \cdot \operatorname{tg} (\alpha + \varrho)} = \frac{\operatorname{tg} \alpha}{\operatorname{tg} (\alpha + \varrho)} \, . \tag{59}$$

Wenn die Werte α und ϱ klein sind, rechnet man genau genug nach der vereinfachten Gleichung.

$$P = G \cdot (\operatorname{tg}\alpha + \operatorname{tg}\varrho),$$

$$[P = G \cdot (\operatorname{tg}\alpha - \operatorname{tg}\varrho)],$$

$$\eta = \frac{\operatorname{tg}\alpha}{\operatorname{tg}\alpha + \operatorname{tg}\varrho}. \tag{60}$$

Die zeichnerische Verfolgung dieser vier Fälle kennzeichnen die Kräftepläne der Abb. 183 bis 186. Abb. 183 entspricht der Abb. 179; Abb. 184 entspricht Abb. 180; Abb. 185 der Abb. 181; Abb. 186 der Abb. 182.

Für den allgemeinen Fall (derselbe kommt in der Technik kaum vor und hat nur insofern Interesse, als er die beiden vorher gekennzeich-

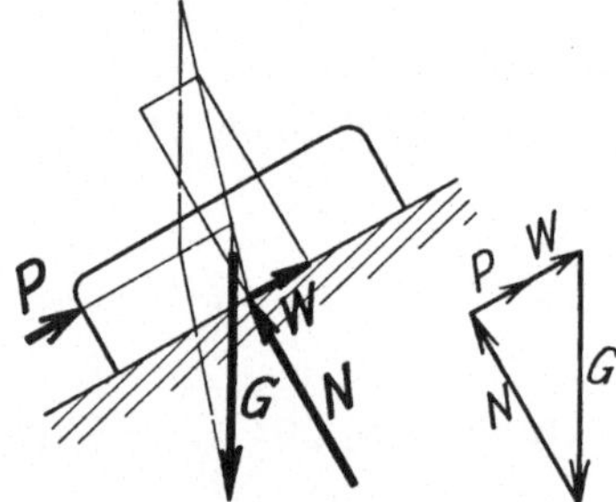

Abb. 183. Kräfteplan für das Gleichgewicht beim Halten des Gewichtes G.

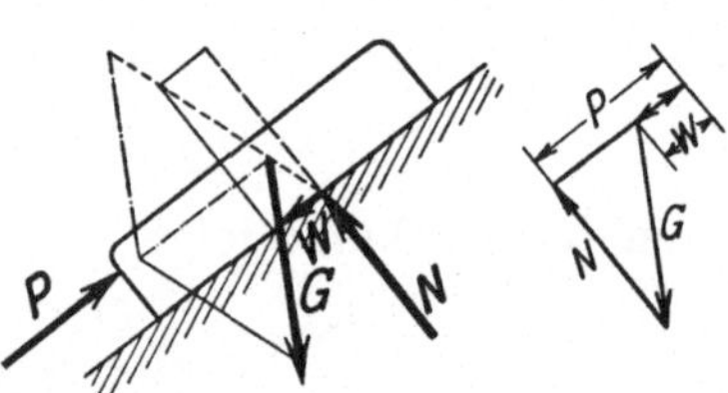

Abb. 184. Kräfteplan für das Gleichgewicht beim Heraufschieben des Gewichtes G.

neten Fälle α, β und γ, δ in sich zusammenfaßt) ist nach Abb. 187 für die Aufwärtsbewegung und Abwärtsbewegung

$$P = \frac{G\sin\alpha \mp G \cdot \cos\alpha \cdot \mu}{\cos(\alpha - \beta) \pm \mu \cdot \sin(\alpha - \beta)},$$

$$G\cos\alpha + P \cdot \sin(\alpha - \beta) - N = 0,$$

$$-G\sin\alpha + P \cdot \cos(\alpha - \beta) \pm N \cdot \mu = 0,$$

$$P \cdot \cos(\alpha - \beta) \pm [G\cos\alpha + P \cdot \sin(\alpha - \beta)]\mu = G \cdot \sin\alpha,$$

$$P = \frac{G\sin\alpha \mp G \cdot \cos\alpha \cdot \mu}{\cos(\alpha - \beta) \pm \mu \cdot \sin(\alpha - \beta)}.$$

Für Fall α und β wird $\beta = \alpha$

$$\boldsymbol{P = G\sin\alpha \mp G \cdot \cos\alpha \cdot \mu.}$$

Für Fall γ und δ wird $\beta = 0$

$$\boldsymbol{P = \frac{G\sin\alpha \mp G \cdot \cos\alpha \cdot \mu}{\cos\alpha \pm \mu \cdot \sin\alpha}.} \tag{61}$$

Die Arbeitsweise eines Keiles und einer Schraube entspricht den Abb. 181 und 182. Dabei tritt jedoch in den allermeisten Fällen außer der vorher verfolgten Reibung an der schiefen Ebene noch an einer oder gar zwei weiteren Stellen Reibung auf. Die sich hochschraubende

Mutter dreht sich z. B. auf der Spindel und unter der Last; der untergetriebene Keil schiebt sich an der schiefen Ebene entlang, und zugleich bewegt er sich auf einer Unterlage.

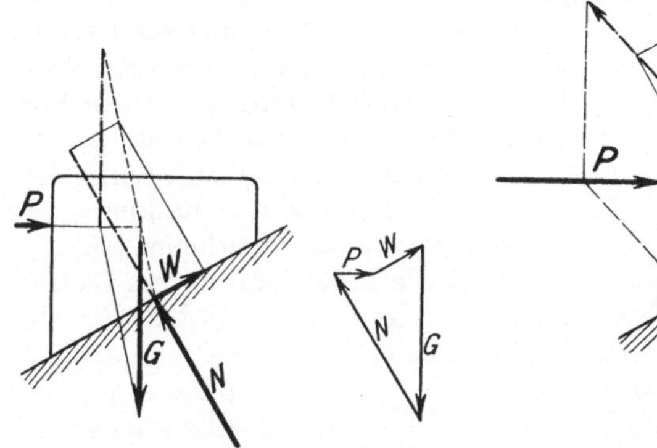

Abb. 185. Kräfteplan für das Gleichgewicht beim Halten des Gewichtes *G*.

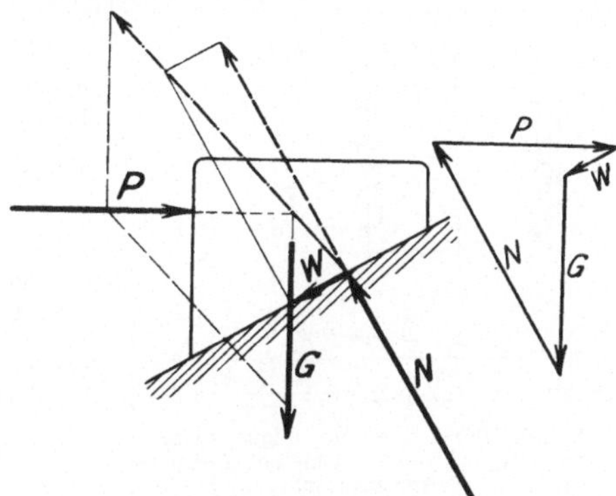

Abb. 186. Kräfteplan für das Gleichgewicht beim Heraufschieben des Gewichtes G.

Eine Ausnahme macht lediglich der sehr seltene Fall nach Abb. 188. Die Last Q wird durch Hochdrehen der Mutter bei stillstehender Spindel gehoben. Die Last dreht sich mit der Mutter mit.

Mit den im Maschinenbau üblichen Daten der Ganghöhe h (Abb. 189) und der Neigung $\operatorname{tg}\alpha = h/D_m \cdot \pi = h/2 \cdot r \cdot \pi$ geht die Gleichung (58) über in

$$P = G \cdot \frac{h/2\,r\,\pi + \mu}{1 - h/2\,r\,\pi \cdot \mu},$$

$$P = G \cdot \frac{h + 2 \cdot r \cdot \pi \cdot \mu}{2 \cdot r \cdot \pi - \mu \cdot h}. \tag{62}$$

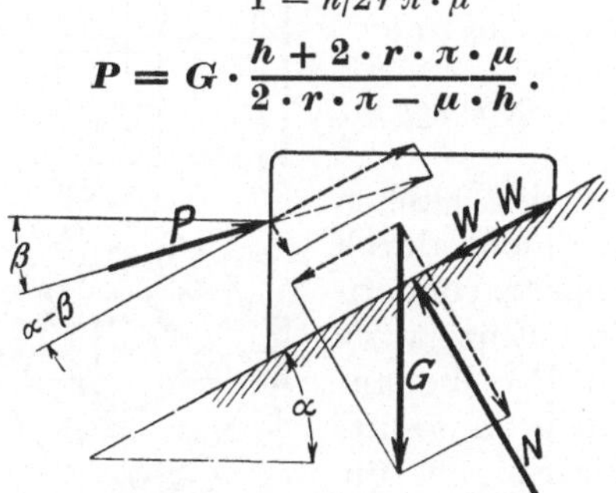

Abb. 187. Allgemeiner Fall des Gleichgewichtes für ein Gewicht an einer schiefen Ebene.

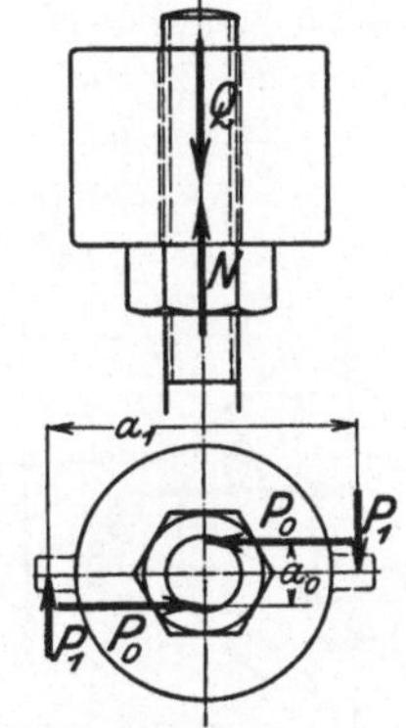

Abb. 188. Gleichgewicht beim Heben eines Gewichtes durch Hochschrauben einer Mutter. — Das Gewicht dreht sich mit der Mutter.

Das Drehmoment zur Bewegung der Mutter ist

$$M_d = P \cdot r = G \cdot r \frac{h + 2\,r\,\pi\,\mu}{2\,r\,\pi - \mu\,h}. \tag{63}$$

Es treten rings um das ganze Gewinde viele kleine Einzelkräfte auf, die in Summa das Moment M_d ergeben. Sie bilden zusammen ein Kräftepaar vom Moment $P \cdot r$. Stellt man dasselbe zeichnerisch dar und teilt zu diesem Zweck die Summe aller Einzelkräfte in zwei Kräfte von je $P/2$, die dafür den Hebelarm $2\,r$ haben, so entsteht daraus die Darstellung im Grundriß der Abb. 188. Es ist das Moment $P\cdot r = P_0\cdot r_0$, und da $a_0 = 2\cdot r$ beträgt, ist $P_0 = P/2$. Es kommt zahlenmäßig auf dasselbe heraus, ob man mit einer Kraft P am Radius r, d. h. mit

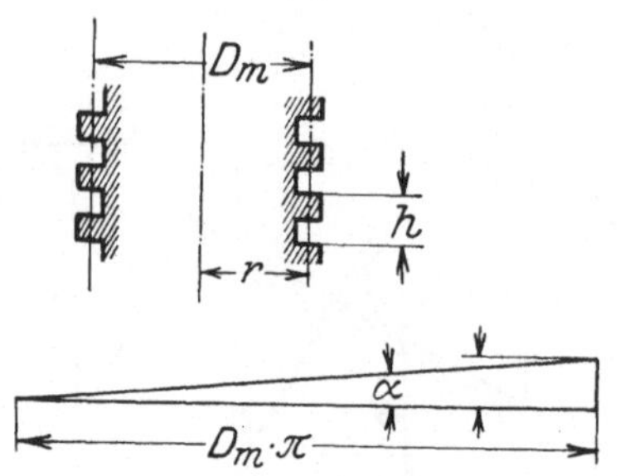

Abb. 189. Darstellung des Neigungswinkels einer aufgewickelten schiefen Ebene — Schraubenfläche.

einem statischen Moment rechnet oder mit einem Kräftepaar von $P/2\cdot 2\cdot r$. Der Wirklichkeit steht der letzte Vorgang näher. Trotzdem bevorzugt man das Rechnen mit dem statischen Moment einer Kraft P am Radius r, da es rechnerisch übersichtlicher ist.

Wird die Mutter durch ein Kräftepaar gedreht, so muß dasselbe das Drehmoment

$$P_1\cdot a_1 = G\cdot r\cdot\frac{h + 2r\cdot\pi\cdot\mu}{2\cdot r\cdot\pi - \mu\cdot h}$$

aufweisen. Die Mutter ist dann im Gleichgewicht, wie es Abb. 188 zeigt. Die zwei Kräftepaare $P_1\cdot a_1$ — das vom Schlüssel auf die Mutter ausgeübte — und $P_0\cdot a_0$ — das von der Reibung im Gewinde ausgeübte — halten sich das Gleichgewicht. Q die Last, wird durch die Stützkraft des Spindelgewindes N zu Null ergänzt.

Beispiel 90. Welches Drehmoment ist aufzuwenden, um eine durch 5000 kg belastete Mutter von $r = 40$ mm mittleren Gewinderadius und $h = 18$ mm Ganghöhe bei $\mu = 0,08$ hochzudrehen?

$$M_d = G\cdot r\cdot\frac{h + 2r\pi\mu}{2r\pi - \mu h} = 5000\cdot 4\,\frac{1,8 + 2\cdot 4\cdot\pi\cdot 0,08}{2\cdot 4\cdot\pi - 0,08\cdot 1,8}$$

$$= 20000\cdot\frac{1,8 + 2,01}{25 - 0,144} = 20000\cdot\frac{3,81}{24,85} = 3060\ \text{kg/cm}.$$

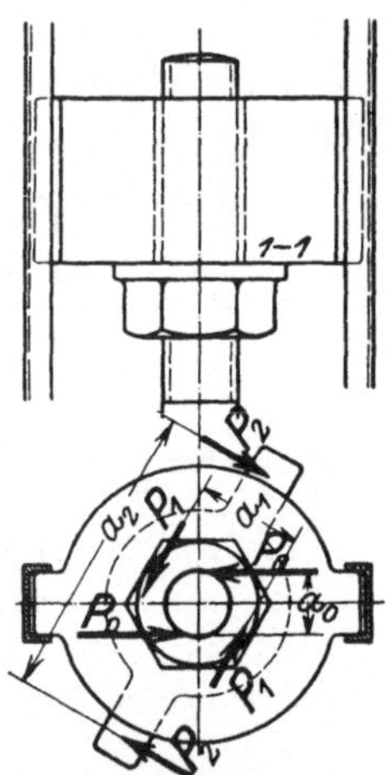

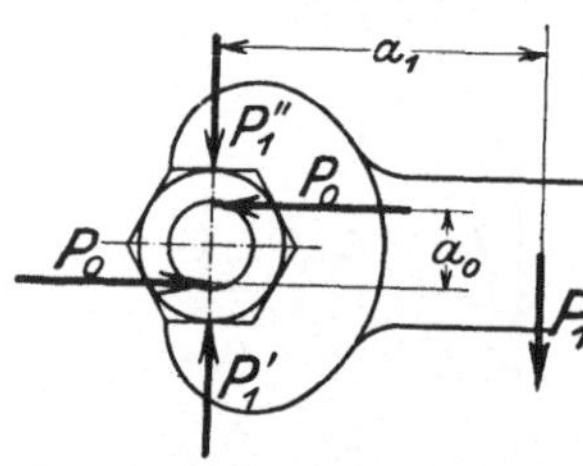

Abb. 190. Gleichgewicht beim Drehen einer Mutter durch eine Einzelkraft P_1. $P_0\cdot a_0$ Moment des Reibungswiderstandes im Gewinde. — $P_1\cdot a_1$ Moment des Kräftepaares P_1' und $P_1'' - P_1$ Einzelkraft.

Abb. 191. Gleichgewicht beim Heben eines Gewichtes durch Hochschrauben einer Mutter. — Das Gewicht dreht sich nicht mit.

Erfolgt das Drehen der Mutter nicht durch ein Kräftepaar, sondern durch eine Einzelkraft (Abb. 190) P_1, die am Hebelarme a_1 angreift, so hat die Spindel für das Gleichgewicht der Mutter eine Stützkraft P_1'' aufzuwenden. Es wird die Spindel nicht nur auf Verdrehen beansprucht durch das Kräftepaar $P_1 P_1'$ vom Moment $P_1\cdot a_1$, sondern außerdem noch durch die Einzelkraft P_1'' (s. Abb. 190).

Wird durch Hochdrehen einer Mutter die Last gehoben, und dreht sich die Last nicht mit der Mutter zusammen, so findet eine Bewegung zwischen Mutter und Spindel wie auch zwischen Mutter und Last statt.

Es ist dann ein zweiter Reibungsvorgang zwischen Mutter und Last in Rechnung zu setzen. Durch Abstützen der Last in Kugellagern lassen sich die Verluste an dieser zweiten Stelle außerordentlich herunterdrücken. Daher ist eine Vernachlässigung dieser zweiten Reibungsverluste vielfach angebracht. Zum mindesten ist es unzweckmäßig, die beiden Reibungsvorgänge in gemeinschaftlicher Rechnung zusammenzufassen.

Für die Mutter gilt in diesem Falle die Gleichgewichtsbedingung (Abb. 191)

$$P_2 \cdot a_2 - P_0 \cdot a_0 - P_1 \cdot a_1 = 0.$$

$P_0 \cdot a_0$ Moment zur Überwindung der Reibung im Gewinde und zum Heben der Last; $(a_0 = 2 \cdot r)$;

$P_1 \cdot a_1$ Moment zum Drehen der Mutter gegenüber der stillstehenden Last (Ebene $1-1$).

Beispiel 91. Welches Drehmoment ist zum Hochdrehen einer Mutter von 28 mm Ganghöhe und 120 mm mittlerem Gewindedurchmesser aufzuwenden, wenn der Reibungskoeffizient an beiden Stellen $\mu = 0,09$ beträgt und die Reibungsfläche zwischen Mutter und Last einen mittleren Durchmesser $D = 200$ mm hat?

$$Q = 10000 \text{ kg}.$$

Drehmoment für das Drehen der Mutter gegenüber dem stillstehenden Gewinde.

$$M_{d1} = G \cdot r \cdot \frac{h + 2 \cdot r \cdot \pi \cdot \mu}{2 \cdot r \cdot \pi - \mu \cdot h} = 10000 \cdot \frac{12}{2} \cdot \frac{2,8 + 2 \cdot \frac{12}{2} \cdot \pi \cdot 0,09}{2 \cdot \frac{12}{2} \cdot \pi - 0,09 \cdot 2,8}$$

$$= 10000 \cdot 6 \, \frac{2,8 + 3,4}{37,7 - 0,25}$$

$$= \frac{10000 \cdot 6 \cdot 6,2}{37,45} = 9900 \text{ kg} \cdot \text{cm}.$$

Drehmoment für das Drehen der Mutter gegenüber der stillstehenden Last.

$$M_d = W \cdot R, \qquad (W = G \cdot \mu),$$

$$M_{d2} = 10000 \cdot 0,09 \cdot \tfrac{20}{2} = 9000 \text{ kg} \cdot \text{cm}.$$

Es sind aufzuwenden **18900 kg · cm**.

Beispiel 92. Welchen Wirkungsgrad hat die Schraubenspindel nach vorstehendem Beispiel, wenn erstens, wie vorher berechnet, an beiden Flächen gleitende Reibung auftritt und wenn zweitens die Mutter gegen die Last durch Kugeln abgestützt ist, so daß die Reibung zwischen Mutter und Last vernachlässigt werden kann.

Bei einer Umdrehung wird die Last um 28 mm gehoben, also die Nutzarbeit $10000 \cdot 0,028 = 280$ mkg verrichtet. Dazu muß mit dem Momente $P \cdot r = 18900$ kg $\cdot$ cm $= 189$ kg $\cdot$ m eine Umdrehung gemacht werden. Der Weg der Kraft P bei einer Umdrehung beträgt $2 \cdot r \cdot \pi$. $A = P \cdot (2 \cdot r \cdot \pi) = (P \cdot r)(2 \cdot \pi) = 2 \cdot \pi \cdot M_d = 2 \cdot \pi \cdot 189 = 1190$ mkg.

$$\eta = \tfrac{280}{1190} = 0,235 = 23,5\%.$$

Bei Fortfall der Reibung an der zweiten Stelle ist nur das Moment M_{d1} aufzuwenden, d. s. 9900 kg $\cdot$ cm $= 99$ kg $\cdot$ m. Der Wirkungsgrad beträgt

$$\eta = \frac{280}{99 \cdot 2 \cdot \pi} = 45\%.$$

(Nach der Gleichung $\eta = \dfrac{\operatorname{tg} \alpha}{\operatorname{tg}(a + \varrho)}$ folgt mit

$$\operatorname{tg} \alpha = \frac{28}{2 \cdot 60 \cdot \pi} = 0,0743 \qquad \alpha = 4° 15',$$

$$\operatorname{tg} \varrho = 0,09 \qquad\qquad \varrho = 5° 10',$$

$$\eta = \frac{\operatorname{tg} 4° 15'}{\operatorname{tg} 9° 25'} = \frac{0,0743}{0,1658} = 45\% \cdot)$$

Den bei Abb. 190 erklärten Vorgängen durchaus gleich sind die Vorgänge beim Heben einer Last durch Drehen der Spindel.

Gleichartig ist das Heben der Last bei Steigen der Spindel und nicht steigender, sondern nur sich drehender Mutter. In beiden Fällen wird nicht sowohl die Last an der schiefen Ebene heraufgeschoben, als vielmehr die schiefe Ebene unter die Last heruntergeschoben. Für die Kraft- und Reibungsverhältnisse an der schiefen Ebene kommt die Änderung nicht in Betracht. Es tritt jedoch bei dieser Art des Lasthebens unter allen Umständen eine zweite Reibungsstelle auf.

Es gehört zum Drehen der Spindel oder der Mutter die Aufwendung eines Momentes $M_d = M_{d_1} = M_{d_2}$ nach Abb. 191.

Treibt man einen Keil K (Abb. 192) unter einen Körper A, um diesen in die Höhe zu heben, so tritt neben der Reibung an der hori-

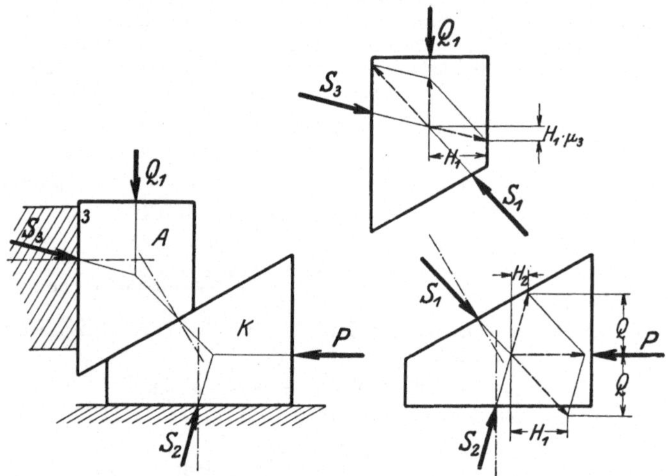

Abb. 192. Gleichgewicht beim Hochtreiben eines durch Q_1 belasteten Körpers A durch den von der Kraft P getriebenen Keil K.

zontalen und der schrägen Fläche noch Reibung an der Stützfläche *3* auf. Bei einem Heruntertreiben zweier symmetrisch angreifender Keilstücke nach Abb. 193, deren Wirkungsweise derjenigen einer Mutterdrehung gleichkommt, tritt diese Haltekraft nicht in Erscheinung. Sie wird ersetzt durch das Kräftepaar, welches die Spindel gegen das Mitgedrehtwerden durch die Mutter festhalten muß.

Die auf den Keilkörper wirkende Kraft P hat nach Abb. 194 die beiden Kräfte H_1 und H_2 zu überwinden. Es ist

$$H_1 = Q \operatorname{tg}(\alpha + \varrho_1),$$
$$H_2 = Q \operatorname{tg}\varrho_2 .$$

Daraus folgt

$$P = Q[\operatorname{tg}(\alpha + \varrho_1) + \operatorname{tg}\varrho_2].$$

Da der Körper mit der Kraft H_1 an seine Führung (Abb. 192) gedrückt wird, tritt an dieser ein Reibungswiderstand in der Größe $H_1 \cdot \mu_3$ auf.

Damit folgt, daß die nutzbare Last Q_1 um diesen Reibungswiderstand kleiner ist als die Vertikalkomponente der Stützkraft S, und es berechnet sich

$$Q_1 = Q - H_1 \cdot \mu_3 = Q - H_1 \cdot \mathrm{tg}\,\varrho_3$$

$$= \frac{P}{\mathrm{tg}(\alpha + \varrho_1) + \mathrm{tg}\,\varrho_2} - Q \cdot \mathrm{tg}(\alpha + \varrho_1) \cdot \mathrm{tg}\,\varrho_3,$$

$$Q_1 = P \cdot \frac{1}{\mathrm{tg}(\alpha + \varrho_1) + \mathrm{tg}\,\varrho_2} - \frac{\mathrm{tg}(\alpha + \varrho_1) + \mathrm{tg}\,\varrho_3}{\mathrm{tg}(\alpha + \varrho_1) \cdot \mathrm{tg}\,\varrho_2},$$

$$Q_1 = P \cdot \frac{1 - \mathrm{tg}(\alpha + \varrho_1)\,\mathrm{tg}\,\varrho_3}{\mathrm{tg}(\alpha + \varrho_1) + \mathrm{tg}\,\varrho_2}. \tag{64}$$

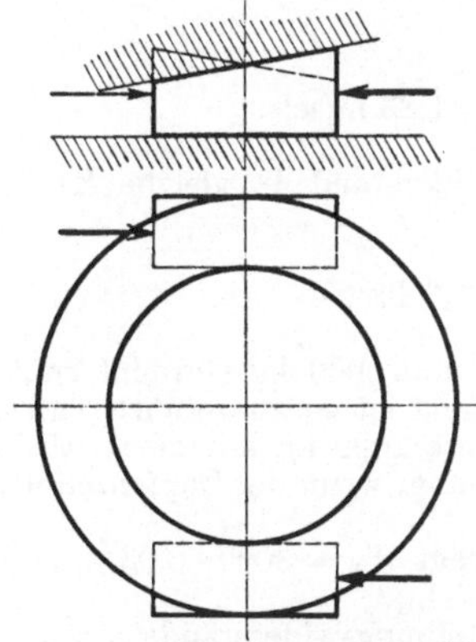

Abb. 193. Hochtreiben einer Last durch 2 Keile. — Vermeidung der bei einfachem Keil auftretenden Seitenstützung.

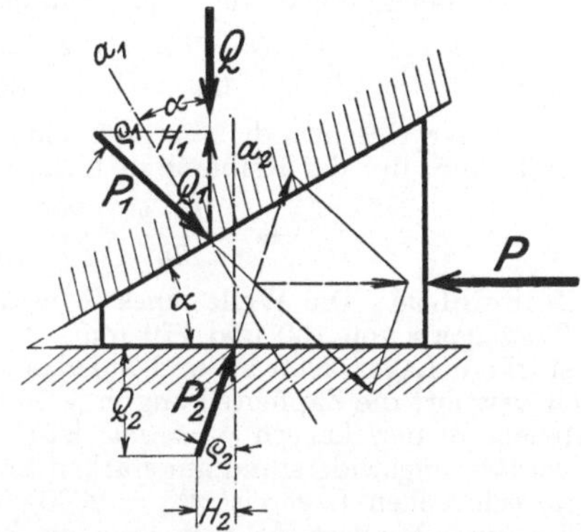

Abb. 194. Gleichgewicht beim Eintreiben eines Keiles unter eine Last Q_s ohne Berücksichtigung der Reibung an der seitlichen Stützfläche der Last.

In den meisten Fällen vernachlässigt der Techniker die Reibung an der dritten Fläche. Besonders dann darf er dies tun, wenn α gering ist und das Anziehen des Keiles durch Schlagen erfolgt.

c) Zapfenreibung.

α) Tragzapfenreibung (Abb. 195).

Lastet auf einem Zapfen eine Kraft P, und liegt die Schale vollkommen an dem Zapfen an, so erfährt der Zapfen eine Bremsung durch die Zapfenreibung von

$$M_d = \frac{4}{\pi} \cdot \mu \cdot P \cdot r. \tag{65}$$

Darin bedeutet P die auf dem Zapfen ruhende Last, μ den Reibungskoeffizienten. Es beträgt also der Reibungswiderstand am Umfange

$$W = P \cdot \frac{4}{\pi}\mu. \tag{66}$$

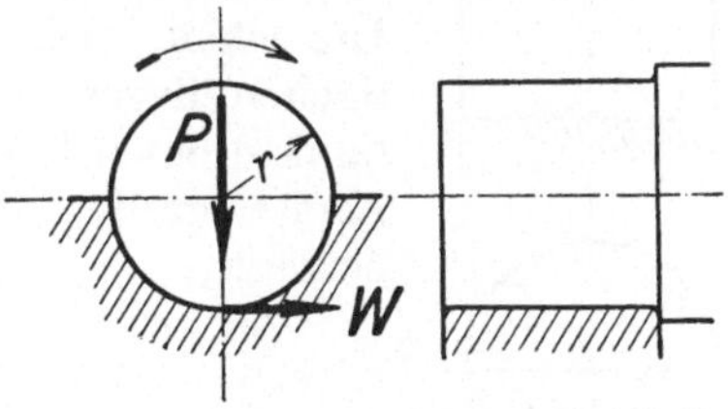

Abb. 195. Tragzapfen belastet mit P. Reibungswiderstand W.

Man faßt den Wert $4/\pi$ mit dem Werte μ, der an und für sich nicht genau angegeben werden kann und, wie oben erklärt, von zahlreichen

Faktoren beeinflußt wird, die man nur zum Teil erfassen kann, zusammen in dem Faktor $\mu_1 = 4/\pi \cdot \mu$.

Es bedeutet das lediglich eine Vereinfachung der Schreibweise, wenn man in vorstehender Gleichung statt $4/\pi \cdot \mu$ μ_1 schreibt. μ_1 nennt man den Zapfenreibungskoeffizienten

$$M_d = P \cdot r \cdot \mu_1 \, . \tag{67}$$

Beispiel 93. Welche Leistung geht in einem Traglager von $D = 250$ mm Durchmesser verloren, wenn dasselbe mit 5000 kg belastet ist und die Welle 140 Umdrehungen pro Minute macht. Der Zapfenreibungskoeffizient μ_1 betrage 0,04. W Reibungswiderstand am Zapfenumfange.

$$W = N \cdot \mu_1 = 5000 \cdot 0,04 = 200 \text{ kg} \, .$$

Die Geschwindigkeit am Zapfenumfange ist

$$v = \frac{D \cdot \pi \cdot n}{60} = \frac{0,25 \cdot \pi \cdot 140}{60} = 1,83 \text{ m/sek.}$$

Mit dieser Geschwindigkeit muß eine dem Widerstand W gleiche Kraft P Arbeit leisten, um die Reibung zu überwinden.

$$L = \frac{P \cdot v}{75} = \frac{200 \cdot 1,83}{75} = 4,9 \text{ PS} \, .$$

Beispiel 94. Die Welle eines Schwungrades von 5000 kg Gewicht ruht in den Traglagern von 150 und 170 mm. Die Lagerung ist so ausgeführt, daß auf das stärkere Lager 3000 kg und auf das schwächere 2000 kg kommen. Welche Arbeit verzehrt die Zapfenreibung in jeder Umdrehung, wenn der Zapfenreibungskoeffizient in den Lagern $\mu_1 = 0,03$ ist?

Der Reibungswiderstand am starken Lager beträgt $W_1 = 3000 \cdot 0,03 = 90$ kg. Im schwachen Lager ist $W_2 = 2000 \cdot 0,03 = 60$ kg.

Bei jeder Umdrehung verzehren die beiden Reibungswiderstände

$$A_1 = W_1 \cdot 2 \cdot r_1 \cdot \pi \quad \text{und} \quad A_2 = W_2 \cdot 2 \cdot r_2 \cdot \pi \, ,$$

$$A_1 = 90 \cdot 0,17 \cdot \pi = 48,2 \text{ mkg} \, ,$$

$$A_2 = 60 \cdot 0,15 \cdot \pi = 28,2 \text{ mkg} \, ,$$

$$A = 77 \text{ mkg} \, .$$

β) Stützzapfenreibung (Abb. 196).

Nimmt man an, daß sich die Last gleichmäßig auf die ganze Fläche verteilt — eine Annahme, die im übrigen durchaus nicht einwandfrei ist —, so greift die Summe der Reibungswiderstände im Abstande $\frac{2}{3}r$ vom Zapfenmittelpunkte an. Man kann die Kreisfläche unterteilt denken in eine Reihe von Dreiecken. Die Schwerpunkte aller dieser Dreiecksflächen liegen in $\frac{2}{3}r$ Abstand. Es bilden die Schwerpunkte einen Kreis von $\frac{2}{3}r$ Radius. Am Umfange dieses Kreises greifen die Reibungswiderstände an. Ihr Moment beträgt

$$P \cdot \mu \cdot \frac{2}{3} \cdot r \, . \tag{68}$$

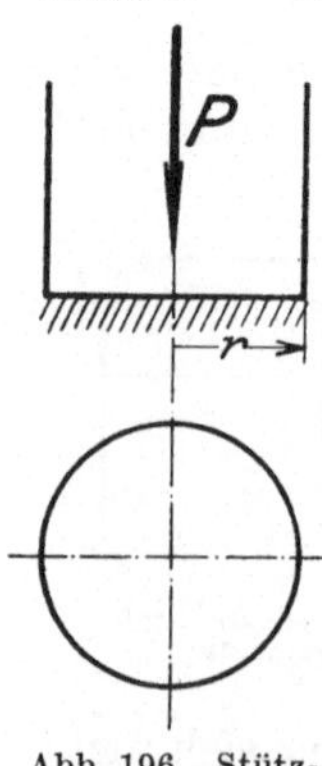

Abb. 196. Stützzapfen belastet mit P.

γ) Backenbremsen.

Die Reibungsvorgänge finden eine Nutzanwendung beim Bau von Bremsen. Man vernichtet durch Bremsen mechanische Arbeit, z. B. um einen bewegten Körper zum Stillstand zu bringen, also um sein $\dfrac{m \cdot v^2}{2}$ aufzuzehren. Man benutzt diese Aufzehrung auch zugleich zu Meßzwecken.

Abb. 197 kennzeichnet die einfachste Form einer Bremse. (Nach der Anwendung einer Bremsbacke bezeichnet man derartige Bremsen als Backenbremsen zum Unterschiede von den mit einem Bremsbande arbeitenden Bandbremsen.)

Der Bremsklotz wird mittels eines Hebels gegen die Scheibe gepreßt. Bei einer Kraft P am Hebelende ist der Anpressungsdruck $N = P \cdot l/a$. An der Berührungsfläche zwischen Backe und Scheibe tritt ein Reibungswiderstand von der Größe $W = N \cdot \mu$ auf. Der Reibungswiderstand ergibt das Moment $W \cdot r$ und bremst mit diesem Momente die sich drehende Scheibe. Er zieht also $2 \cdot \pi \cdot r \cdot W$ mkg in jeder Umdrehung aus der bewegten Masse heraus.

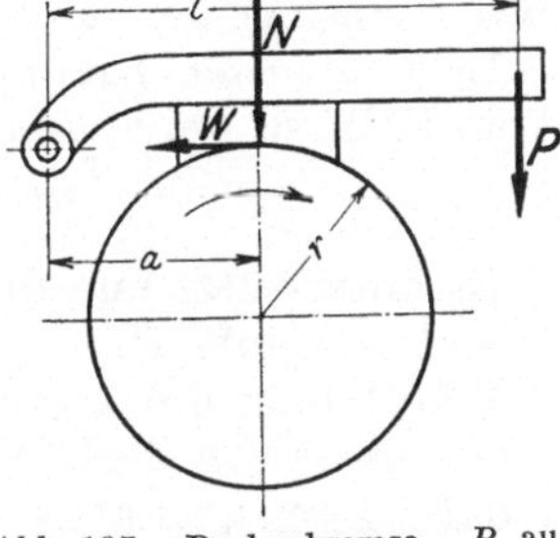

Abb. 197. Backenbremse. P au den Bremshebel ausgeübte Kraft. — N Anpressungsdruck der Bremsbacke gegen die Scheibe. — W Reibungswiderstand am Scheibenumfang auf die Scheibe wirkend. — W geht durch den Drehpunkt des Hebels.

Beispiel 95. In wieviel Umdrehungen wird ein 20000 mkg $\left(\dfrac{m \cdot v^2}{2}\right)$ enthaltendes Schwungrad abgebremst, wenn die Bremsscheibe 600 mm Durchmesser besitzt und der an ihrem Umfange erzeugte Reibungswiderstand $W = 100$ kg beträgt.

Bremsarbeit in einer Umdrehung
$$A = 2 \cdot \pi \cdot r \cdot W = 2 \cdot \pi \cdot 0,3 \cdot 100 = 188 \text{ mkg} .$$

In i Umdrehungen wird die Arbeit von 20000 mkg vernichtet.
$$i \cdot 188 = 20000 .$$
$$\mathbf{i = 106} .$$

Beispiel 96. Welches Bremsmoment übt eine nach Abb. 197 gebaute Backenbremse aus, wenn die Kraft am Hebelende $P = 30$ kg beträgt und die Hebellängen mit $l = 1000$ mm und $a = 400$ mm ausgeführt sind? Der Scheibendurchmesser ist 500 mm, und der Reibungskoeffizient kann mit $\mu = 0,18$ angenommen werden.

$$N = \frac{P \cdot l}{a} = \frac{30 \cdot 1000}{400} = 75 \text{ kg} ,$$
$$W = N \cdot \mu = 75 \cdot 0,18 = 13,5 \text{ kg} ,$$
$$M_d = W \cdot r = 13,5 \cdot 25 = 337,5 \text{ kg} \cdot \text{cm} .$$

(P ist als auf den Hebel wirkend eingetragen, N als auf die Scheibe wirkend. Diese Eintragung ist also theoretisch falsch.)

Die vorstehende Berechnung ist nur dann richtig, wenn die Richtung des Bremswiderstandes, wie in Abb. 197 dargestellt, durch den Drehpunkt des Bremshebels geht. Bei einer Lage des Drehpunktes nach Abb. 198 gibt die dritte Gleichgewichtsbedingung für den Bremshebel folgende Gleichung $\quad P \cdot l - N \cdot a - W \cdot b = 0$.

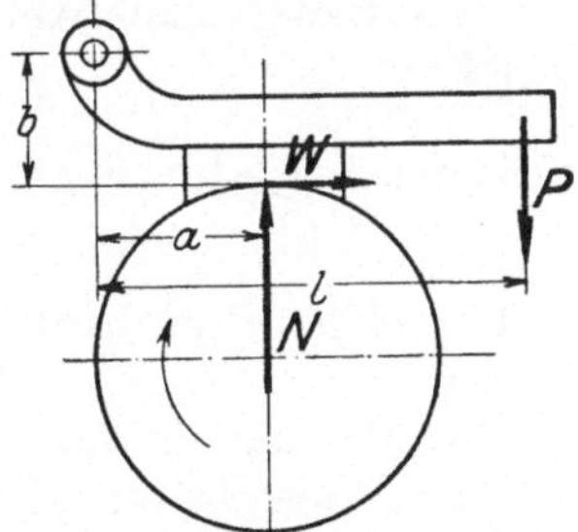

Abb. 198. Backenbremse. P auf den Bremshebel ausgeübte Kraft. — N Anpressungsdruck der Scheibe gegen die Bremsbacke (Reaktion der von der Bremsbacke auf die Scheibe ausgeübten Kraft, s. Abb. 197). — W Reaktion zu dem von der Bremsbacke auf die Scheibe ausgeübten Reibungswiderstand der Abb. 197.

In Abb. 198 sind die Kräfte eingetragen nach ihrer Wirkungsweise auf den Bremshebel.

Es wird die Wirkung der Anpressungskraft P durch das vom Bremswiderstande ausgeübte Moment $W \cdot b$ verringert. Der Bremswiderstand W ist bestrebt, die Backe abzuheben. Es muß also zur Erzeugung des gleichen Anpressungsdruckes N eine größere Kraft P aufgewendet werden als bei der Ausführung nach Abb. 197.

Legt man den Drehpunkt des Bremshebels nach der anderen Seite (Abb. 199), so verlangt das Gleichgewicht

$$P \cdot l - N \cdot a + W \cdot b = 0 \,.$$

Es unterstützt nun die Wirkung des Bremswiderstandes W die aufgewendete Kraft P.

Wählt man die Lage des Drehpunktes, d. h. die Länge b, so daß $\quad -N \cdot a + W \cdot b = 0$

ist, $\qquad b = \dfrac{N \cdot a}{W}$,

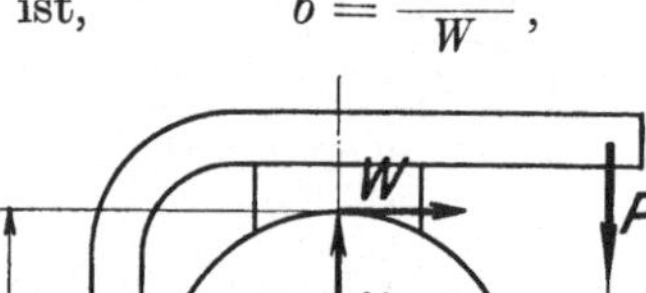

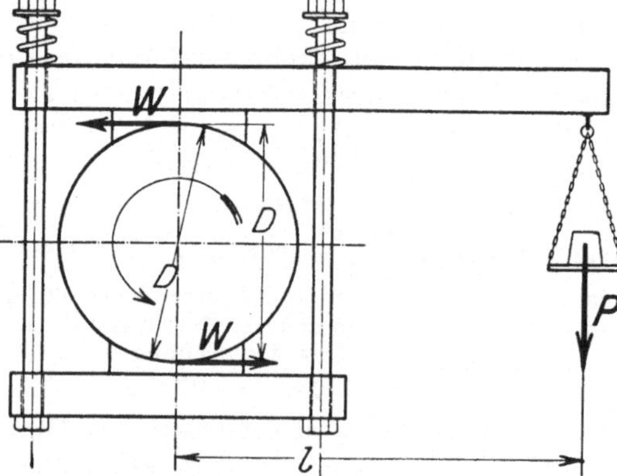

Abb. 199. Backenbremse, wie Abb. 198, mit anderer Lage des Hebeldrehpunktes.

Abb. 200. Pronyscher Zaum.

so kann die Kraft P überhaupt entfallen. Die Bremse wirkt selbstsperrend.

Die obigen Gleichgewichtsbedingungen sind sämtlich unter Annahme eines Drehsinnes aufgestellt. Bei einer Umkehrung des Umlaufsinnes wird die Bauart nach Abb. 199 die Aufwendung einer Kraft P nach der Gleichung

$$P \cdot l - N \cdot a - W \cdot b = 0$$

nötig machen; also ein größeres P erfordern als die Bauart nach Abb. 197.

$$P \cdot l - N \cdot a = 0 \,.$$

Für Meßzwecke baut man eine Bremse nach Abb. 200 (Pronyscher Zaum).

Dieselbe besteht aus einer Doppelbackenbremse, deren Hebel sich auf eine Wage stützt oder durch ein Gewicht belastet ist, so daß die am Hebelende angreifende Kraft gemessen werden kann.

Halten die Backen die sich drehende Scheibe mit dem Reibungsmomente $W \cdot D$ zurück und nimmt demzufolge die Scheibe ihrerseits die Backen mit dem Momente $W \cdot D$ mit, so wird sich am Endpunkte des Hebels eine Kraft P ergeben, welche sich berechnet aus

$$P \cdot l = W \cdot D \quad \text{oder} \quad P \cdot l = 2 \cdot W \cdot R \,.$$

Beispiel 97. Ein Pronyscher Zaum von $L = 1200$ mm Hebellänge, der um eine mit 150 Umdrehungen laufende Scheibe von $D = 600$ mm gespannt ist, trägt ein Gewicht $P = 25$ kg. Welches Drehmoment wird dabei abgebremst, und welche Leistung gibt die Scheibe an der Bremse ab?

Das Bremsmoment ist

$$2 \cdot W \cdot R = P \cdot l = 25 \cdot 120 = 3000 \text{ kg} \cdot \text{cm}.$$

Der Reibungswiderstand am Umfange beträgt

$$2 \cdot W = \tfrac{3000}{30} = 100 \text{ kg}.$$

Die Umfangsgeschwindigkeit der Scheibe v berechnet sich mit

$$v = \frac{D \cdot \pi \cdot n}{60} = \frac{0,6 \cdot \pi \cdot 150}{60} = 4,7 \text{ m/sek}.$$

Die abgebremste Leistung ist

$$N = \frac{2 \cdot W \cdot v}{75} = \frac{100 \cdot 4,7}{75} = 6,28 \text{ PS}.$$

Obschon es sich beim Bremsen mit einem Pronyschen Zaum um die Wirkung eines Kräftepaares von der Kraftgröße W und dem Abstande $2 \cdot R$ handelt, führt man auch hier das statische Moment ein von $2 \cdot W$ Kraftgröße und $1 \cdot R$ Hebelarm. Es ist das zahlenmäßig genau dasselbe, das statische Moment ist jedoch insofern leichter faßbar, als es durch das statische Moment der gewogenen Kraft ausgeglichen werden muß. Das statische Moment der auf den Wagebalken wirkenden Kraft läßt sich einfacher als $(2 \cdot W)(1 \cdot R)$, d. h. als das statische Moment des alle einzelnen Reibungswiderstände zusammenfassenden Wertes $2W$ auffassen.

Man schreibt darum die obige Gleichung:

$$P \cdot l = W \cdot R$$

und bezeichnet mit W die Summe aller am Scheibenumfange auftretenden Reibungswiderstände. (Vorher ist für diese Summe die Bezeichnung $2W$ gewählt.)

Beispiel 98. Das am Hebel eines Pronyschen Zaums hängende Gewicht P ergibt in bezug auf den Scheibenmittelpunkt das statische Moment $P \cdot l = 25 \cdot 120 = 3000$ kg $\cdot$ cm $= 30$ kg $\cdot$ m. Wie groß ist die Summe aller am Scheibenradius $r = 30$ cm auftretender Reibungswiderstände, und welche Leistung bremsen sie ab, wenn die Umfangsgeschwindigkeit der Scheibe 4,7 m/sek ist?

$$W \cdot R = P \cdot l, \qquad W = \frac{30}{0,3} = 100 \text{ kg}, \qquad N = \frac{P \cdot v}{75} = \frac{100 \cdot 4,7}{75} = 6,28 \text{ PS}.$$

2. Rollende Reibung.

Die rollende Reibung faßt man so auf, als wenn der gerollte Körper wegen der Formänderungen an der Auflagefläche über eine Ecke herübergekippt werden muß. Die Abb. 201 kennzeichnet diese Auffassung. Die Rolle hat sich in die Unterlage eingedrückt. Bei einer Bewegung nach rechts muß sie über die Ecke A hinweggekippt werden.

Die dritte Gleichgewichtsbedingung verlangt:

$$P \cdot h = G \cdot f, \qquad P = G \cdot \frac{f}{h}.$$

Da h nur um einen kleinen Betrag von r abweicht, kann man für h den Wert r einsetzen.

$$P = G \cdot \frac{f}{r}.$$

Die Länge f bezeichnet man als den Hebelarm der rollenden Reibung. Die nachstehende Tabelle gibt eine Reihe von Erfahrungswerten von f.

Eisen auf Eisen (Stahl auf Stahl) . . . 0,05 cm,
Pockholz auf Pockholz . . . . 0,047 cm,
Ulmenholz auf Pockholz . . . . 0,081 cm.

Beispiel 99. Welche Kraft ist für das Fortrollen einer Walze von 300 kg Gewicht und 20 cm Radius aufzuwenden, wenn der Faktor f der rollenden Reibung 0,05 cm beträgt?

$$P = 300 \cdot \frac{0,05}{20} = 0,75 \text{ kg}.$$

Für das Verschieben einer Platte auf einer Rolle zeigt Abb. 202 die Kräfteverteilung. Es tritt sowohl zwischen der Rolle und der Unter-

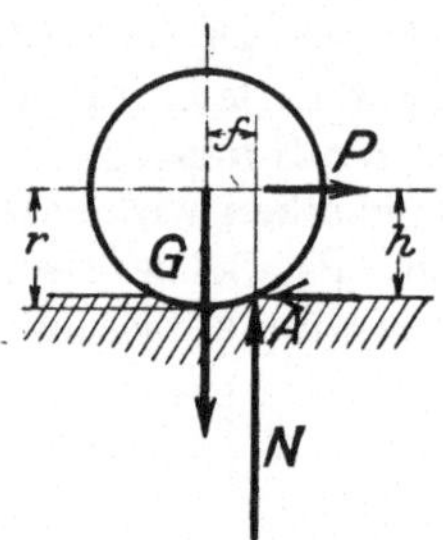

Abb. 201. Gleichgewicht an einer durch die Kraft P gezogenen Rolle vom Gewichte G.

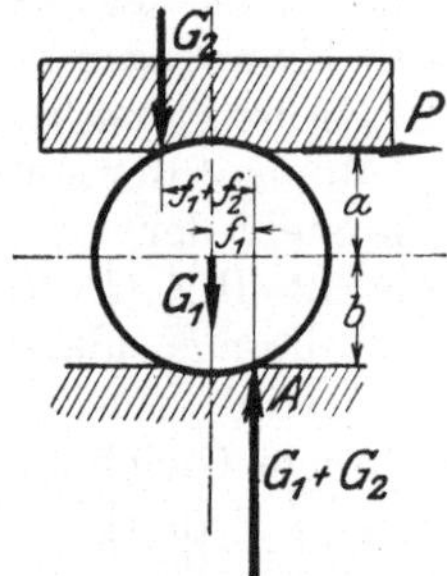

Abb. 202. Gleichgewicht an einer durch eine Rolle gestützten Platte, die durch eine Kraft P gezogen wird.

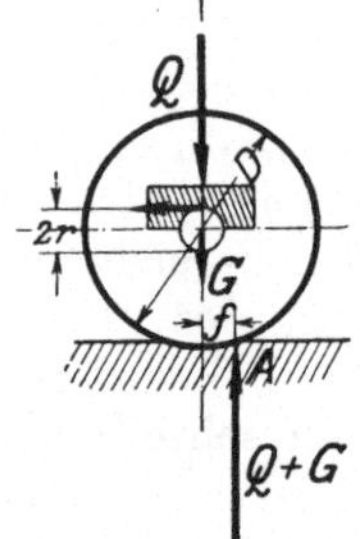

Abb. 203. Gleichgewicht an einer mit rollender Reibung auf der Unterlage und gleitender Reibung am Zapfen bewegten Achse vom Gewichte G bei Belastung mit Q.

lage als auch zwischen der Last und der Rolle rollende Reibung auf. Über wie unter der Rolle ergeben sich Formänderungen, die ein Kippmoment erforderlich machen. An der oberen Rollenseite tritt die Kraft G_2 (G_2 Gewicht der Platte), an der unteren Rollenseite die Kraft $G = G_1 + G_2$ (G_1 Gewicht der Platte, G_2 Gewicht der Rolle) auf. Die Summe der Momente, bezogen auf A als Drehpunkt, beträgt mit der vereinfachenden Annahme, daß die Hebelarme a und b beide gleich r gesetzt werden können

$$+P \cdot 2r - G_2(f_1 + f_2) - G_1 \cdot f_1 = 0,$$

$$P = \frac{G_2(f_1 + f_2) + G_1 \cdot f_1}{2r}.$$

Da in den meisten Fällen $f_1 = f_2 = f$ gesetzt werden kann, schreibt man einfacher

$$P = (2G_2 + G_1)\frac{f}{2r}. \tag{69}$$

In der Technik tritt die rollende Reibung vorwiegend mit gleitender Reibung zusammen auf. Es handelt sich in den meisten Fällen um eine Bewegung von Rädern, deren Achszapfen durch das zu tragende Gewicht belastet sind. Neben der rollenden Reibung zwischen Rad und Schiene tritt die gleitende Reibung zwischen dem Zapfen der Radachse und der Lagerschale auf. Die Schiene ist dabei belastet durch $Q + G$; Q Last auf dem Zapfenlager; G Gewicht des Radsatzes. Das Zapfenlager hat nur Q zu tragen.

Das die Radachse antreibende Drehmoment M_d bestimmt sich nach der Abb. 203 mit

$$M_d = (Q + G)f + W \cdot r,$$

W Reibungswiderstand am Zapfenumfange $W = Q \cdot \mu_1$.

Denkt man sich das Drehmoment erzeugt durch eine am Radius R angreifende Kraft P, so erhält man aus der Gleichung $M_d = P \cdot R$ für P den Wert

$$P = (Q + G) \frac{f}{R} + Q \cdot \mu_1 \frac{r}{R}. \tag{70}$$

Diesen Wert nennt man den Fahrwiderstand.

Beispiel 100. Welchen Fahrwiderstand hat ein Kran von 800 mm Raddurchmesser, 90 mm Achszapfendurchmesser, 12000 kg Gewicht des ganzen Kranes inkl. Last bei 1000 kg Gewicht der Räder und deren Achsen?

$$f = 0,05 \text{ cm}, \qquad \mu_1 = 0,03,$$

$$P = (Q + G) \frac{f}{R} + Q \cdot \mu_1 \cdot \frac{r}{R},$$

$$Q = 12000 - 1000 = 11000 \text{ kg}, \qquad G = 1000 \text{ kg},$$

$$P = 12000 \cdot \frac{0,05}{40} + 11000 \cdot 0,03 \cdot \frac{4,5}{40}$$

$$= 15 + 37 = 52 \text{ kg}.$$

Beispiel 101. Welche Leistung muß der Kranfahrmotor für den in Beispiel 100 berechneten Fahrwiderstand erhalten, wenn der Kran mit $v = 36$ m/min fahren soll und der Wirkungsgrad des Triebwerkes $\eta = 70\%$ ist?

$$L_1 = \frac{P \cdot v}{75} = \frac{52 \cdot 36}{60 \cdot 75} = 0,416 \text{ PS},$$

$$L_2 = \frac{L}{\eta} = \frac{0,416}{0,7} = \sim 0,6 \text{ PS}.$$

3. Seilreibung.

Unter Seilreibung versteht man die Reibung zwischen einem elastischen Körper und einem von diesem umspannten Körper. Zwischen dem Band B und dem Körper K, der von B umschlungen ist, herrscht Seilreibung (Abb. 204). Die Seilreibung unterscheidet sich von der Reibung zwischen starren Körpern dadurch, daß die anpressende Kraft abhängig ist von der Größe des Reibungswiderstandes, der Reibungswiderstand also rückwirkend die ihn erzeugende Anpressungskraft beeinflußt. Eine solche Rückwirkung zeigt sich freilich schon bei einer

Backenbremse nach Abb. 198 und 199. Doch kann bei ihr die ganze Rückwirkung durch e i n e Gleichung (3. Gleichgewichtsbedingung) rechnerisch erfaßt werden. Bei der Seilreibung ist diese Rechnungsart nicht durchführbar.

Bewegt sich ein Körper auf einem anderen nach Abb. 170, so ist der Anpressungspunkt N durch die äußeren Kräfte, die auf den Körper K wirken, von vornherein eindeutig festgelegt. Legt sich ein Band um eine Scheibe, wie es Abb. 204 zeigt, so wird es zwar auf der einen Seite mit einer von vornherein durch die gegebene Kraft S_2 bestimmten Kraft N_2 angepreßt, der Anpressungsdruck N_1 an der anderen Seite hängt aber davon ab, welchen Reibungswiderstand das Seil an der Scheibe findet. Nimmt die Scheibe das Seil mit dem Reibungswiderstand W mit, zieht sie also das Seil links mit der Kraft $S_2 + W$ in die Höhe, so hängt von diesem Werte $S_1 = S_2 + W$, d. h. von W selbst, die Anpressung N_1 auf dieser Seite der Scheibe ab.

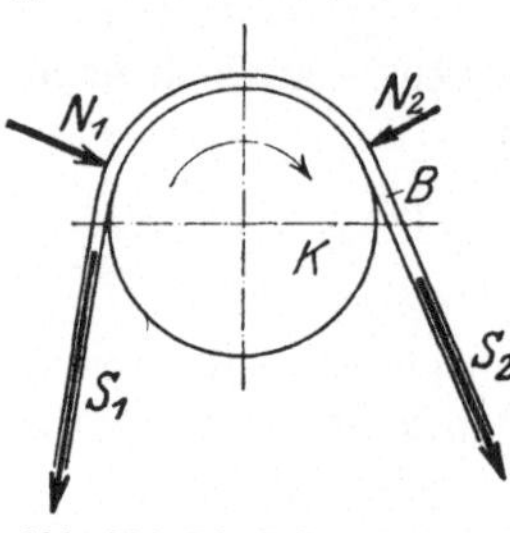

Abb. 204. Die Seilkräfte S_1 und S_2 und die unmittelbar an den Endpunkten des umspannten Bogens auftretenden Anpressungsdrucke N_1 und N_2.

Es bildet der den Wert W enthaltende Seilzug $S_1 = S_2 + W$ in Gemeinschaft mit dem eindeutig festgelegten Seilzuge S_2 gewissermaßen das, was bei einer Reibung nach Abb. 170 der von W unabhängige Faktor N ergab.

Die Seilreibung folgt der Gleichung

$$S_1 = S_2 \cdot e^{\mu \alpha}.$$

Darin bedeutet

S_1 die Zugkraft im ziehenden Ende,

S_2 die Zugkraft im gezogenen Ende,

e die Grundzahl der natürlichen Logarithmen,

μ den Reibungskoeffizienten zwischen Seile und Scheibe,

α den umspannten Bogen.

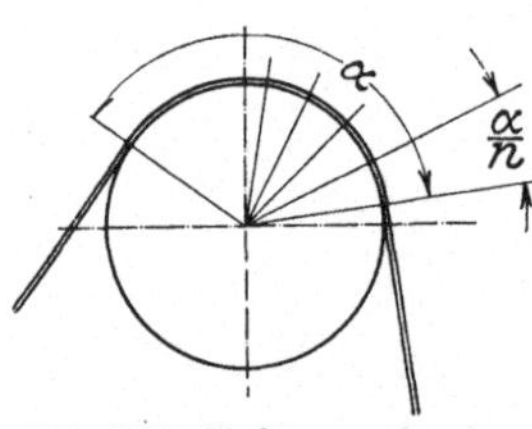

Abb. 205. Zerlegung des umspannten Bogens α in n Teile.

Teilt man den umspannten Winkel nach Abb. 205 in n Teile, so gilt für den ersten Teil, d. i. für einen Winkel von der Größe α/n, der Kräfteplan nach Abb. 206.

Die Anpressung erfolgt durch die Kraft N_2, die wegen der Geringfügigkeit des Unterschiedes zwischen S_2 und S_2' mit

$$N_2 = 2 \cdot \sin \frac{\alpha}{2n} \cdot S_2$$

angesetzt werden kann. Dieser Anpressungsdruck erzeugt den Reibungswiderstand W.

$$W = N_2 \cdot \mu = S_2 \cdot 2 \sin \frac{\alpha}{2n} \cdot \mu,$$

$$S_2' = S_2 + W = S_2 + S_2 \cdot 2 \sin \frac{\alpha}{2n} \cdot \mu.$$

Setzt man für den Sinus den Winkel selbst ein, was bei kleinen Winkelgrößen zulässig ist, so geht die vorstehende Gleichung über in

$$S_2' = S_2 + S_2 \cdot 2 \frac{\alpha}{2n} \cdot \mu = S_2 \left(1 + \mu \frac{\alpha}{n}\right).$$

Die so erzielte Kraft S_2' legt das Band an das zweite Bogenstückchen (Abb. 207) an, so daß die Spannkraft S_2'' am Ende dieses zweiten Bogenstückchens den Wert

$$S_2'' = S_2' \left(1 + \mu \frac{\alpha}{n}\right) = S_2 \left(1 + \mu \frac{\alpha}{n}\right)^2$$

erreicht.

So steigert sich die Spannkraft immer weiter auf

$$S_2 \left(1 + \mu \frac{\alpha}{n}\right)^3 \quad \text{auf} \quad S_2 \left(1 + \mu \frac{\alpha}{n}\right)^4 \ldots$$

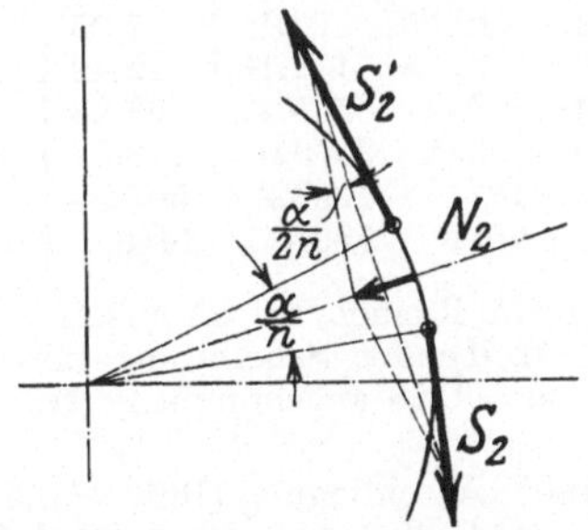

Abb. 206. Kräfte am ersten der n Teile des umspannenden Seilstückes.

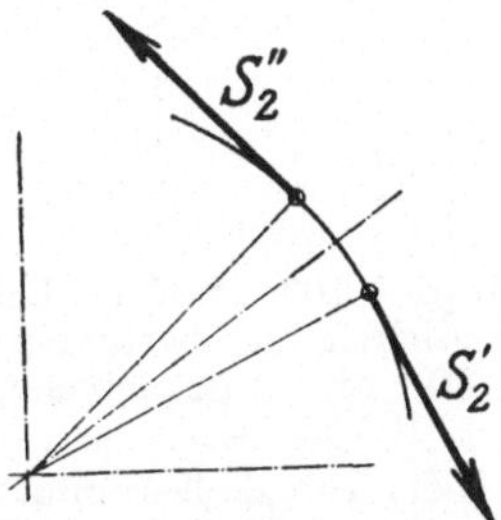

Abb. 207. Kräfte am zweiten der n Teile des umspannenden Seilstückes.

bis am Ende des letzten Stückchens der Wert

$$S_1 = S_2 \left(1 + \mu \frac{\alpha}{n}\right)^n$$

erzielt wird.

Der Klammerwert ist gleich $e^{\mu \alpha}$

$$S_1 = S_2 \, e^{\mu \alpha}. \tag{71}$$

(Siehe Anm. 7 am Schluß des Buches.)

Beispiel 102. Mit welcher Kraft nimmt eine Scheibe das Seil mit, wenn dasselbe bei einem Anpressen durch die Kraft $S_2 = 60$ kg so zur Anlage gebracht wird, daß es die Last $S_1 = 180$ kg zu heben vermag?

Bei einer losen Rolle würde $S_1 = S_2$ sein. Die in der Aufgabe festgelegte Differenz $S_1 - S_2 = 120$ kg ist gleich der Größe des Reibungswiderstandes W, der von der Scheibe durch die Seilreibung auf das Seil übertragen wird.

Der Wert von μ hängt, wie oben bereits erklärt, von zahlreichen Faktoren ab. (Die Auswertung derselben fällt in die Maschinenbaulehre.) Die folgende Tabelle gibt für eine Reihe verschiedener Werte für μ und α die Werte $e^{\mu \alpha}$.

Werte von $e^{\mu\alpha}$.

Verhältnis des umspannten Bogens α zum ganzen Kreisumfange $2\cdot\pi$	Lederriemen auf Scheibe aus				Hanfseile auf				Eiserne Bremsbänder auf eiserner Scheibe
	Holz	Gußeisen			Eisentrommel	Holztrommel	rauhem Holz	poliertem Holz	
	Zustand des Riemens								
	etwas gefettet	sehr gefettet	etwas gefettet	feucht					
$\dfrac{\alpha}{2\pi}$	$\mu=$				$\mu=0$				$\mu=$
	0,47	0,12	0,28	0,38	0,25	0,4	0,5	0,33	0,18
0,1	1,34	1,02	1,19	1,27	1,17	1,29	1,37	1,23	1,12
0,2	1,81	1,16	1,42	1,61	1,37	1,65	1,87	1,51	1,25
0,3	2,43	1,25	1,69	2,05	1,60	2,13	2,57	1,86	1,40
0,4	3,26	1,35	2,02	2,60	1,87	2,73	3,51	2,29	1,51
0,5	4,38	1,46	2,41	3,30	2,19	3,51	4,81	2,82	1,76
0,6	5,88	1,57	2,81	4,19	2,57	4,52	6,59	3,47	1,97
0,7	7,90	1,66	3,43	5,32	3,00	5,81	9,00	4,27	2,21
0,8	10,6	1,83	4,09	6,75	3,51	7,47	12,34	5,25	2,47
0,9	14,3	1,97	4,87	8,57	4,11	9,60	16,90	6,46	2,77
1,0	19,2	2,12	5,81	10,9	4,81	12,35	23,14	7,95	3,1
1,5					10,55	43,38	111,16	22,42	5,45
2,0					23,14	152,4	535,47	63,23	9,6
2,5					50,75	535,5	2576,0	178,5	16,9
3,0					111,3	1881	12392	502,9	29,8
3,5					244,2	6611	59610	1418	52,4

Beispiel 103. Welche Leistung vermag ein Riemen bei 25 m/sek Riemengeschwindigkeit zu übertragen, wenn an der treibenden Scheibe der umspannte Bogen 180°, an der getriebenen 144° beträgt, $\mu=0,28$ angenommen werden darf und $S_2=100$ kg ist?

Nach der Tabelle bestimmt sich $e^{\mu\alpha}$ für 180° Umschlingung (180° = 0,5 · 360; 0,5 = $\alpha/2\pi$) = 2,41 und für 144° Umschlingung (144 = 0,4 · 360; 40 = $\alpha/2\pi$) = 2,02. Die treibende Scheibe vermag mit $S_1=2,41\cdot100=241$ kg den Riemen zu ziehen, d. h. 241 — 100 = 141 kg an den Riemen abzugeben. Die getriebene Scheibe vermag jedoch nur die Differenz von 2,02 · 100 = 202 kg weniger 100 kg aus dem Riemen herauszuziehen. So werden auch nur 202 — 100 = 102 kg übertragen.

$$N = \frac{P\cdot v}{75} = \frac{102\cdot 25}{75} = 34\ \text{PS}.$$

(Es wird in diesem Falle die Reibung an der treibenden Scheibe nicht voll ausgenutzt; s. S. 118.)

Bei einer mehrfachen Umschlingung addieren sich die Umschlingungswinkel. Läuft an der ersten Rille das Seil mit $S_2 e^{\mu\alpha_1}$ auf, und kommt es umgelenkt durch die lose Rolle R (Abb. 207) nun mit dieser Spannkraft in die zweite Rille, so steigert sich in ihr die Kraft, von $S_2\cdot e^{\mu\alpha_1}$ ausgehend, auf das $e^{\mu\alpha_2}$fache, d. i. auf $S_2\cdot(e^{\mu\alpha_1})\cdot(e^{\mu\alpha_2})=S_2\cdot e^{\mu(\alpha_1+\alpha_2)}$. Es ist dieser Vorgang nur eine Wiederholung der vorstehenden Ableitung im größeren Maßstabe. Die kleinen Winkelstücke sind auf zwei Rollen verteilt. An der Addition ihrer Wirkungen wird dadurch nichts geändert.

Beispiel 104. Ein durch zwei Scheiben getriebenes Seil nach Abb. 209 ist im losen Ende mit $S_2=1500$ kg angespannt. Welche Zugkraft vermag dasselbe auszuüben, wenn $\mu=0,25$ beträgt; $\alpha_1/2\pi=0,7(\alpha_1=252°)$ und $\alpha_2/2\pi=0,5$ ($\alpha_2=180°$) ist? Welche Leistungen geben die beiden Scheiben einzeln an das Seil ab bei einer Seilgeschwindigkeit von $v=8$ m/sek?

Nach der Tabelle ist $e^{\mu\alpha_1}=3$, $\quad e^{\mu\alpha_2}=2,19$.

Die erste Scheibe steigert die Seilkraft von 1500 auf $1500 \cdot 3 = 4500$, nimmt also das Seil mit $4500 - 1500 = 3000$ kg mit. — Die zweite Scheibe steigert von 4500 kg ausgehend die Seilkraft auf $4500 \cdot 2{,}19 = 9800$ kg, überträgt also auf das Seil die Kraft von $9800 - 4500 = 5300$ kg.

Die erste Scheibe gibt an das Seil eine Leistung von

$$N = \frac{P \cdot v}{75} = \frac{3000 \cdot 8}{75} = 320 \text{ PS}$$

ab. Die zweite Scheibe gibt

$$\frac{5300 \cdot 8}{75} = 565 \text{ PS} \quad \text{ab.}$$

Beträgt die Seilbelastung nur 4900 kg bei 1500 kg Zug im losen Ende, so ergeben die Scheiben eine zweifache Sicherheit gegen Gleiten.

Die Bauart der auf Seilreibung fußenden Bandbremsen kennzeichnet Abb. 210 und 211. Das eine Bandende ist mit dem festen Punkte A, dem Drehpunkte des Hebels H verbunden. Die am Hebelarmende auf-

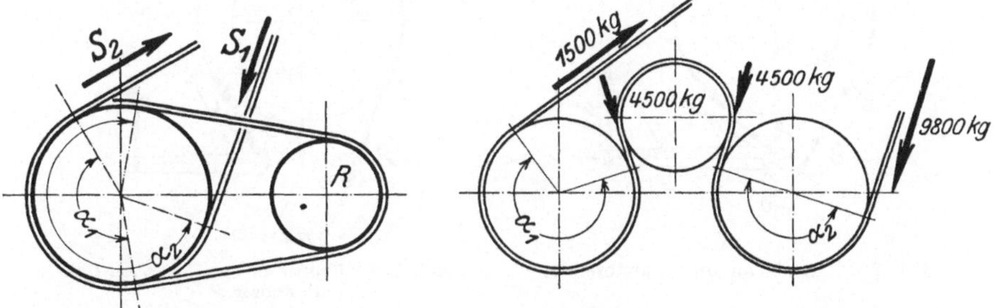

Abb. 208. Kräfte an einem Seil bei mehrfacher Umschlingung einer Scheibe.

Abb. 209. Kräfte an einem Seil bei Mitnahme durch 2 einzeln angetriebene Scheiben.

gewendete Kraft bringt das Seil mit $Z = K \cdot l/b$ zur Anlage. Bei einer Umdrehung im Sinne I ist Z die Zugkraft im losen Ende. Z bringt das Seil zur Anlage an der Scheibe. Das Seil wird von der Scheibe so mitgenommen, daß es das andere Ende mit $U = Z \cdot e^{\mu \alpha}$ zieht bzw. vom Seil mit $Z \cdot e^{\mu \alpha}$ zurückgehalten wird. Die Bremsung erfolgt dann mit der Kraft

$$P = Z \cdot e^{\mu \alpha} - Z = Z(e^{\mu \alpha} - 1) = \frac{K \cdot l}{b}(e^{\mu \alpha} - 1),$$

$$P = \frac{K \cdot l}{b}(e^{\mu \alpha} - 1). \tag{72}$$

Bei einer Drehung im umgekehrten Sinne II ist $Z = K \cdot l/b$ die im straffen Ende herrschende Kraft.

$Z - U$ ist die übertragene Kraft, wobei $Z = U e^{\mu \alpha}$ ist.

$$P = Z - U = Z - \frac{Z}{e^{\mu \alpha}} = Z \frac{e^{\mu \alpha} - 1}{e^{\mu \alpha}} = \frac{K l}{b} \frac{e^{\mu \alpha} - 1}{e^{\mu \alpha}},$$

$$P = \frac{K \cdot l}{b} \cdot \frac{e^{\mu \alpha} - 1}{e^{\mu \alpha}}. \tag{73}$$

Beispiel 105. Welche Bremskraft übt eine Bremsanordnung nach Abb. 210 aus, wenn $e^{\mu\alpha} = 2{,}47\,(\alpha = 0{,}8 \cdot 2 \cdot \pi;\;\; \mu = 0{,}18)$ beträgt, und $K = 20\,\text{kg}$, $l = 1200\,\text{mm}$, $b = 100\,\text{mm}$ ist?

Umlaufsinn I:
$$P_1 = \frac{K \cdot l}{b} \cdot (e^{\mu\alpha} - 1) = \frac{20 \cdot 1200}{100} \cdot (2{,}47 - 1) = 354\,\text{kg},$$

Umlaufsinn II:
$$P_2 = \frac{K \cdot l}{b}\left(\frac{e^{\mu\alpha} - 1}{e^{\mu\alpha}}\right) = \frac{20 \cdot 1200}{100} \cdot \frac{2{,}47 - 1}{2{,}47} = 133\,\text{kg}.$$

Bei der Drehrichtung I wirkt eine Bremskraft $P_1 = 354$, bei der Drehrichtung II wird mit nur 133 kg gebremst.

Bei der Differentialbremse nach Abb. 211 führen beide Seilenden zu beweglichen Punkten am Hebel.

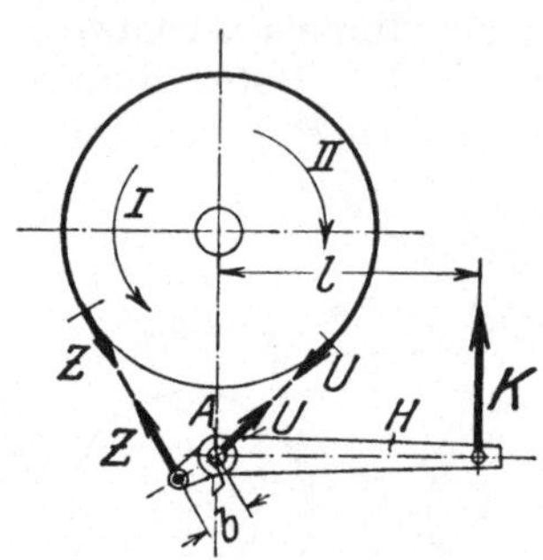

Abb. 210. **Kräfte an einer Bandbremse.**

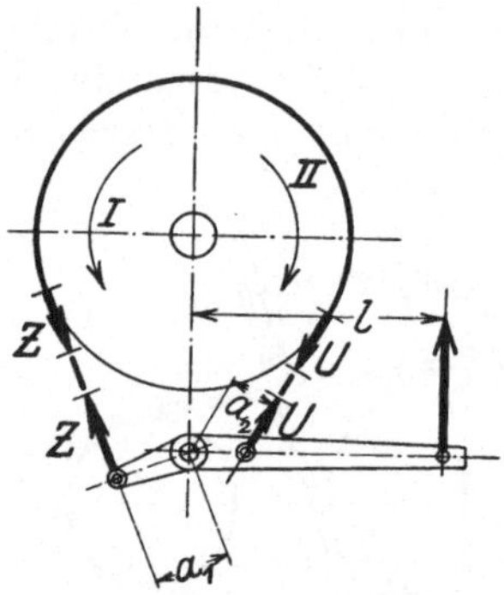

Abb. 211. **Kräfte an einer Differential-Bandbremse.**

Die dritte Gleichgewichtsbedingung für den Hebeldrehpunkt aufgestellt, verlangt bei Drehsinn I

$$-K \cdot l + Z \cdot a_1 - U \cdot a_2 = 0,$$
$$U = Z \cdot e^{\mu\alpha},$$
$$K \cdot l = Z \cdot a_1 - Z \cdot e^{\mu\alpha} \cdot a_2,$$
$$Z = \frac{K \cdot l}{a_1 - e^{\mu\alpha} \cdot a_2},$$
$$P = U - Z = Z \cdot e^{\mu\alpha} - Z = Z(e^{\mu\alpha} - 1),$$
$$\boldsymbol{P = \frac{K \cdot l \cdot (e^{\mu\alpha} - 1)}{a_1 - a_2 \cdot e^{\mu\alpha}}.} \tag{74}$$

Für den Drehsinn II folgt aus

$$-K \cdot l + Z \cdot a_1 - U \cdot a_2 = 0 \quad \text{und} \quad Z = U \cdot e^{\mu\alpha},$$
$$K \cdot l = Z \cdot a_1 - U \cdot a_2 = Z \cdot a_1 - \frac{Z \cdot a_2}{e^{\mu\alpha}} = \frac{a_1 \cdot e^{\mu\alpha} - a_2}{e^{\mu\alpha}} \cdot Z,$$
$$P = Z - U = Z \cdot (e^{\mu\alpha} - 1) = \frac{K \cdot l \cdot (e^{\mu\alpha} - 1)}{a_1 \cdot e^{\mu\alpha} - a_2} \cdot e^{\mu\alpha},$$
$$\boldsymbol{P = \frac{K \cdot l \cdot (e^{\mu\alpha} - 1) \cdot e^{\mu\alpha}}{a_1 \cdot e^{\mu\alpha} - a_2}.} \tag{75}$$

Führt man bei der Verwendung für den Drehsinn I die Bremse mit $a_1 = a_2 e^{\mu \alpha}$ aus, so wird $K = 0$.

$$P = \frac{K \cdot l \cdot (e^{\mu \alpha} - 1)}{a_2 e^{\mu \alpha} - a_2 e^{\mu \alpha}},$$

$$P = \frac{K \cdot l \cdot (e^{\mu \alpha} - 1)}{0}.$$

Der Nenner ist Null. Obschon der Zähler Null ist, bleibt P ein von Null abweichender Wert.

Es sperrt die Bremse selbst.

4. Standsicherheit bei Berücksichtigung, der Reibung.

Die Belastbarkeit eines Körpers, dessen Gleichgewicht durch das Auftreten der Reibung an den Stützpunkten gesichert ist, beurteilt sich am einfachsten an Hand einer zeichnerischen Auftragung. Ein Körper, an dessen Stützflächen keine Reibung auftritt, kann nur durch Kräfte, die senkrecht durch die Stützflächen gehen, gehalten werden. Es darf demzufolge der Körper K in Abb. 212 nur so belastet sein, daß die Resultante seiner Belastungskräfte durch den Schnittpunkt S der beiden Normalen $a-a$ und $b-b$ geht. Denn nur dann läßt sich die Resultante in diese beiden Richtungen zerlegen.

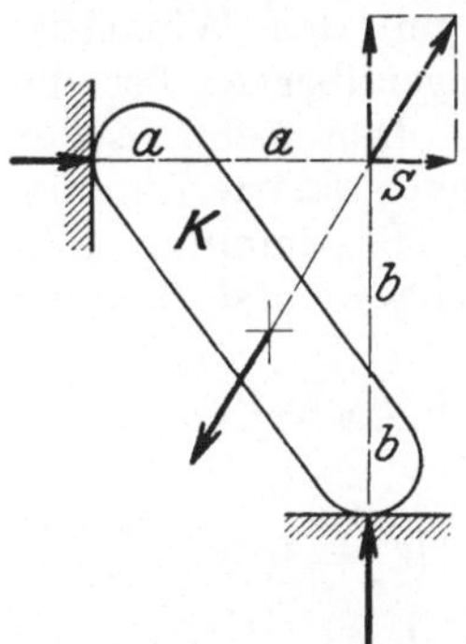

Abb. 212. Belastung eines angelehnten Körpers K bei reibungsloser Stützung.

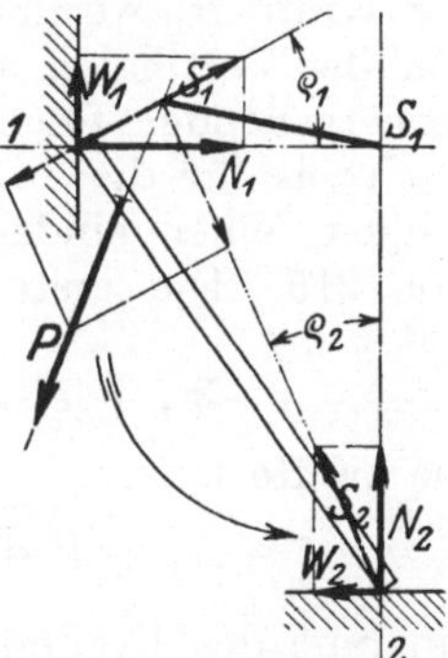

Abb. 213. Belastung eines angelehnten Körpers beim Auftreten von Reibung an den Stützpunkten.

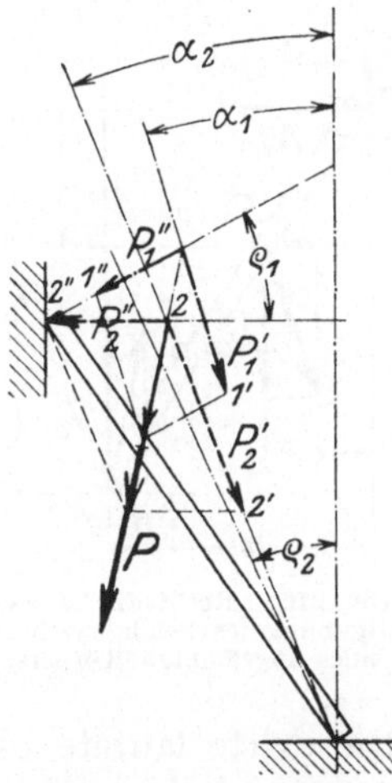

Abb. 214. Unbestimmtheit der Stützkraftgrößen und Stützkraftrichtungen bei einem angelehnten Körper.

Tritt an den Stützpunkten Reibung auf, so kann die Stützkraft um den Reibungswinkel von der Normalen im Berührungspunkte abweichen. Bei einer Stützung des schrägstehenden Stabes nach Abb. 213 wird so lange Gleichgewicht vorhanden sein, als die den Stab belastende Kraft eine Zerlegung in zwei Stützkräfte, die um nicht mehr als die Reibungswinkel von den Normalen abweichen, zuläßt. Hat (Abb. 213) der Reibungswinkel an der Stützfläche 1 die Größe ϱ_1 und an der Stützfläche 2 die Größe ϱ_2, so ist die Kraft P im Gleichgewicht durch die beiden Stützkräfte S_1 und S_2. Zerlegt man diese Stützdrücke in die

Normalkräfte N_1 und N_2, so ergeben sich die Reibungswiderstände W_1 und W_2,

$$W_1 = N_1 \cdot \operatorname{tg} \varrho_1, \qquad W_2 = N_2 \cdot \operatorname{tg} \varrho_2.$$

Hat die Last eine Lage, die ohne Inanspruchnahme des erreichbaren Höchstwertes an Reibung im Gleichgewicht gehalten werden kann, so sind viele Lösungen möglich. Abb. 214 zeigt einen solchen Fall. Es läßt sich die Kraft P zerlegen in die Werte P_1' und P_1'' und auch in die Werte P_2' und P_2''. Rechnet man damit, daß die Stützung durch die letztgenannten beiden Kräfte erfolgt, so wird für das Gleichgewicht das Auftreten der Reibung im oberen Stützpunkte überhaupt nicht nutzbar gemacht. Es steht die Kraft P_2'' senkrecht auf der oberen Stützfläche. Auch an der unteren Stützfläche wird nicht der volle Reibungswiderstand beansprucht. Es weicht die Richtung der Kraft P_2' nur um den Winkel α_2 von der Vertikalen ab, während der Reibungswinkel eine Abweichung um ϱ_2 zuläßt.

Bei der Stützung durch P_1' und P_1'' ist angenommen, daß am oberen Stützpunkt der volle Reibungswiderstand ausgenutzt wird. Es weicht die Richtung der Kraft P_1'' um den vollen Winkel ϱ_1 von der Vertikalen ab. Dafür wird in diesem Fall die Reibung an der unteren Fläche in noch geringerem Maße in Anspruch genommen als bei der vorher beschriebenen Kraftzerlegung. Die Richtung der Kraft P_1' weicht nur um den Winkel α_1 von der Vertikalen ab, gegenüber α_2 bei der vorhergehenden Rechnung. Den rechnerischen Nachweis für die im obigen erklärte Unmöglichkeit einer eindeutigen Bestimmung gibt Abb. 215. Die erste Gleichgewichtsbedingung lautet

$$-W_1 + P \cdot \cos \alpha - N_2 = 0.$$

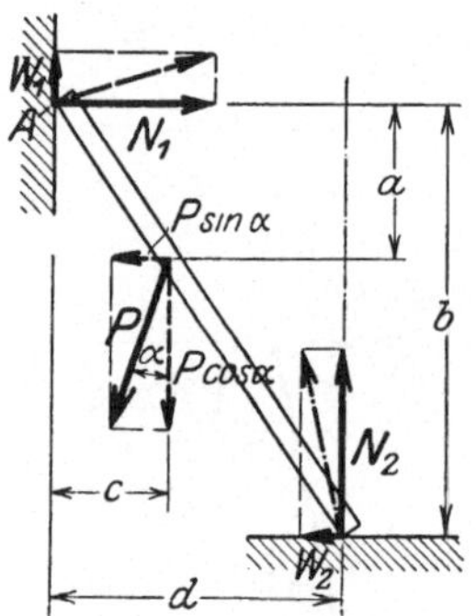

Abb. 215. Rechnerische Bestimmung des Gleichgewichtes eines angelehnten Körpers.

Die zweite lautet

$$-N_1 + P \sin \alpha + W_2 = 0.$$

Die dritte lautete bei Annahme des Drehpunktes A

$$+P \cdot \sin \alpha \cdot a + P \cdot \cos \alpha \cdot c - N_2 \cdot d + W_2 \cdot b = 0.$$

Zu diesen drei Gleichungen kommen hinzu die zwei Reibungsgleichungen

$$W_1 = N_1 \cdot \mu_1, \qquad W_2 = N_2 \cdot \mu_2.$$

Es sind somit fünf Gleichungen vorhanden für die vier Bestimmungsstücke N_1, N_2, W_1 und W_2. Man ist also nicht genötigt, alle anderen acht Größen P, α, a, b, c, d, μ_1 und μ_2 als gegeben anzusehen, sondern es kann von diesen noch eine Größe als Unbekannte eingesetzt werden.

Diese Möglichkeit, die schon der Vergleich der Abb. 212 und 214 kennzeichnet, verdeutlicht die Abb. 216.

Es sind in der Abb. 216 an den beiden Stützpunkten die Reibungswinkel ϱ_1 und ϱ_2 nach beiden Seiten aufgetragen als ϱ_1, ϱ_1', ϱ_2 und ϱ_2'. Ist der Stab so belastet, daß er nach abwärts zu gleiten bestrebt ist, so kann der Stützdruck an der Horizontalfläche um ϱ_2 gegen die Normale geneigt sein. Ist eine Kraftzerlegung möglich, welche einen in den Winkel ϱ_2 fallenden Stützdruck ergibt, so ist der Stab, was seine Stützung an der Horizontalfläche anlangt, im Gleichgewicht. An der Vertikalstützfläche kann bei dieser Bewegung die Abweichung ϱ_1 betragen. Ist die Zerlegung der Last nun so möglich, daß der andere Stützdruck in dieses Feld zu liegen kommt, so ist das Gleichgewicht auch hier gesichert. Daraus folgt, daß die Last so liegen muß, daß ihre Richtung durch die kreuzweis schraffierte Fläche geht. Denn nur dann ist eine Zerlegung möglich, welche in beide Winkel ϱ_1 und ϱ_2 fällt. Da die äußersten

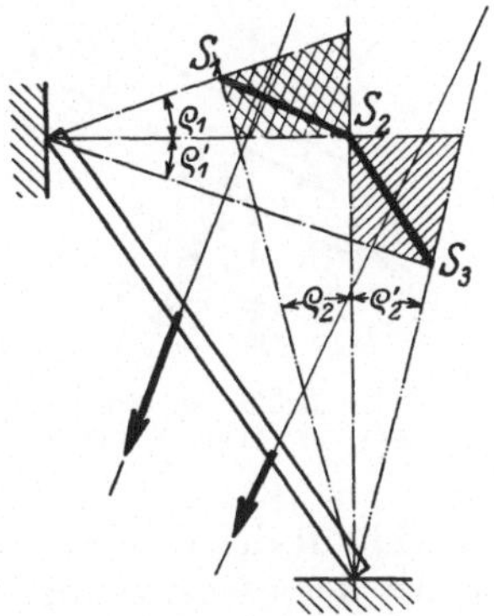

Abb. 216. Standsicherheit eines angelehnten Körpers.

Punkte dieser Fläche die Endpunkte der Diagonale S_1 und S_2 sind, so wird man als Bedingung für das Gleichgewicht die Forderung aufstellen, daß die Kraftrichtung die Strecke S_1-S_2 kreuzt.

Verfolgt man die gleiche Überlegung für ein Hochgleiten des Körpers, so treten die Reibungsneigungen ϱ_1' und ϱ_2' in Wirksamkeit. Die neue Bedingung wird verlangen, daß die Kraftrichtung die Strecke S_2-S_3 schneidet, soll Gleichgewicht möglich sein. Damit ergibt sich als Gesamtbedingung für das Gleichgewicht, daß die Kraftrichtung die Strecke S_1-S_3 schneidet.

G. Dynamik.

Die Dynamik umfaßt die Lehre von den Kräften, die eine von 0 abweichende Bewegungsänderung des Körpers herbeiführen, d. h. von denjenigen Kraftwirkungen, die überhaupt eine Bewegungsänderung zeitigen.

Die Zusammenfassung der beiden Kapitel „Statik" und „Dynamik" einerseits zu dem einheitlichen Kapitel „Mechanik" und die Trennung dieses Kapitels Mechanik andererseits von dem Abschnitt „Festigkeitslehre" hat dazu geführt, daß man auch die Statik als Lehre von bewegungsändernden Kraftwirkungen auffaßt. Es widerspricht diese Einteilung zwar dem Empfinden. Eine Kraftwirkung, die eine Bewegungsänderung von der Größe Null erzeugt, ist dem Gefühl nach eine Kraftwirkung, welche keine Bewegungsänderungen ergibt. Vom rein mathematischen Standpunkt aus ist jedoch Null genau so gut eine Zahl wie 1, und zwischen einer wirklichen Bewegungsänderung und dem Verharren in Ruhe oder in gleichförmiger, geradliniger Bewegung besteht kein grundsätzlicher, sondern nur ein gradueller Unterschied.

1. Bewegung eines Körpers auf einer schiefen Ebene.

Auf den auf der schiefen Ebene ruhenden Körper (Abb. 217) wirkt das Eigengewicht, das in die zwei Komponenten $G \cdot \sin\alpha$ und $G \cdot \cos\alpha$ sich zerlegen läßt. Die Stützkraft, welche die schiefe Ebene auf den Körper ausübt, hält der Komponenten $G\cos\alpha$ das Gleichgewicht. Die andere Komponente ist, wenn die Reibung unberücksichtigt bleibt, nicht ausgeglichen. Sie beschleunigt den Körper nach der Gleichung

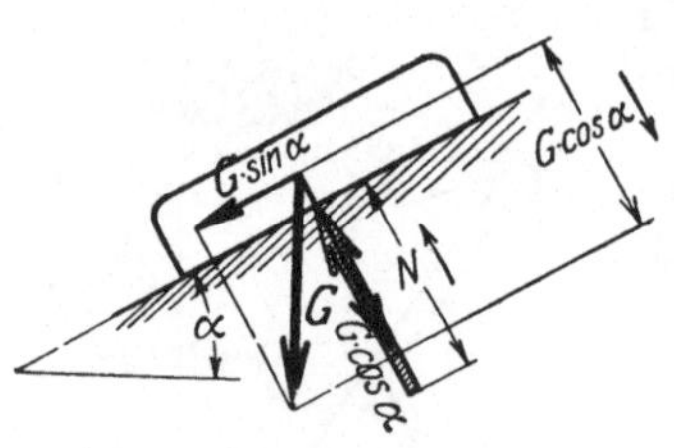

Abb. 217.　Kräfte an einem Körper auf einer schiefen Ebene.

$$G \cdot \sin\alpha = m \cdot p,$$

$$\boldsymbol{p = \frac{G}{m} \cdot \sin\alpha = g \cdot \sin\alpha}. \qquad (76)$$

Durchläuft der Körper mit dieser Beschleunigung den Weg s, so kommt er mit der Geschwindigkeit v am unteren Ende der Bahn an.

$$s = \frac{v^2 - v_0^2}{2\,p} \quad \text{(Gl. 10)}, \qquad v_0 = 0,$$

$$v^2 = 2\,p \cdot s, \qquad v = \sqrt{2 \cdot p \cdot s} = \sqrt{2 \cdot g \cdot \sin\alpha \cdot s}.$$

Setzt man für s den Wert $h/\sin\alpha$ ein, so geht die obige Gleichung über in

$$v = \sqrt{2gh}.$$

Wie bereits S. 41 erklärt, ist die Geschwindigkeit v, mit der ein Körper eine Fläche kreuzt, unabhängig von der Richtung der Geschwindigkeit an dieser Stelle. Dieselbe ist lediglich bestimmt durch den Höhenunterschied zwischen dem Ausgangspunkt und dem Endpunkt seiner Bahn.

Berücksichtigt man die Reibung, so steht der Wirkung der Komponenten $G \cdot \sin\alpha$ der Reibungswiderstand in der Größe $G \cdot \cos\alpha \cdot \mu$ entgegen. Es folgt die Bewegung nun der Gleichung

$$P = G\sin\alpha - G \cdot \cos\alpha \cdot \mu = m \cdot p,$$

$$\boldsymbol{p = g \cdot \sin\alpha - g\cos\alpha \cdot \mu}. \qquad (77)$$

Es erreicht der Körper auf dem Wege s die Endgeschwindigkeit v berechnet aus $v = p \cdot t$ und $s = \dfrac{p t^2}{2}$ mit

$$v^2 = 2 \cdot p \cdot s = 2 \cdot (g\sin\alpha - g \cdot \cos\alpha \cdot \mu)\,\frac{h}{\sin\alpha} = 2h \cdot \left(g - g \cdot \frac{\mu}{\operatorname{tg}\alpha}\right).$$

Die Endgeschwindigkeit ist nicht mehr unabhängig von der Länge der Bahn bzw. α. Es tritt vielmehr, wie bereits S. 116 grundsätzlich erklärt, hervor, daß die Länge der Bahn von maßgebendem Einfluß auf die Größe der Verluste ist und daß für alle praktischen Arbeitsverhältnisse eine Vergrößerung der Bahn, d. i. eine Verkleinerung von α, eine Erhöhung der Verluste, d. i. eine Herabsetzung des Wirkungsgrades, bedeutet.

Bei einem Herabrollen eines Körpers an einer schiefen Ebene wirkt der beschleunigenden Kraft $G \cdot \sin\alpha$ nur der Rollwiderstand in der Größe $G \cdot f/r$ entgegen. Der Körper wird demnach eine Beschleunigung von der Größe p, die sich aus der Komponenten $G \cdot \sin\alpha$ weniger Widerstand der rollenden Reibung $G \cdot f/r$ be-rechnet, erfahren. Es handelt sich in diesem Falle um eine doppelartige Beschleunigung des Körpers. Der Körper muß einmal in Rotation versetzt werden, d. h. eine Winkelbeschleunigung erhalten. Er muß zweitens parallel der schiefen Ebene beschleunigt heruntergehen, d. i. eine geradlinige Beschleunigung erfahren. Es berechnet sich der Beschleunigungsvorgang nach Abb. 218 wie folgt. Gleicht man die geradlinige Beschleunigung $+p$

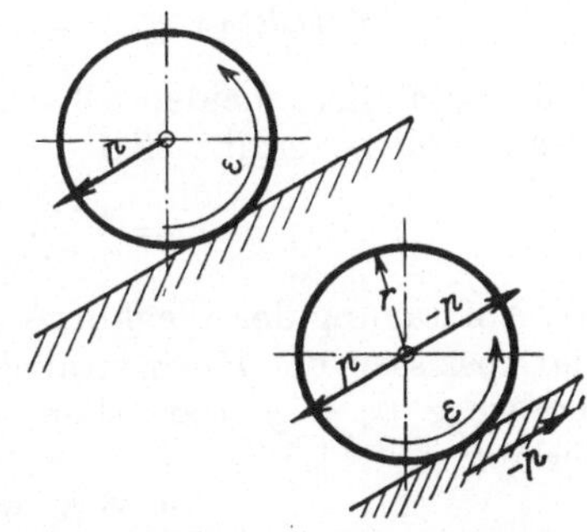

Abb. 218. Beschleunigung in der Achsenbewegung (p) und Winkelbeschleunigung (ε) beim Herabrollen eines Körpers.

dadurch aus, daß man dem ganzen System eine Beschleunigung in umgekehrter Richtung ($-p$) nach oben erteilt, indem man die Unterlage der Rolle entgegen nach oben beschleunigt, so kommt der Rollenmittelpunkt zum Stillstehen. Die Umfangsbeschleunigung des Rades ($-p$) ist gleich $\varepsilon \cdot r$. Demnach war p ebenfalls $= \varepsilon \cdot r$.

2. Der schiefe Wurf.

Ein im Raume freier Körper erfährt durch die Wirkung der Erdanziehung eine gleichförmig beschleunigte Bewegung in vertikaler Richtung abwärts mit der Beschleunigung $g = 9{,}81$ m/s². Besitzt er beim Freiwerden, z. B. beim Abwurf oder beim Fortnehmen der ihn stützenden Unterlage eine bestimmte Geschwindigkeit in einer bestimmten Richtung, so tritt zu dieser gegebenen Geschwindigkeit nun die gleichförmig beschleunigte Geschwindigkeit des freien Falles hinzu.

Zur Vereinfachung der Rechnungen zerlegt man die Wurfgeschwindigkeit in zwei Komponenten (Abb. 219), in eine Vertikal- und eine Horizontalkomponente, und verfolgt die Gesamtbewegung getrennt nach Horizontalbewegung und nach Vertikalbewegung. Die Horizontalbewegung ist eine gleichförmige Bewegung mit der Geschwindigkeit $v \cdot \cos\alpha$ (Abb. 219). Die Vertikalbewegung ist eine gleichförmig verzögerte mit der Anfangsgeschwindigkeit $v \cdot \sin\alpha$ und der Verzögerung $g = 9{,}81$ m/s².

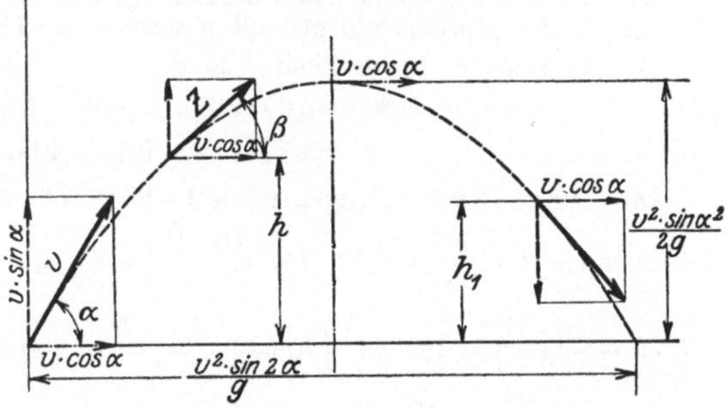

Abb. 219. Bewegung eines Körpers beim schiefen Wurf. Geschwindigkeiten an verschiedenen Stellen der Bahn.

Nach Gleichung (1) auf S. 3 und nach Gleichung (9) auf S. 14 ergeben sich die beiden Weggleichungen

$$\text{Horizontalweg } s_h = v \cdot \cos\alpha \cdot t, \qquad \left(t = \frac{s_h}{v \cdot \cos\alpha}\right),$$

$$\text{Vertikalweg } s_v = v \cdot \sin\alpha \cdot t - \frac{g \cdot t^2}{2}.$$

Faßt man diese beiden Gleichungen unter Herausschaffen der Zeit t zusammen, so ergibt sich

$$s_v = \frac{v \cdot \sin\alpha \cdot s_h}{v \cdot \cos\alpha} - \frac{g}{2} \cdot \frac{s_h^2}{v^2 \cdot \cos^2\alpha}.$$

Die Auftragung der Wegkurve in einem Koordinatensystem, in welchem die Abszissen die Horizontalwege ($s_h = x$) und die Ordinaten die Vertikalwege ($s_v = y$) darstellen, gibt den in Abb. 220 gekennzeichneten Verlauf.

$$x = y \cdot \operatorname{tg}\alpha - \frac{g}{2} \cdot \frac{y^2}{v^2 \cos^2\alpha}. \tag{78}$$

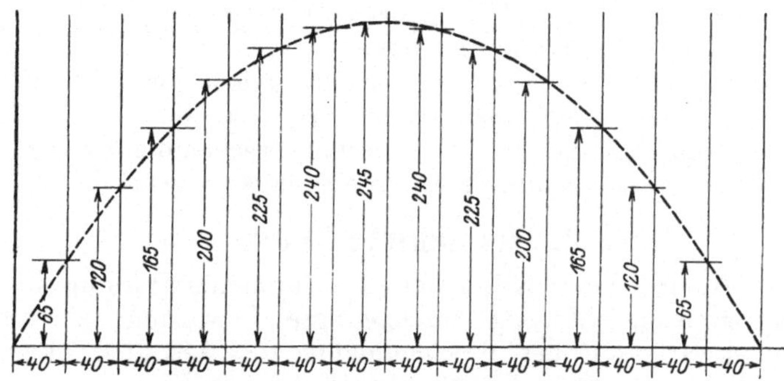

Abb. 220. Bahn eines Körpers bei schiefem Wurfe.

Beispiel 107. Welche Bahn durchfliegt ein Stein, der mit $v = 80$ m/sek unter 60° gegen die Horizontale geneigt geworfen wird?

Die Anfangsgeschwindigkeiten sind:

$$v \cdot \sin\alpha = 80 \cdot \sin 60 = 80 \cdot 0{,}866 = 69{,}28 = \sim 70 \text{ m/sek}$$

und

$$v \cdot \cos 60 = 80 \cdot 0{,}5 = 40 \text{ m/sek}.$$

Die Vertikalwege betragen nach 1—2—3—4—5—6—7—8 sek

$$s = v \cdot \sin\alpha \cdot t - \frac{gt^2}{2} = \left(70 \cdot 1 - \frac{10 \cdot 1^2}{2}\right) = 65 \text{ m}, \quad \left(70 \cdot 2 - \frac{10 \cdot 2^2}{2}\right) = 120 \text{ m},$$

$$\left(70 \cdot 3 - \frac{10 \cdot 3^2}{2}\right) = 165 \text{ m}, \quad \left(70 \cdot 4 - \frac{10 \cdot 4^2}{2}\right) = 200 \text{ m}, \quad \left(70 \cdot 5 - \frac{10 \cdot 5^2}{2}\right) = 225 \text{ m},$$

$$\left(70 \cdot 6 - \frac{10 \cdot 6^2}{2}\right) = 240 \text{ m}, \qquad \left(70 \cdot 7 - \frac{10 \cdot 7^2}{2}\right) = 245 \text{ m},$$

$$\left(70 \cdot 8 - \frac{10 \cdot 8^2}{2}\right) = 240 \text{ m}, \qquad \left(70 \cdot 9 - \frac{10 \cdot 9^2}{2}\right) = 225 \text{ m}.$$

Die Horizontalwege betragen nach 1—2—3—4 . . . sek

$$s = v \cdot \cos\alpha \cdot t = 40 \cdot t, \qquad 40 \text{ m} - 80 \text{ m} - 120 \text{ m} - 160 \text{ m} \ldots$$

Die Auftragung dieser Werte ergibt den Verlauf der Kurve (Abb. 220).

Die Geschwindigkeit in den einzelnen Punkten der Bahn bestimmt sich als die Resultante aus den beiden Werten $v \cdot \cos\alpha$ und $v \cdot \sin\alpha - g \cdot t$. Ihre Richtung ist gleichfalls durch diese beiden Werte bestimmt. Es ist

$$\mathrm{tg}\,\beta = \frac{v \cdot \sin\alpha - g \cdot t}{v \cdot \cos\alpha}.$$

Da für die Berechnung der Einzelwerte von β zunächst die Zeit t bestimmt werden müßte, stellt man die Geschwindigkeit des Körpers an beliebigen Punkten der Bahn bequemer fest durch eine Rechnung nach der Arbeitsbilanz.

In dem um die Höhe h über dem Abschußpunkte liegenden Bahnpunkte ist die dem Körper beim Abschluß als lebendige Kraft mitgegebene mechanische Arbeit $\frac{m \cdot v^2}{2}$ enthalten in den beiden Teilwerten $A_1 = G \cdot h$ und $A_2 = \frac{m \cdot z^2}{2}$. z Geschwindigkeit in dem Bahnpunkte in h m Höhe. Setzt man die Gesamtarbeit, die der Körper erhalten hat, der Summe der beiden Teilwerte gleich, so folgt:

$$\frac{m\,v^2}{2} = G \cdot h + \frac{m \cdot z^2}{2}.$$

Durch Herausheben von m folgt

$$v^2 = 2 \cdot g \cdot h + z^2.$$

Beispiel 108. Mit welcher Geschwindigkeit kreuzt ein mit 400 m/sek unter einem Winkel von 50° gegen die Horizontale abgefeuertes Geschoß den um 2000 m höher liegenden Punkt seiner Bahn?

$$v^2 = 2 \cdot g \cdot h + z^2, \qquad 400^2 = 2 \cdot 10 \cdot 2000 + z^2,$$

$$z^2 = 160000 - 40000 = 120000, \qquad z = 346,4 \text{ m/sek}.$$

Auch die Richtung der Geschwindigkeit an den einzelnen Punkten der Bahn läßt sich durch eine Rechnung mit der Arbeitsbilanz ermitteln. Da die Horizontalgeschwindigkeit des Körpers unverändert bleibt $v \cdot \cos\alpha$, läßt sich die Neigung der Bahn aus der nach der Arbeitsbilanz festgestellten wirklichen Geschwindigkeit z und dieser Horizontalgeschwindigkeit ermitteln.

$$\cos\beta = \frac{v \cdot \cos\alpha}{z}.$$

Beispiel 109. Unter welcher Neigung kreuzt ein mit $v = 400$ m/sek unter 50° gegen die Horizontale abgefeuertes Geschoß den um 2000 m höher liegenden Punkt seiner Bahn?

Die Geschwindigkeit des Geschosses an diesem Punkte der Bahn ist (s. Beispiel 108) $z = 346,4$ m/sek. Die Horizontalkomponente ist

$$v \cdot \cos\alpha = 400 \cdot \cos 50 = 400 \cdot 0{,}642 = 256{,}8, \qquad \cos\beta = \frac{256{,}8}{346{,}4} = 0{,}742, \qquad \beta = 42°\,10'.$$

Den Gipfelpunkt der Bahn erreicht der Körper in dem Augenblick, in welchem seine Vertikalgeschwindigkeit gleich Null wird. Das ist, wenn die Gleichung $v_v = v \cdot \sin\alpha - g \cdot t = 0$ erfüllt ist. $t = \frac{v \cdot \sin\alpha}{g}$ sek. Die Steighöhe berechnet sich am einfachsten, wenn man nur die Vertikalgeschwindigkeit für sich allein in Rücksicht zieht, als Weg mit der von $v_v = v \cdot \sin\alpha$ auf $v_v = 0$ in der Zeit von $t = \dfrac{v \cdot \sin\alpha}{g}$ gleichförmig verzögerten Geschwindigkeit

$$s_v = \frac{v \cdot \sin\alpha + 0}{2} \cdot \frac{v \cdot \sin\alpha}{g} = \frac{v^2 \cdot \sin^2\alpha}{2g} \, . \tag{79}$$

Die Wurfweite ist gleich der doppelten Entfernung des Gipfelpunktes vom Abschußpunkt, da die Bahn vollkommen symmetrisch ist. Zu der konstant bleibenden Horizontalgeschwindigkeit $v \cdot \cos\alpha$ kommt auf dem ersten Teile der Bahn die mit g gleichförmig verzögerte Bewegung hinzu. Auf dem zweiten Teile der Bahn tritt an deren Stelle die mit g gleichförmig beschleunigte Bewegung in Abwärtsrichtung.

Die Wurfweite berechnet sich so aus der doppelten Zeit $t = 2 \cdot \dfrac{v \cdot \sin\alpha}{g}$ bis zur Erreichung des Gipfelpunktes und der konstanten Horizontalgeschwindigkeit $v \cdot \cos\alpha$ mit der Größe

$$s_h = \frac{v \cdot \cos\alpha \cdot 2 \cdot v \cdot \sin\alpha}{g} = \frac{v^2 \cdot 2\sin\alpha \cdot \cos\alpha}{g} \, .$$

Da

$$2 \cdot \sin\alpha \cdot \cos\alpha = \sin 2\alpha$$

ist, folgt

$$\text{Wurfweite} = \frac{v^2 \cdot \sin 2\alpha}{g} \, . \tag{80}$$

Bei gegebener Abschußgeschwindigkeit v wird die größte Wurfweite erzielt, wenn der Faktor $\sin 2\alpha$ seinen Höchstwert hat. $\sin 2\alpha$ erreicht für $2\alpha' = 90°$ seinen Höchstwert 1. Damit beträgt die maximale Wurfweite

$$s_{\max} = \frac{v^2}{g} \, .$$

Beispiel 110. Welche Wurfweite läßt sich mit einem mit $v = 1200$ m/sek abgefeuerten Geschoß erzielen?

$$s_{\max} = \frac{v^2}{g} = \frac{1200^2}{g} = 144\,000\,\text{m} = 144\,\text{km} \, .$$

Beispiel 111. Welche Wurfweite hat ein unter $50°$ gegen die Horizontale mit $v = 800$ m/sek abgefeuertes Geschoß?

$$s = \frac{v^2 \cdot \sin 2\alpha}{g} = \frac{800^2 \cdot \sin 110}{g} = \frac{800^2 \cdot \sin 80°}{g} = \frac{800^2 \cdot 0{,}985}{g}$$
$$= 63\,000\,\text{m} = 63\,\text{km} \, .$$

Da der Wert der Wurfweite durch $\sin 2\alpha$ bestimmt ist, ergeben sich für das Treffen eines Punktes zwei Möglichkeiten des Abschusses. $\sin 2\alpha$ gibt den gleichen Wert für $\alpha_1 = (45 + \gamma)°$ wie für $\alpha_2 = (45 - \gamma)°$.

3. Das Gleichgewicht an einem beschleunigten Körper; das d'Alembertsche Prinzip.

Greift an einem Körper eine Kraft an, welche nicht durch die anderen auf den Körper wirkenden Kräfte zu Null ergänzt wird, so erfährt der Körper durch diese Kraft eine Bewegungsänderung. Die Massenteilchen des Körpers setzen dieser Bewegungsänderung einen Widerstand entgegen. Man sagt, der Widerstand rührt von der Trägheit der Masse her. Es will die Masse des Körpers in ihrem jeweiligen Bewegungszustande verharren. In diesem Sinne spricht man auch von einem Beharrungswiderstand oder Trägheitswiderstand einer Masse.

Der Trägheitswiderstand W der Masse ist gleich Masse mal Beschleunigung

$$W = m \cdot p. \tag{81}$$

Die Aufgaben der Dynamik werden auf Statikaufgaben dadurch zurückgeführt, daß man diesen Trägheitswiderstand als äußere Kraft hinzufügt.

Wie man bei allen Aufgaben, welche die Berücksichtigung der Reibung verlangen, den Reibungswiderstand als äußere Kraft hinzufügt, so hat man bei allen Dynamikaufgaben den aus der Masse des Körpers resultierenden Trägheitswiderstand bei der Lösung der Aufgaben mit in Rechnung zu stellen. Dieser Vergleich des Trägheitswiderstandes mit dem Reibungswiderstand hat noch eine weitere Ähnlichkeit. Die Richtung des Reibungswiderstandes ist nicht unmittelbar durch die Aufgabe gegeben. Sie wird festgelegt durch die Bewegungsrichtung, welche der Körper unter der Wirkung seiner Kräfte einschlagen will. Dieser Bewegungsrichtung ist die Richtung des Reibungswiderstandes entgegengesetzt. Der Beschleunigungswiderstand ist der Beschleunigung entgegengesetzt.

Hält man einen Körper vom Gewicht G mit der Kraft $P = G$ fest, so befindet er sich im statischen Gleichgewicht nach Abb. 220. Die Summe der Vertikalkräfte ist gleich Null. Eine Bewegungsänderung tritt nicht ein. — Fällt der Körper frei, und beschleunigt er sich mit der Erdbeschleunigung nach unten, so ist der Beschleunigungswiderstand gleich Masse mal Beschleunigung, und zwar in diesem Falle Masse mal der Erdbeschleunigung nach oben aufzu-

Abb. 221. Gleichgewicht an einem Körper vom Gewicht G, der durch die Kraft P $P = G$ gehalten wird. (Statisches Gleichgewicht.)

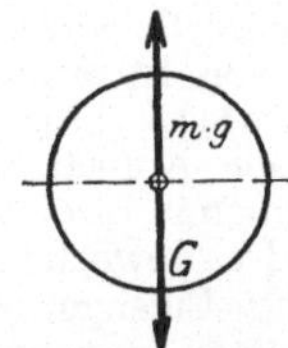

Abb. 222. Gleichgewicht an einem Körper vom Gewicht G. Trägheitswiderstand $m \cdot g = G$.

Abb. 223. Gleichgewicht an einem Körper vom Gewicht G, der unter Beschleunigung nach oben durch die Kraft P — $P > G$ — gehoben wird.

tragen. Das nun statische Gleichgewicht gibt Abb. 221. Nach unten wirkend das Gewicht G, nach oben wirkend der Beschleunigungswiderstand $m \cdot g$. Da $G = m \cdot g$ ist, ist die Summe der Vertikalkräfte wiederum gleich Null und somit auch jetzt Gleichgewicht vorhanden. — Hebt man den Körper mit einer Kraft P, die größer ist als G, so tritt eine Beschleunigung nach oben ein. Nun ist der Beschleunigungswiderstand nach unten gerichtet. Seine Größe beträgt $m \cdot p$. Dabei ist die Größe von p bestimmt durch die Differenz von P und G. Die erste Gleichgewichtsbedingung verlangt (Abb. 223) $-P + G + m \cdot p = 0$. Hebt man ein

Gewicht von 15 kg mit einer Kraft von 20 kg, so bleiben zur Beschleunigung der Masse von 1,5 Masseneinheiten ($m = 1,5$; $G/g = \frac{15}{10}$) eine Kraft von 5 kg übrig (20 — 15). Die Beschleunigung beträgt

$$p = \frac{P}{m} = \frac{5}{1,5} = 3,3\ \text{m/sek}^2.$$

Man kann danach die Lösung der Dynamikaufgaben aufbauen auf dem Satze: **Ein beschleunigter Körper muß nach den in der Statik geltenden Sätzen im Gleichgewicht sein, sofern man zu den äußeren Kräften den Trägheitswiderstand des Körpers entgegengesetzt der Beschleunigungsrichtung hinzufügt.**

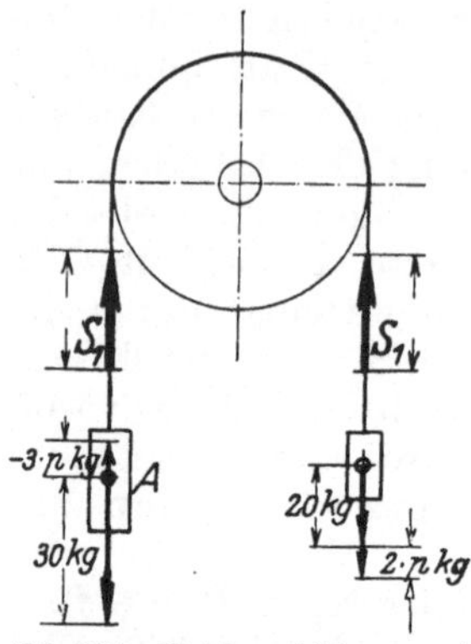

Abb. 224. Gleichgewicht an zwei durch ein Seil verbundenen Körpern, von denen der eine in beschleunigter Bewegung abwärts geht, während der andere in beschleunigter Bewegung aufwärts geht.

Beispiel 112. Mit welcher Beschleunigung bewegt sich der in Abb. 224 mit A bezeichnete Körper abwärts, wenn er 30 kg wiegt und auf der Gegenseite ein Gewicht von der Größe 20 kg hängt? (Das Seil und die Scheibe, über welche das Seil gelegt ist, sind als gewichtslos angenommen.)

Bezeichnet man die im Seile herrschende Kraft mit S_1, so gilt für die rechte Seilseite (für die heraufgehende) $S_1 = 20 + 2 \cdot p$ und für die linke Seite (für die herabgehende) $S_1 = 30 - 3 \cdot p$.

Durch Gleichsetzen der beiden Werte für S_1 folgt

$$20 + 2p = 30 - 3p, \qquad 5p = 10,$$

$$p = 2\ \text{m/sek}^2.$$

Beispiel 113. Ein Aufzug, dessen totes Gewicht (Fahrkorb) durch ein Gegengewicht von 1000 kg ausgeglichen ist, kommt infolge Brechens seines Hauptantriebsrades und Versagens der Fangvorrichtung zum Fallen. Er ist mit 2500 kg belastet. Mit welcher Geschwindigkeit schlägt er nach Durchfallen einer Höhe von 12 m auf? (Abb. 225.)

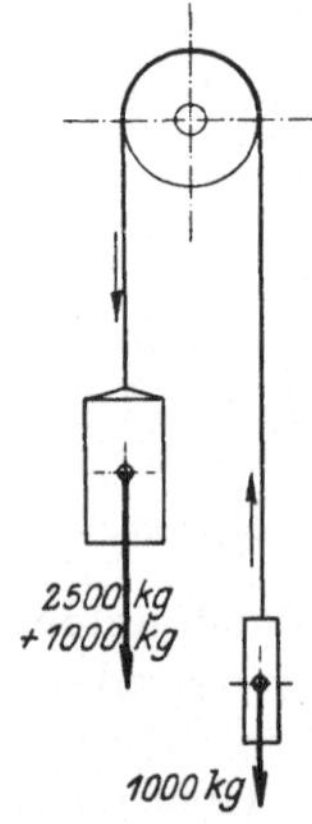

Abb. 225. Schematische Darstellung eines Aufzuges.

Das sich aufwärts beschleunigende Gegengewicht von 100 ME setzt dieser Aufwärtsbeschleunigung den Widerstand $100 \cdot p$ entgegen, spannt also das Seil mit seinen 1 000 kg Gewicht plus $100 \cdot p$. Der abwärtsfallende Fahrkorb mit den 2500 kg Nutzlast + 1000 kg Eigengewicht setzt der Abwärtsbeschleunigung den nach oben gerichteten Beschleunigungswiderstand von $(250 + 100) \cdot p$ (250 ME der Nutzlast, 100 ME des Fahrkorbs selbst) entgegen. Die Seilkräfte betragen

$$S = 1000 + 100 \cdot p \quad \text{und} \quad S = 3500 - (250 + 100) \cdot p.$$

Daraus folgt $1000 + 100 \cdot p = 3500 - (250 + 100) \cdot p$,

$$450 \cdot p = 2500, \qquad p = 5,56\ \text{m/sek}^2.$$

Der Fahrkorb durchfällt den Weg $s = 12$ m. Nach Gleichung (12) ist

$$s = \frac{p \cdot t^2}{2}. \qquad t = \sqrt{\frac{2 \cdot 12}{5,56}}.$$

Die Fallzeit beträgt damit = 2,08 sek. Die Endgeschwindigkeit berechnet sich mit $v = p \cdot t = 5,56 \cdot 2,08 = 11,56$ m/sek.

Rechnet man nach der Arbeitsbilanz, so ergibt sich folgender Rechnungsverlauf.

Bis zum Aufschlagen unten hat die Nutzlast den Weg $s = 12$ m zurückgelegt und somit die Arbeit $2500 \cdot 12 = 30000$ mkg verrichtet. Gleichzeitig ist der Fahrkorb um 12 m heruntergegangen, was einer Arbeit von $1000 \cdot 12$ mkg gleich ist, während andererseits das Gegengewicht um diese Höhe heraufgegangen ist und dafür $1000 \cdot 12$, d. i. die gleiche Anzahl Meterkilogramm, verzehrt hat. In den bewegten Massen — Fahrkorb, Gegengewicht und Nutzlast — steckt zu Ende des Weges die kinetische Energie $\dfrac{m \cdot v^2}{2}$.

m Masse aller bewegten Teile $250 + 100 + 100 = 450$ ME:

$$30000 = \frac{m \cdot v^2}{2}, \qquad \frac{450 \cdot v^2}{2} = 30000, \qquad v = \sqrt[2]{\frac{30000 \cdot 2}{450}} = 11{,}56 \ \text{m/sek}.$$

4. Bewegung eines Körpers auf einer Kreisbahn. Zentrifugalkraft.

Rotiert ein fester Körper um eine Achse, so wird er gezwungen, dauernd seine Bewegungsrichtung zu ändern. Von Augenblick zu Augenblick nimmt er eine andere Bewegungsrichtung an, entsprechend den verschiedenen Richtungen der Tangenten in den einzelnen Punkten seiner Bahn. Sie hat (Abb. 226) in der durch *1* gekennzeichneten Stellung die Richtung $a—a$, in der Stellung *2* die Richtung $b—b$ usw.

Diese Richtungsänderung wird hervorgerufen durch das stetige Hinzukommen einer zweiten radial zum Bahnmittelpunkt gerichteten Geschwindigkeit. Es bewegt sich der Körper gewissermaßen unter dem Einfluß zweier Geschwindigkeiten, einer tangentialen und einer radialen. Die tangentiale Geschwindigkeit ist konstant. Der Körper legt in tangentialer Richtung gemessen seinen Weg in gleichförmiger Bewegung zurück. Es wirkt auf ihn keine beschleunigende oder verzögernde Kraft, die eine Größenänderung der tangentialen Geschwindigkeit herbeiführen könnte.

Die Radialbewegung ist eine gleichförmig beschleunigte. Die

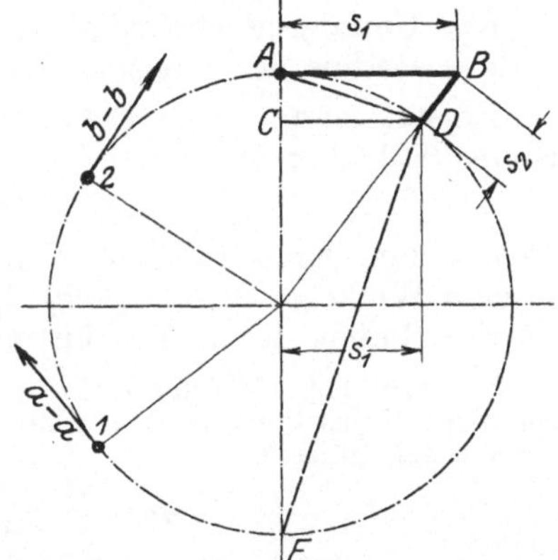

Abb. 226. Bewegung eines Körpers auf einer Kreisbahn. Zustandekommen der krummlinigen Bahn (Richtungsänderung) durch Hinzukommen einer radial gerichteten Geschwindigkeit.

Fadenspannkraft zwingt den Körper, seine geradlinige Tangentialbahn zu verlassen und der Kreisbahn zu folgen. Die Fadenspannkraft beschleunigt den Körper dauernd aus seiner tangentialen geradlinigen Bahn in die Kreisbahn hinein. Man spricht daher von einer Zentripetalkraft. (Zum Zentrum gerichtete Kraft.)

Da die Fadenspannkraft als konstant anzusehen ist, erfolgt die Hineinbeschleunigung mit konstanter Beschleunigung, und es vollzieht sich die Bewegung auf den radialen Stücken in gleichförmig beschleunigter Bewegung.

Nach Abb. 226 muß der Körper, wenn er den Weg $s_1 = v \cdot t$ tangential zurücklegen wollte, gleichzeitig um den Weg $s_2 = \dfrac{p t^2}{2}$ radial nach innen gehen, um die Kreisbahn zu erreichen. Aus den geometrischen Verhältnissen ergibt sich $s_1 = AB$; $s_2 = BD$; $AB = v \cdot t$; $BD = \dfrac{pt^2}{2}$.

Setzt man für die Länge AB die Länge CD ein, die nur um unendlich wenig von der ersten abweicht, und ersetzt man (mit der gleichen Berechtigung) die Länge BD durch die Länge AC, so folgt aus dem rechtwinkligen Dreieck ADE $CD^2 = AC \cdot CE$. Durch Einsetzen der Werte $\dfrac{pt^2}{2}$ für AC und $v \cdot t$ für CD ergibt sich dann $(v \cdot t)^2 = \dfrac{pt^2}{2} \cdot \left(2r - \dfrac{pt^2}{2} \right)$.

Für den Klammerausdruck kann man wegen der Geringfügigkeit des Wertes $\dfrac{pt^2}{2}$ gegenüber $2r$ den Wert $2r$ allein festsetzen.

$$v^2 \cdot t^2 = \frac{pt^2}{2} \cdot 2r,$$

$$v^2 = r \cdot p,$$

$$p = \frac{v^2}{r}. \tag{82}$$

$p =$ zum Kreismittelpunkt gerichtete Beschleunigung m/sek^2,
$v =$ Umfangsgeschwindigkeit m/sek,
$r =$ Radius der Kreisbahn m.

Ersetzt man v nach Gleichung (4) durch $\omega \cdot r$, so geht die Gleichung (82) über in

$$p = \omega^2 \cdot r. \tag{83}$$

$p =$ zum Kreismittelpunkt gerichtete Beschleunigung m/sek^2,
$\omega =$ Winkelgeschwindigkeit 1/sek,
$r =$ Radius der Kreisbahn m.

Beispiel 114. Welche Zentripetalbeschleunigung erfährt ein Körper, der auf einer Kreisbahn von 3 m Durchmesser mit der Umfangsgeschwindigkeit $v = 6$ m/sek rotiert?

$$p = \frac{v^2}{r} = \frac{6^2}{1{,}5} = 24 \text{ m/sek}^2.$$

Die Fadenkraft S, die den Körper zum Kreisen in der Bahn bringt die ihn mit der Beschleunigung $p = v^2/r$ zum Rotationsmittelpunkt zieht, hat nach dem Massenbeschleunigungsgesetz Gleichung (20) die Größe

$$S = P = m \cdot p = - \frac{m \cdot v^2}{r} = m \cdot \omega^2 \cdot r.$$

$$P = \frac{m\,v^2}{r} = m \cdot \omega^2 \cdot r. \tag{84}$$

Beispiel 115. Welche Fadenkraft ist aufzuwenden, um einen Körper von 15 kg Gewicht zum Rotieren in der Kreisbahn von 4 m Durchmesser mit der Umfangsgeschwindigkeit $v = 12$ m/sek zu bringen?

$$P = \frac{m \cdot v^2}{r} = \frac{1{,}5 \cdot 12^2}{2} = 108 \text{ kg}.$$

Beispiel 116. Welche Fadenspannkraft ist aufzuwenden, um einen mit $\omega = 20\,\pi$ Winkelgeschwindigkeit im Abstande $r = 20$ cm vom Drehpunkt rotierenden Körper von 30 kg Gewicht zu halten?

$$P = m \cdot \omega^2 \cdot r = 3 \cdot (20 \cdot p)^2 \cdot 0{,}2 = 2380 \text{ kg}.$$

Der dem Zentrum zugerichteten Zentripetalbeschleunigung setzt der Körper seinen Trägheitswiderstand entgegen. Der Trägheitswiderstand ist nach außen gerichtet. Er hat die gleiche Größe wie die nach innen gerichtete Beschleunigungskraft $m \cdot p = \dfrac{m \cdot v^2}{r} = m \cdot \omega^2 \cdot r$. Man bezeichnet diesen Widerstand ungenau als Zentrifugalkraft. Es ist die Zentrifugalkraft nur die Reaktion der Masse auf die ihr aufgezwungene Bewegungsänderung, d. h. die Ausweichung aus der geradlinigen Bewegung zur Kreisbewegung.

Bei den obigen Beispielen ist die Wirkung des Körpergewichtes außer Ansatz geblieben. Wenn ein Körper in einer Vertikalebene rotiert, so ist die Spannkraft, die der Faden auszuüben hat, nicht an allen Stellen der Bahn konstant. Das Gleichgewicht im obersten Bahnpunkte zeigt Abb. 227. Es wirken auf den Körper die Zugkraft S_1 nach unten, das Gewicht G gleichfalls nach unten und der Beschleunigungswiderstand, der radial nach innen gerichteten Beschleunigung entgegengesetzt, also radial nach außen.

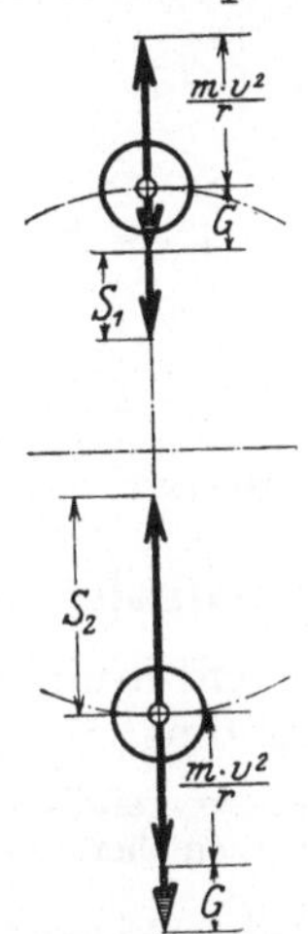

Damit berechnet sich die Spannkraft S_1 für diesen Augenblick aus

$$S_1 + G - \frac{m \cdot v^2}{r} = 0,$$

$$S_1 = \frac{m \cdot v^2}{r} - G.$$

Für den unteren Punkt der Bahn beträgt die Spannkraft S_2

$$S_2 = \frac{m \cdot v^2}{r} + G.$$

Es muß also im obersten Punkte der Bahn der Wert $\dfrac{m \cdot v^2}{r}$ größer als

Abb. 227. Gleichgewicht für die in einer Vertikalebene rotierende Kugel bei deren Stellung im Höchst- und Tiefstpunkt der Kreisbahn.

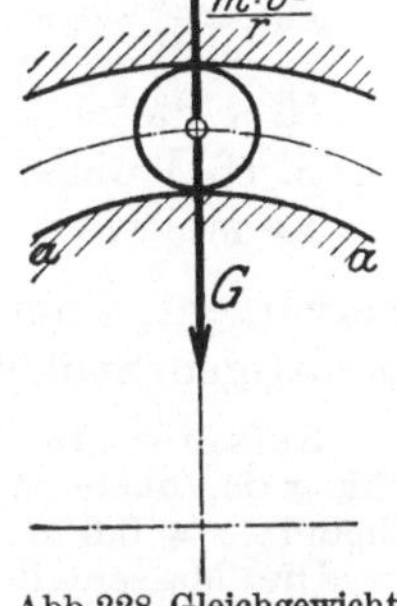

Abb. 228. Gleichgewicht für die Höchststellung der in einer Rille kreisenden Kugel.

G sein, wenn die Kreisbahn gesichert sein soll. Ist G größer als $\dfrac{m \cdot v^2}{r}$, so wird S negativ, d. h., die Fadenkraft ist eine Druckkraft. Der Körper müßte durch eine Stange vom Mittelpunkte ferngehalten werden. Ein Festhalten durch einen Faden wird unmöglich.

Eine Kugel, die eine kreisförmige Rille in vertikaler Ebene durchläuft (Abb. 228), würde sich in diesem Falle auf dem obersten Teil der Bahn an der Innenseite der Rille bei a—a stützen. Soll dieselbe nur die Außenrille berühren, so muß $\dfrac{m \cdot v^2}{r}$ größer als G sein.

Auf der Gleichung $\dfrac{m \cdot v^2}{r} - G > 0$ beruht die Berechnung einer Bahn für das artistische Kunststück Looping the loop. Der Körper hat im Scheitelpunkte der Bahn eine Geschwindigkeit, die einen Wert des Beschleunigungswiderstandes $\dfrac{m \cdot v^2}{r}$ ergibt, der größer ist als das Gewicht G des Körpers.

Beispiel 117. Mit welcher Geschwindigkeit muß eine Kugel den obersten Punkt der Bahn von der Krümmung $r = 2$ m durcheilen, wenn sie nicht nach innen gehalten ist?

$$G = m \cdot g, \qquad \frac{m \cdot v^2}{r} \geqq m \cdot g,$$

$$\frac{v^2}{r} \geqq g, \qquad v^2 \geqq 2 \cdot 9{,}81,$$

$$v \geqq \mathbf{4{,}5 \ m/sek}.$$

Läßt man eine Kugel von einem um die Höhe h über den Gipfelpunkt der Schleife liegenden Punkte aus herabrollen (Abb. 229), so ist Gleichung (13)

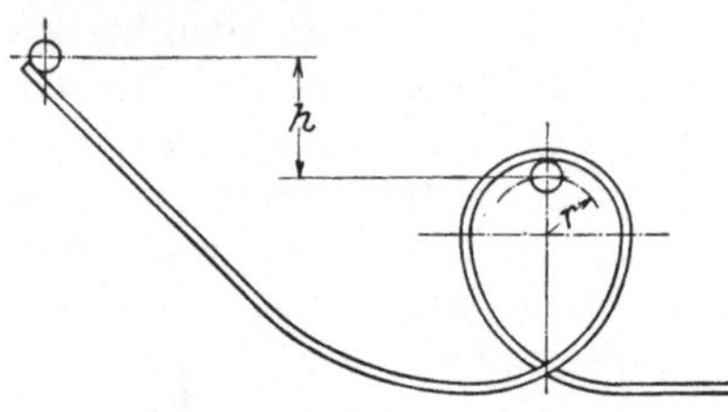

$$v = \sqrt{2g\,h}, \qquad v^2 = 2 \cdot g \cdot h.$$

Da $\dfrac{m\,v^2}{r} \geqq G$ sein muß, wird

$$\frac{m \cdot 2g \cdot h}{r} \geqq m \cdot g, \qquad \frac{2h}{r} \geqq 1,$$

$$\boldsymbol{h \geqq \frac{r}{2}}.$$

Abb. 229. Schema des Looping the loop.

(Bei dieser Berechnung ist der in der Kugel steckende Betrag $\dfrac{J \cdot \omega^2}{2}$ [s. S. 161] nicht berücksichtigt.)

Es ist, wie von dem Anwachsen von $\dfrac{m \cdot v^2}{r}$ bei kleiner werdendem r hervorgeht, h um so kleiner, je kleiner r ist. Man gibt aus diesem Grunde derartigen Schleifen am Gipfel den kleinsten Krümmungsradius.

Beispiel 118. Mit welcher Geschwindigkeit muß ein mit Wasser gefüllter Eimer den obersten Punkt der Bahn durchlaufen, damit das Wasser nicht herausfließt? $r = 0{,}6$ m.

Die Massenteilchen an der Wasseroberfläche müssen bei einem Abstand $r = 0{,}6$ m vom Drehmittelpunkt eine Geschwindigkeit haben, welche einen Wert $\dfrac{v^2}{r} = g$ erzwingt.

$$v^2 \geqq g \cdot r = 0{,}6 \cdot 9{,}81,$$

$$v = \mathbf{2{,}44 \ m/sek}.$$

Der Massenbeschleunigungswiderstand (die Zentrifugalkraft) greift im Schwerpunkte des Körpers an. Es sind in die oben abgeleiteten Gleichungen sowohl für die Umfangsgeschwindigkeit v als auch für den Radius r die Werte einzusetzen, welche der Bahn des Schwerpunktes zukommen. (In dem Beispiele 118, in welchem es sich um einen Körper ohne Kohäsion handelt, ist r und v auf die Wasseroberfläche bezogen.)

Eine um den eigenen Schwerpunkt rotierende Masse besitzt, da v die Schwerpunktsgeschwindigkeit gleich Null ist, keine Zentrifugalkraft, die durch andere äußere Kräfte aufgehoben werden muß. Für die Berechnung der inneren Kräfte im Ringe, welche die eine Ringhälfte an der anderen halten und so die auf jeden einzelnen Teil wirkenden Zentrifugalkräfte gegeneinander ausgleichen, zu einer Gesamtresultanten gleich Null, gilt folgendes.

Der Schwerpunkt der oberen Ringhälfte liegt, wenn man die radiale Stärke klein annimmt und die Masse des Ringes als gleichmäßig um den mittleren Radius r_m verteilt ansetzt bei

$$x_0 = \frac{2 \cdot r_m}{\pi} = 0{,}637\, r_m \,.$$

Die Zentrifugalkraft C einer Ringhälfte berechnet sich aus Volumen des Halbringes:

$$V = q \cdot r_m \cdot \pi = b \cdot s \cdot r_m \cdot \pi \; \mathrm{dm^3},$$

b Ringbreite in dm, s Ringstärke in dm, r Ringradius in dm.

$$G = V \cdot \gamma \,, \qquad m = \frac{G}{g} = \frac{b \cdot s \cdot r_m \cdot \pi \cdot \gamma}{g} \,.$$

C Zentrifugalkraft in kg $= \dfrac{m \cdot v^2}{x_0} = \dfrac{m \cdot v^2}{0{,}637 \cdot r_m}$, v Geschwindigkeit am Radius x_0 gemessen in m/sek, r_m in m.

Bei Einsetzen von r_m — wie es die Berechnung des Gewichtes verlangt — in dm ist

$$C = \frac{m \cdot v^2 \cdot 10}{0{,}673 \cdot r_m} \,.$$

Ersetzt man die Schwerpunktsgeschwindigkeit durch die um das $\dfrac{1}{0{,}637}$ fache größere Umfangsgeschwindigkeit, so ist

$$C = \frac{m \cdot v^2 \cdot 10 \cdot 0{,}637}{r_m} = \frac{b \cdot s \cdot r_m \cdot \pi \cdot \gamma}{g} \cdot \frac{v^2 \cdot 10 \cdot 0{,}637}{r_m}$$

Diese Zentrifugalkraft haben die zwei Kranzflächen vom Querschnitte $b \cdot s$ zu tragen. Dieselben tragen $100 \cdot k_z \cdot 2 \cdot b \cdot s$ kg bei k_z kg/cm². (Die 100 ergibt sich aus der Messung von b und s in dm in der obigen Gleichung und der für k_z erforderlichen Umrechnung in cm²)

$$100 \cdot k_z \cdot 2 \cdot b \cdot s = \frac{b \cdot s \cdot r_m \cdot \pi \cdot \gamma \cdot v^2 \cdot 10 \cdot 0{,}637}{g \cdot r_m} \,,$$

$$k = \frac{\gamma \cdot v^2}{10\, g} \,. \tag{85}$$

$k_z = $ kg/cm² ,

$\gamma = $ spezifisches Gewicht kg/dm³ ,

$v = $ Umfangsgeschwindigkeit m/sek,

$g = $ Erdbeschleunigung m/sek².

Die in der Praxis vielfach übliche Formel

$$k_z = \frac{\gamma_1 \cdot v^2}{g}$$

rechnet nicht mit dem spezifischen Gewicht γ, das ist mit dem Gewicht für einen Kubikdezimeter, also einen Rauminhalt von 1 dm Länge, 1 dm Breite und 1 dm Stärke, sondern mit dem Gewichte für 1 m Länge und 1 qcm Querschnitt. Letztgenannter Wert γ_1 beträgt nur $^1/_{10}$ des in der Gleichung (85) verwendeten Wertes γ. Demzufolge enthält die in der Praxis übliche Gleichung nicht den Zahlenfaktor 10.

Beispiel 119. Welche Beanspruchung erfährt ein gußeiserner Ring von 4 m Durchmesser bei einer Umfangsgeschwindigkeit $v = 40$ m/sek, wenn das spezifische Gewicht mit $\gamma = 7,5$ eingesetzt wird.

$$k_z = \frac{40^2 \cdot 7,5}{10 \cdot g} = 122 \text{ kg/cm}^2.$$

In der Formel ist die Größe des Kranzquerschnittes nicht enthalten. Es steigt die Zentrifugalkraft mit der Größe des Wertes q, und andererseits erhöht sich die Tragfähigkeit des Kranzquerschnittes im gleichen Maße. So kommt das Herausfallen des Wertes q zustande.

Rotiert ein Körper in einer Horizontalebene gehalten durch einen Faden, wie es Abb. 230 zeigt, so folgt aus den Gleichgewichtsbedingungen für die drei auf den Körper wirkenden Kräfte (das Gewicht G, der Zentrifugalwiderstand W und die Seilspannkraft S.)

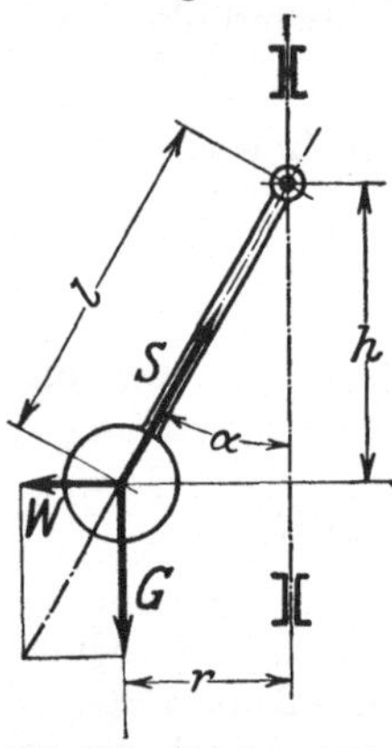

$$S \cdot \sin\alpha = W, \qquad S \cdot \cos\alpha = G,$$

$$\operatorname{tg}\alpha = \frac{W}{G} = \frac{m \cdot v^2}{m \cdot g \cdot r} = \frac{v^2}{g \cdot r}.$$

Ersetzt man v^2 durch $\omega^2 \cdot r^2$, so ist

$$\operatorname{tg}\alpha = \frac{\omega^2 \cdot r}{g}.$$

Mit $\operatorname{tg}\alpha = \dfrac{r}{h}$ folgt $\dfrac{r}{h} = \dfrac{\omega^2 \cdot r}{g}$,

$$h = \frac{g}{\omega^2}. \tag{86}$$

Abb. 230. Gleichgewicht an einem in Horizontalebene kreisenden Körper.

h ist unabhängig von der Stangenlänge l. Alle um die gleiche Achse, d. i. mit gleichem ω, rotierenden Kugeln, kommen in die gleiche Höhenebene h unter dem Aufhängepunkt zu liegen.

Es verringert sich h mit steigendem w.

Die Verwertung dieser Abhängigkeit der Höhe h von der Umdrehungszahl kennzeichnet der in Abb. 231 schematisch dargestellte Regulator.

Die an den Stäben S_1 und S_2 befestigten Kugeln streben bei steigender Geschwindigkeit den Abstand h zu verringern. Sie werden durch das Gewicht der Muffe H, das vermittels der Stangen R_1 und R_2 auf ihre Stangen S_1 und S_2 übertragen wird, am freien Aufsteigen gehindert. Sie heben bei Steigerung der Umdrehungszahl die Muffe H und verstellen die an die Muffe H angeschlossene Steuerung.

Die Berechnung der Umdrehungszahlen, bei welchen die Kugeln sich in ihren einzelnen Stellungen im Gleichgewicht befinden, zeigt Abb. 231. Das Gewicht der Muffe zerlegt in die beiden Stangenkräfte R_1 und R_2 ergibt die Werte $R_1 = R_2 = \dfrac{Q}{2} \cdot \cos\alpha$. Auf jedes Pendel wirkt demnach die Zentripetalkraft $C = \dfrac{m \cdot v^2}{r}$, das Gewicht G, die Stangenkraft R und der im obersten Drehpunkte A angreifende Stützdruck. Die Momentengleichung für den Drehpunkt A aufgestellt, läßt für jede beliebige Kugelstellung die Größe C und damit v berechnen:

$$R \cdot a + G \cdot c - C \cdot b = 0 \, .$$

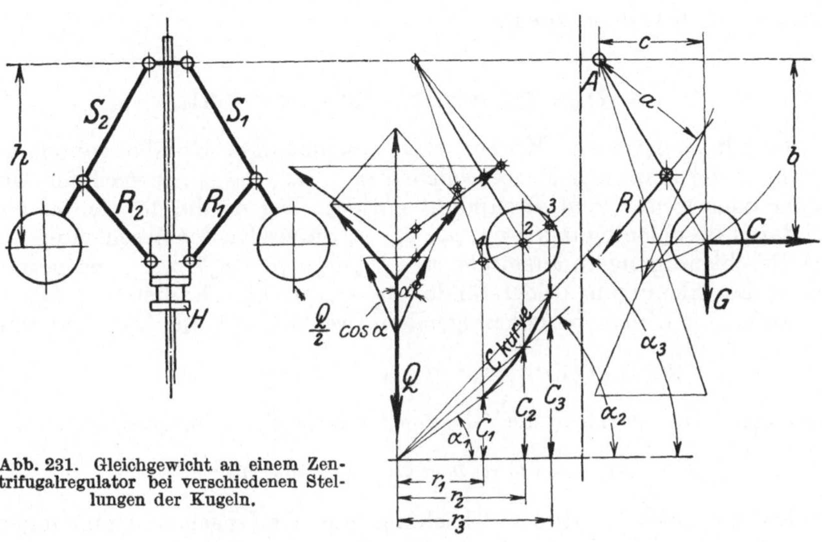

Abb. 231. Gleichgewicht an einem Zentrifugalregulator bei verschiedenen Stellungen der Kugeln.

Mit den Daten der Abb. 231 für die drei Kugelstellungen 1—2—3 folgt aus:

$$R_1 = 32\ \text{kg}, \qquad R_2 = 39\ \text{kg}, \qquad R_3 = 51\ \text{kg},$$

$$a_1 = 34\,, \qquad a_2 = 48\,, \qquad a_3 = 52\,,$$

$$G = 29\ \text{kg},$$

$$c_1 = 26\,, \qquad c_2 = 42\,, \qquad c_3 = 52\,,$$

$$b_1 = 78\,, \qquad b_2 = 71\,, \qquad b_3 = 64\,,$$

$$C_1 = \frac{32 \cdot 34 + 29 \cdot 26}{78} = \frac{1090 + 752}{78} = 24\,,$$

$$C_2 = \frac{39 \cdot 48 + 29 \cdot 42}{71} = \frac{1870 + 1220}{71} = 43{,}5\,,$$

$$C_3 = \frac{51 \cdot 52 + 29 \cdot 52}{64} = \frac{2650 + 1510}{64} = 65\,.$$

Die Auftragung der Werte für C unter den Kugelstellungen gibt die C-Kurve, die das Verhalten des Regulators bei verschiedenen Umdrehungszahlen charakterisiert. Aus den Werten C und r berechnen sich die Winkelgeschwindigkeiten ω für die verschiedenen Kugelstellungen mit

$$\omega_1 = \sqrt{\frac{C_1}{r_1}}\,; \qquad \omega_2 = \sqrt{\frac{C_2}{r_2}}\,; \qquad \omega_3 = \sqrt{\frac{C_3}{r_3}}\,.$$

Da die Kugeln mit steigender Winkelgeschwindigkeit von 1 nach 2 nach 3 gehen sollen, muß $\frac{C_1}{r_1} < \frac{C_2}{r_2} < \frac{C_3}{r_3}$ sein; $\frac{C_1}{r_1} = \operatorname{tg}\alpha_1$, $\frac{C_2}{r_2} = \operatorname{tg}\alpha_2$, $\frac{C_3}{r_3}\operatorname{tg}\alpha_3$. $\operatorname{tg}\alpha_1 < \operatorname{tg}\alpha_2 < \operatorname{tg}\alpha_3$. Die C-Kurve muß so verlaufen, daß der $\operatorname{tg}\alpha$ wächst, d. h. konkav.

5. Das Massenträgheitsmoment.

Erteilt man einem Körper eine beschleunigte Drehbewegung, so erfahren die einzelnen Massenteilchen m_1, m_2, m_3 ... je nachdem sie näher oder weiter vom Drehpunkt entfernt liegen, die tangential gerichteten Beschleunigungen p_1, p_2, p_3 ... Sie stellen der Beschleunigung die Beschleunigungswiderstände $m_1 \cdot p_1$, $m_2 \cdot p_2$, $m_3 \cdot p_3$ ... entgegen. Diese Beschleunigungswiderstände greifen an den Radien r_1, r_2, r_3 an, stellen also dem beschleunigenden Drehmoment die Drehmomente

$$m_1 \cdot p_1 \cdot r_1, \qquad m_2 \cdot p_2 \cdot r_2, \qquad m_3 \cdot p_3 \cdot r_3 \ldots$$

entgegen. Das dynamische Gleichgewicht ergibt dann die Gleichung

$$M_d = m_1 \cdot p_1 \cdot r_1 + m_2 \cdot p_2 \cdot r_2 + m_3 \cdot p_2 \cdot r_3 \ldots$$

Ersetzt man in dieser Gleichung die Umfangsbeschleunigungen p_1, p_2, p_3 ... nach Gleichung (15) durch die Werte $\varepsilon \cdot r_1$, $\varepsilon \cdot r_2$, $\varepsilon \cdot r_3$ ..., so geht die vorstehende Gleichung über in

$$M_d = \varepsilon \cdot m_1 \cdot r_1^2 + \varepsilon \cdot m_2 \cdot r_2^2 + \varepsilon \cdot m_3 \cdot r_3^2 \ldots$$

$$= \varepsilon\,(m_1 \cdot r_1^2 + m_2 \cdot r_2^2 + m_3 \cdot r_3^2 \ldots)\,.$$

Den Klammerwert bezeichnet man als dynamisches Trägheitsmoment. Man gibt demselben den Buchstaben J

$$\boldsymbol{Md = \varepsilon \cdot J}\,. \tag{87}$$

$\varepsilon =$ Winkelbeschleunigung 1/sek,

$M_d =$ Drehmoment kg $\times$ **m**,

$J =$ Dynamisches Trägheitsmoment Masse mal Meterquadrat.

Die Arbeit, die in einem rotierenden Körper steckt, deren einzelne Massenteilchen verschiedene Geschwindigkeiten haben wegen der Verschiedenheit ihrer Abstände vom Rotationsmittelpunkte, ist

$$A = \frac{m_1 v_1^2}{2} + \frac{m_2 v_2^2}{2} + \frac{m_3 x_3^2}{2} \ldots$$

Ersetzt man v_1 durch $\omega \cdot r_1$, v_2 durch $\omega \cdot r_2$ ..., so wird

$$A = \frac{m_1 \cdot \omega^2 \cdot r_1^2}{2} + \frac{m_2 \cdot \omega^2 \cdot r_2^2}{2} + \frac{m_3 \cdot \omega^2 \cdot r_3^2}{2} \ldots$$

$$A = \frac{\omega^2}{2}\,(m_1 r_1^2 + m_2 r_2^2 + m_3 r_3^2 \ldots)\,.$$

Unter Einsetzen von J (dynamisches Trägheitsmoment) für den Klammerausdruck folgt

$$A = \frac{\omega^2}{2} \cdot J. \tag{88}$$

A = Arbeit in mkg,

ω = Winkelgeschwindigkeit 1/sek,

J = Dynamisches Trägheitsmoment.

a) Trägheitsmoment eines dünnen Ringes.

Bei einem Ringe von geringer radialer Stärke s (Abb. 232) kann man die Werte r für alle Massenteilchen gleich annehmen. Der Wert J wird dann $r^2 \cdot (m_1 + m_2 + m_3 \ldots) = r^2 \cdot m$, $\quad m = m_1 + m_2 + m_3$. $\quad m$ ist die Gesamtmasse.

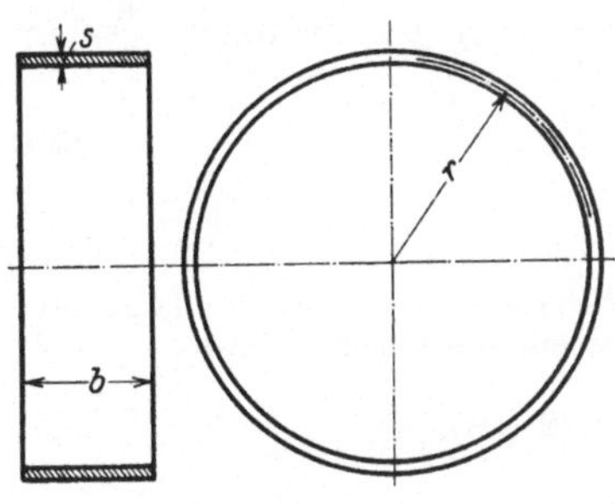

Abb. 232. Ring von geringer radialer Stärke.   Abb. 233. Bestimmung des dynamischen Trägheitsmomentes einer Scheibe. — Zerlegung der Scheibe in dünne Ringe.

b) Trägheitsmoment einer vollen Scheibe.

Die volle Scheibe (Abb. 233) kann man sich ersetzt denken durch eine Anzahl dünner Ringe von der geringen Stärke s und verschiedenen Radien x. Das Massenträgheitsmoment eines einzelnen Ringes beträgt

$$m_1 \cdot x_1^2 = (2 \cdot x_1 \cdot \pi \cdot s \cdot b) \cdot \frac{\gamma}{g} \cdot x_1^2.$$

$$J = (2 \cdot \pi \cdot x_1 \cdot s \cdot b) \cdot \frac{\gamma}{g} x_1^2 + (2 \cdot \pi \cdot x_2 \cdot s \cdot b) \frac{\gamma}{g} \cdot x_2^2 + \cdots.$$

Jeden einzelnen Ring vom Radius x_1 kann man sich ersetzt denken durch einen Ring vom Radius r, wenn man seine Masse entsprechend verkleinert. Die gedachte Masse des Ersatzringes vom Radius r muß um das $\frac{x_1^2}{r^2}$ fache kleiner sein als die Masse des Ringes vom Radius x_1, damit ihr Trägheitsmoment denselben Wert hat wie das Trägheitsmoment des ersetzten Ringes.

$$m_1' = m_1 \cdot \frac{r_1^2}{r^2}, \qquad m_1' \cdot r^2 = m_1 \cdot x_1^2, \qquad m_2' \cdot r^2 = m_2 \cdot x_2^2.$$

Denkt man sich die Reduktion der Ringmassen dadurch herbeigeführt, daß man die Breite des Ringes im oben angegebenen Verhältnisse verringert, so ist $m_1' = (2 \cdot \pi \cdot x_1 \cdot s)\, b_1' \cdot \dfrac{\gamma}{g}$, wobei $b_1' = b_1 \cdot \dfrac{x_1^2}{r^2}$ ist. $m_1' \cdot r^2$ hat dann den Wert $(2 \cdot \pi \cdot x_1 \cdot s) \cdot b_1 \dfrac{\gamma}{g}\, \dfrac{x_1^2}{r^2} \cdot r^2$ ist also gleich $m_1 \cdot x_1^2 (2 \cdot \pi \cdot x_1 \cdot s \cdot b_1)\, \dfrac{\gamma}{g}\, x_1^2$.

Die Summe aller Werte $m_1 x_1^2 + m_2 x_2^2 \ldots$ ergibt dann $m_1' \cdot r^2 + m_2' \cdot r^2 + m_3' \cdot r^2 = r^2 (m_1' + m_2' + m_3' \ldots)$.

Die im Verhältnis $\dfrac{y_1^2}{r^2}$, $\dfrac{x_2^2}{r^2}$, $\dfrac{x_3^2}{r^2} \ldots$ reduzierten Massen bilden eine Scheibe der in kreuzweiser Schraffur dargestellten Form. Es ist das eine Scheibe, deren Dicke von Null in der Mitte auf b am Rande nach der Gleichung $b_x = b \cdot \dfrac{x^2}{r^2}$ steigt.

Die Masse dieser Scheibe ist gleich $\tfrac{1}{2}$ der Masse der vollen Scheibe. Für den Klammerausdruck $(m_1' + m_2' + m_3' \ldots)$ ist demnach $\dfrac{m}{2}$ einzusetzen.

$$J = \frac{m}{2} \cdot r^2. \tag{89}$$

(Siehe Anm. 8 am Schluß des Buches.)

Beispiel 120. Welches dynamische Trägheitsmoment hat eine volle Scheibe von 4 m Durchmesser und 20 cm Stärke bei einem spezifischen Gewicht $\gamma = 3$?

$$\text{Volumen } V = \frac{40^2\,\pi}{4} \cdot 2 = 2512 \text{ dm}^3 \ (40 \text{ dm}; \ 2 \text{ dm});$$

$$V = 2512 \text{ dm}^3;$$

$$G = 3 \cdot 2512 = 7536 \text{ kg};$$

$$\text{Masse } m = 763{,}6 \text{ ME};$$

$$J = \frac{m}{2} \cdot r^2 = \frac{753{,}6 \cdot 2^2}{2} = 1507{,}2.$$

Beispiel 121. Welche Arbeit steckt in einer Scheibe von 4 m Durchmesser, 20 cm Stärke und $\gamma = 7{,}5$, die mit $n = 120$ Umdrehungen pro Minute umläuft?

$$\text{Scheibengewicht: } \frac{40^2\,\pi}{4} \cdot 2 \cdot 7{,}5 = 18\,900 \text{ kg.}$$

Scheibenmasse: 1890 ME.

$$J = \frac{m}{2} \cdot r^2 = \frac{1890}{2} \cdot 2^2 = 3780,$$

$$\omega = \frac{\pi \cdot n}{30} = 4\pi,$$

$$A = \frac{\omega^2}{2} \cdot J = \frac{(4 \cdot \pi)^2}{2} \cdot 3780 = \sim 300\,000 \text{ mkg.}$$

Beispiel 122. Welche Winkelbeschleunigung erfährt die im Beispiel 121 berechnete Scheibe durch einen Motor, der ein Moment von $10\,000$ kg $\times$ cm ausübt.

$$M_d = \varepsilon \cdot J = 100 \text{ kg} \times \text{m};$$

$$\varepsilon = \frac{M_d}{J} = \frac{100}{3780} = \frac{1}{37{,}8} \text{ 1/sek}^2.$$

c) Trägheitsmoment einer Ringscheibe.

Eine Ringscheibe nach Abb. 234 läßt sich auffassen als Differenz zweier Vollscheiben. Ihr Trägheitsmoment ist

$$J = J_1 - J_2,$$

$$J_1 = \frac{m_1 \cdot r_1^2}{2} = \frac{(b \cdot r_1^2 \pi)\, r_1^2}{2} = \frac{b \cdot \pi}{2} \cdot r_1^4,$$

$$J_2 = \frac{m_2 \cdot r_2^2}{2} = \frac{(b \cdot r_2^2 \pi)}{2} \cdot r_2^2 = \frac{b \cdot \pi}{2} \cdot r_2^4,$$

$$J = \frac{b \cdot \pi}{2}\,(r_1^4 - r_2^4)$$

$$= \frac{1}{2}\,[b \cdot \pi (r_1^2 - r_2^2)] \cdot (r_1^2 + r_2^2).$$

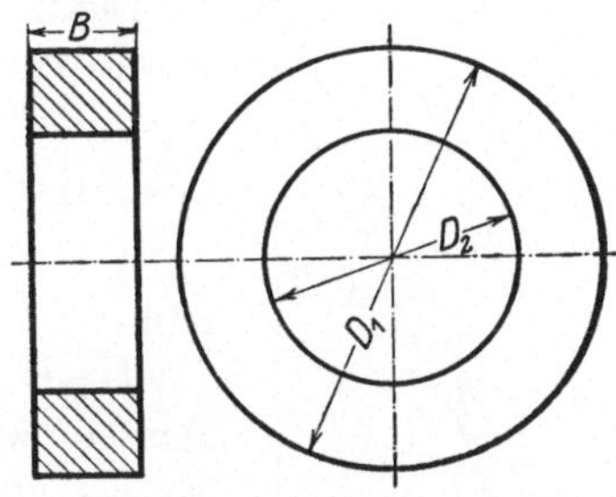

Abb. 234. Ringscheibe.

Der Wert in der eckigen Klammer ist gleich der Masse m des Ringes.

$$J = \frac{m}{2}\,(r_1^2 + r_2^2). \tag{89 A}$$

Beispiel 123. Welches Trägheitsmoment hat eine Scheibe von $D_1 = 4$ m, $D_2 = 3$ m, $b = 30$ cm bei $\gamma = 7{,}5$?

$$V = \left(\frac{D_1^2\,\pi}{4} - \frac{D_2^2\,\pi}{4}\right) b = (1256 - 706) \cdot 3 = 550 \cdot 3 = 1650 \text{ dm}^3,$$

$$G = 1650 \cdot 7{,}5 = 12400 \text{ kg},$$

$$m = 1240 \text{ ME},$$

$$J = \frac{m}{2} \cdot (r_1^2 + r_2^2) = \frac{1240}{2}\,(2^2 + 1{,}5^2) = 3880.$$

Beispiel 124. In welcher Zeit kommt eine Scheibe nach Beispiel 123 durch das Drehmoment von 12000 kg $\times$ cm auf die Umdrehungszahl $n = 180$?

$$M_d = \varepsilon \cdot J, \qquad \varepsilon = \frac{M_d}{J} = \frac{120}{3880} = 0{,}0308,$$

$$\omega = \frac{\pi \cdot n}{30} = \frac{\pi \cdot 180}{30} = 6\pi,$$

$$\omega = \varepsilon \cdot t, \qquad t = \frac{\omega}{\varepsilon} = \frac{6 \cdot \pi}{0{,}0308} = 610 \text{ sek}.$$

(In der Scheibe stecken dann

$$\frac{\omega^2}{2} \cdot J = \frac{6^2 \cdot \pi^2}{2} \cdot 3880 = 690000 \text{ mkg}.$$

Da die Scheibe mit der mittleren Umdrehungszahl $n_m = 90$ auf die Tourenzahl 180 kommt, hat sie in 610 sek $\| i = \frac{610}{60} \cdot 90 = 913$ Umdrehungen zurückgelegt. In dieser Anzahl Umdrehungen hat das Drehmoment M_d die Arbeit $A = i \cdot 2 \cdot \pi \cdot M_d$ $= 913 \cdot 2 \cdot \pi \cdot 120 = 690000$ mkg abgegeben.)

d) Trägheitsmoment einer Stange.

Teilt man die Stange (Abb. 235) in eine Anzahl kleiner Stücke von der Länge s, so hat ein beliebiges Stückchen ein Trägheitsmoment

11*

$m_1 \cdot x_1^2$. Das Trägheitsmoment ist gleich der Summe aller dieser einzelnen Trägheitsmomente.

$$J = m_1 x_1^2 + m_2 x_2^2 + m_3 x_3^2 \ldots$$

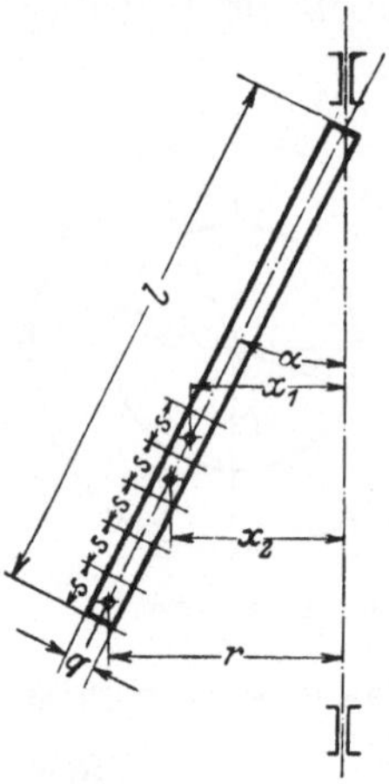

Denkt man sich die Trägheitsmomente $m_1 x_1^2$, $m_2 x_2^2 \ldots$ ersetzt durch die Werte

$$m_1' \cdot r^2, \qquad m_2' \cdot r^2,$$

so muß

$$m_1' = m_1 \cdot \frac{x_1^2}{r^2}, \qquad m_2' = m_2 \frac{x_2^2}{r^2} \ldots$$

sein.

J ist dann gleich $r^2 (m_1' + m_2' + m_3' \ldots)$. Die Massen m_1', $m_2' \ldots$ kann man aus den Massen m_1, $m_2 \ldots$ entstanden denken durch Verringerung des Querschnittes des Stabes vom Endquerschnitt q am Radius r auf $q_1' = q \cdot \frac{x_1^2}{r^2}$, $q_2' = q \cdot \frac{x_2^2}{r^2} \ldots$ Die Querschnitte q' nehmen dann mit den Werten x^2 nach dem Aufhängepunkt der Stange hin ab. Es kann die Summe dieser Massen $m_1' + m_2' + m_3' \ldots$ also durch eine kegelförmige Masse vom Querschnitt q am Radius r und 0 am Radius 0 ersetzt werden.

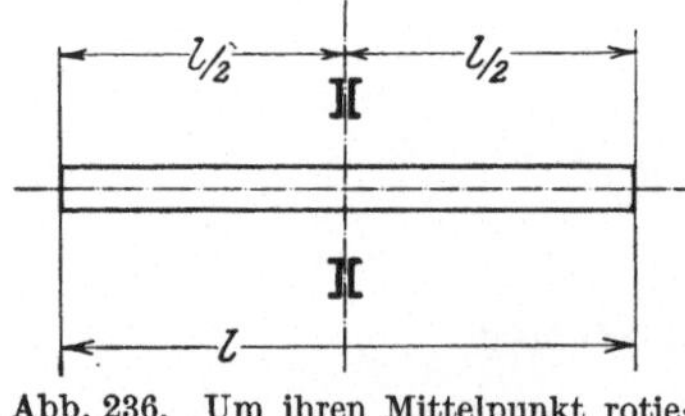

Abb. 235. Bestimmung des dynamischen Trägheitsmomentes einer Stange. — Zerlegung der Stange in kurze Stücke.

Diese Masse ist gleich $\tfrac{1}{3}$ derjenigen der vollen Stange vom gleichmäßigen Querschnitt q.

$$J = r^2 \cdot (m_1' + m_2' + m_3' \ldots),$$

$$\boldsymbol{J = \frac{m}{3} r^2.} \tag{90}$$

Ersetzt man r durch $l \cdot \sin \alpha$, so ist

$$\boldsymbol{J = \frac{m \cdot l^2 \sin^2 \alpha}{3}.} \tag{91}$$

Für $\alpha = 90°$ folgt

$$\boldsymbol{J = \frac{m l^2}{3}.} \tag{92}$$

Eine Stange, die um ihren Mittelpunkt rotiert (Abb. 236), kann in zwei Stangen von je $\frac{m}{2}$ zerlegt gedacht werden, deren Längen $l = \frac{l}{2}$ einzusetzen sind. Aus $J = \frac{m \cdot l^2}{3}$ wird

$$\boldsymbol{J = 2 \cdot \frac{m}{2} \cdot \left(\frac{l}{2}\right)^2 \cdot \frac{1}{3} = \frac{m \cdot l^2}{12}.} \tag{93}$$

Abb. 236. Um ihren Mittelpunkt rotierende Stange von der Länge l.

(Siehe Anm. 9 am Schluß des Buches.)

In der Technik verwendet man neben dem dynamischen Trägheitsmoment noch den Begriff „$G \cdot D^2$". Ersetzt man in den Gleichungen $J =$ Masse mal Radius² die Masse durch das Gewicht G, so wird der Zahlenwert 9,81mal so groß. Setzt man statt Radius² Durchmesser², so steigt er um das $2^2 = 4$fache. Der Wert $G D^2 = \sim 40 \cdot J$.

Zur Erleichterung der Rechnung mit mehreren Beträgen J führt man den Begriff „reduzierte Masse" und „Trägheitsradius" ein.

Man kann z. B. für $J = \dfrac{m \cdot r^2}{2}$ — Trägheitsmoment einer vollen Scheibe — einen Ring von der Masse $\dfrac{m}{2}$ am Radius r setzen. Man hat in $\dfrac{m}{2}$ die auf den Radius r reduzierte Masse. Man kann die 2 im Nenner ebensogut zum Werte r^2 ziehen. Mit $r' = \dfrac{r}{\sqrt{2}}$ erhält man $m \cdot r'^2 = \dfrac{m \cdot r^2}{2} \cdot r'$ ist der Trägheitsradius, d. i. der Radius, an welchem man sich die Masse m vereinigt denken kann.

Der Trägheitsradius einer Ringscheibe ist $r' = \sqrt{\dfrac{r_1^2 + r_2^2}{2}}$. Der Trägheitsradius einer Stange $r' = \sqrt{\dfrac{r}{3}}$.

Rollt ein Körper eine schiefe Ebene herunter, so steckt in ihm eine lebendige Kraft $\dfrac{m v^2}{2}$ (v Geschwindigkeit der geradlinigen Bewegung des Schwerpunktes) und $\dfrac{J \omega^2}{2}$ (ω Winkelgeschwindigkeit des Körpers). Da $v = \omega \cdot r$ ist, so hat die Gesamtarbeit den Wert

$$A = \frac{m \cdot \omega^2 \cdot r^2}{2} + J \frac{\omega^2}{2} = \frac{\omega^2}{2} (m \cdot r^2 + J).$$

Für das Herabrollen einer vollen Scheibe mit $J = \dfrac{m r^2}{2}$ folgt

$$A = \frac{\omega^2}{2} \left(m \cdot r^2 + \frac{m r^2}{2} \right) = \frac{3}{4} m \cdot v^2.$$

Beispiel 125. Welche Geschwindigkeit erreicht eine volle Scheibe beim Herabrollen auf einer schiefen Ebene von der Höhe $h = 20$ m?

Aufgewendete Arbeit $G \cdot h = m \cdot g \cdot 20$ mkg.

$$A = \frac{m v^2}{2} + \frac{\omega^2}{2} \cdot J = \frac{3}{4} m \cdot v^2,$$

$$m \cdot g \cdot 20 = \frac{3}{4} \cdot m \cdot v^2,$$

$$v^2 = \frac{20 \cdot g \cdot 4}{3} = 262,$$

$$v = 16{,}15 \text{ m/sek.}$$

6. Schwingende Bewegungen.

a) Harmonische Schwingungen.

Die Bewegung eines Körpers auf einer Kreisbahn mit der konstanten Geschwindigkeit v läßt sich auffassen als eine aus zwei Bewegungen in zwei senkrecht zueinander stehenden Richtungen zusammengesetzte Bewegung. Die Umfangsgeschwindigkeit v kann man sich (Abb. 237) zerlegt denken in die beiden Komponenten v_1 und v_2, welche die stetig wechselnden Größen $v \cdot \sin \alpha$ und $v \cdot \cos \alpha$ haben. Es kommt die konstante Umlaufgeschwindigkeit in kreisförmiger Bahn also auch zustande, wenn man den Körper gleichzeitig zwei hin- und herschwingende Bewegungen nach $v_1 = v \cdot \sin \alpha$ und $v_2 = v \cdot \cos \alpha$ ausführen läßt. — Da $\cos \alpha = \sin (90 - \alpha)$ ist, ist auch die Geschwindigkeit $v_2 = v \cdot \cos \alpha$ einer Sinusschwingung gleich.

Führt man für die Umfangsgeschwindigkeit v aus der Gleichung $v = \omega \cdot r$ den Wert $\omega \cdot r$ ein, so gehen die Werte $v \cdot \sin\alpha$ und $v \cdot \cos\alpha$ über in $\omega \cdot r \cdot \sin\alpha$ und $\omega \cdot r \cdot \cos\alpha$. Setzt man für den Winkel α, d. i. den seit Beginn der Bewegung zurückgelegten Winkelweg das Produkt Winkelgeschwindigkeit ω mal Zeit t ein, so wird

$$v_1 = v \cdot \sin\alpha = \omega \cdot r \cdot \sin(\omega \cdot t)$$

und

$$v_2 = v \cdot \cos\alpha = \omega \cdot r \cdot \cos(\omega \cdot t) .$$

Die Beschleunigung, welche der rotierende Körper erfährt, ist $p = \omega^2 \cdot r$. Dieselbe zerlegt sich für die beiden Teilgeschwindigkeiten in $p_1 = p \cdot \cos\alpha$ und $p_2 = p \cdot \sin\alpha$.

Die Beschleunigungskräfte, welche diese schwingenden Bewegungen herbeiführen, betragen $P_1 = p_1 \cdot m$ und $P_2 = p_2 \cdot m$. Sie haben den Höchstwert $P = p \cdot m = m \cdot \omega^2 \cdot r$.

Die Beschleunigungskraft an einem beliebigen Punkte 1 der einen Schwingungsbahn $(A - B)$ beträgt (Abb. 237) $P = m \cdot \omega^2 \cdot r \cdot \sin\alpha = m \cdot \omega^2 \cdot x$. Sie nimmt also mit dem Abstande x des Körpers von dem Mittelpunkte der Bahn stetig zu.

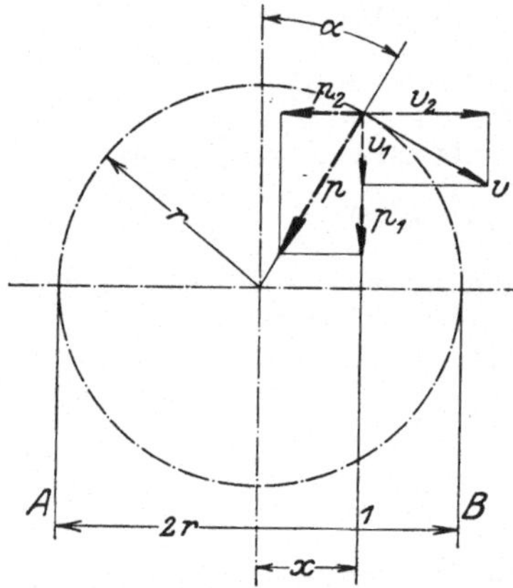

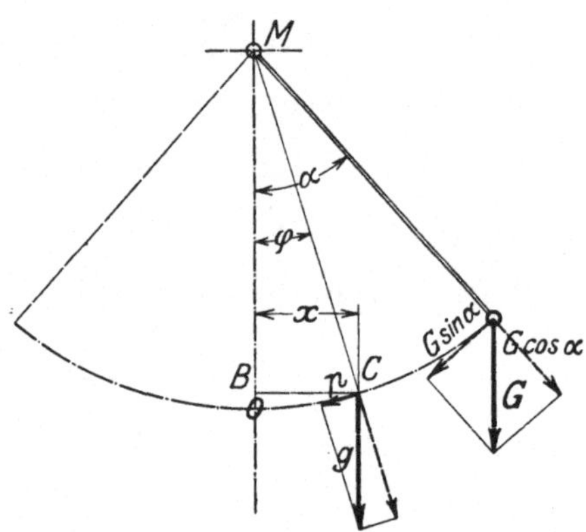

Abb. 237. Zerlegung der Bewegung in einer Kreisbahn in zwei Schwingungsbewegungen.

Abb. 238. Das mathematische Pendel; am gewichtlosen Faden aufgehängte Masse.

Die Schwingungszeit für die einmalige Hin- oder Herbewegung des Körpers mit einer beschleunigten und verzögerten Bewegung, bei welcher die Beschleunigungs- bzw. Verzögerungskraft stetig zunimmt mit dem Abstande vom Schwingungsmittelpunkt, berechnet sich aus der Umlaufszeit in der Kreisbahn aus der Gleichung $s = v \cdot t \dfrac{2 \cdot r \cdot \pi}{2} = v \cdot t$ mit $v = r \cdot \omega$,

$$t = \frac{s}{v} = \frac{r \cdot \pi}{r \cdot \omega} = \frac{\pi}{\omega} . \tag{94}$$

b) Das mathematische Pendel.

Unter einem mathematischen Pendel versteht man eine am gewichtlosen Faden hängende punktförmige Masse, die in einer Ebene hin- und herschwingt (Abb. 238).

Bringt man den Massenpunkt m in die äußerste Lage und gibt ihn der Einwirkung seines Gewichtes frei, so beschleunigt er sich unter der Kraft $G \cdot \sin \alpha$. Im tiefsten Punkte der Bahn besitzt er die Höchstgeschwindigkeit $v_{\max}$, die sich aus der durchfallenden Höhe h nach der Arbeitsbilanz mit $v_{\max} = \sqrt{2gh}$ bestimmt.

Die Beschleunigung in einem beliebigen Punkte C der Bahn hat den Wert $p = g \cdot \sin \varphi$, berechnet aus $P = m \cdot p$ und $P = m \cdot g \cdot \sin \varphi$ (Abb. 238). Setzt man für $\sin \varphi$ aus dem Dreieck MBC den Wert $\dfrac{x}{\overline{MC}} = \dfrac{x}{l}$ ein, so geht die beschleunigende Kraft P aus $m \cdot g \cdot \sin \varphi$ über in $m \cdot g \cdot \dfrac{x}{l}$. Es ist die beschleunigende Kraft, also proportional dem Abstand x vom Schwingungsmittelpunkte 0.

Bei einem kleinen Ausschlag des Pendels kann man für die Wegstrecken am Umfange des Kreises die Längen x einsetzen. Damit entspricht der Vorgang des Pendelns dem der harmonischen Schwingung, für welche die stetige Zunahme der Beschleunigungskraft mit dem Abstande vom Schwingungsmittelpunkte abgeleitet ist.

Es herrscht am Endpunkt der schwingenden Bewegung die Beschleunigungskraft $P = \dfrac{m \cdot g \cdot x}{l}$. Setzt man P der Beschleunigungskraft, welche das Durchlaufen einer Kreisbahn von $2 \cdot x$ Durchmesser erzwingt, gleich, so folgt mit

$$P = m \cdot \omega^2 \cdot x = \frac{m \cdot g \cdot x}{l}, \qquad \omega^2 = \frac{g}{l}, \qquad \omega = \sqrt{\frac{g}{l}} \,.$$

Setzt man diesen Wert für ω in die Gleichung $t = \dfrac{\pi}{\omega}$ ein, so wird

$$T = \pi \sqrt{\frac{l}{g}} \,. \tag{95}$$

Die Fadenspannkraft hat in den beiden Endpunkten der Bahn die Größen $G \cdot \cos \alpha$. Es ist der Faden nur durch die Radialkomponente des Gewichtes gespannt. Im Schwingungsmittelpunkt erreicht sie die Größe $S = G + \dfrac{m \cdot v^2}{r}$.

c) Das physische Pendel.

Unter einem physischen Pendel versteht man ein Pendel, dessen Masse eine Zusammenfassung in dem Sinne des mathematischen Pendels, d. i. in einem Punkte nicht zuläßt, ein Pendel also, das an einem Faden, der Gewicht besitzt, hängt.

Nach dem d'Alembertschen Gesetz und den Ableitungen vom Massenträgheitsmoment ergibt sich für das Gleichgewicht eines Pendels nach Abb. 239 die Gleichung $G \cdot e \cdot \sin \alpha = \varepsilon \cdot J$.

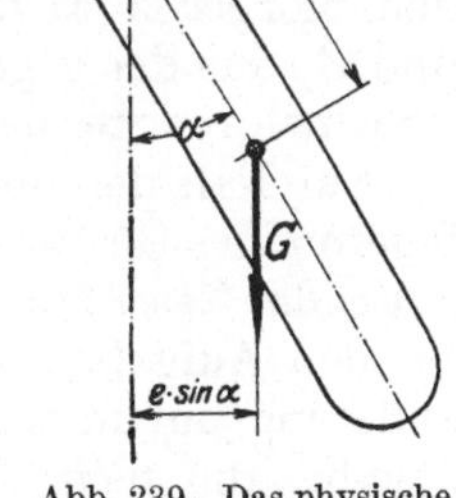

Abb. 239. Das physische Pendel.

Es stellt sich der die beschleunigende Bewegung herbeiführenden Komponenten G am Hebelarm $e \sin \alpha$ der Widerstand der Masse $\varepsilon \cdot J$ entgegen. (e Abstand des Schwerpunktes S vom Aufhängepunkt.)

Das dynamische Gleichgewicht der Masse am gewichtslosen Faden von der Länge l würde die Erfüllung der Gleichung $G \cdot l \cdot \sin\alpha = \varepsilon \cdot m \cdot l^2$ verlangen.

Denkt man sich das physische Pendel durch ein mathematisches von der Länge l ersetzt, welches die gleiche Schwingungszeit, d. h. die gleiche Winkelbeschleunigung ε besitzt, so wird sich aus

$$\varepsilon \cdot m \cdot l^2 = G \cdot l \cdot \sin\alpha \qquad \text{und} \qquad \varepsilon \cdot J = G \cdot e \cdot \sin\alpha$$

die Gleichung

$$\frac{G \cdot l \cdot \sin\alpha}{m \cdot l^2} = \frac{G \cdot e \cdot \sin\alpha}{J}$$

ergeben.

$$l = \frac{J}{m \cdot e}. \tag{96}$$

Die Pendellänge l eines physischen Pendels ist gleich dem dynamischen Trägheitsmoment derselben, dividiert durch die Masse mal Schwerpunktsabstand.

Setzt man diesen Wert von l in die Gleichung für die Schwingungszeit ein, so geht dieselbe über in

$$T = \pi \cdot \sqrt{\frac{J}{m \cdot e \cdot g}} = \pi \sqrt{\frac{J}{e \cdot G}}. \tag{97}$$

7. Die Lehre vom Stoß.

Bei der Übertragung einer Arbeit von einem Körper auf den anderen kann man in den meisten Fällen die Rechnung nach der Arbeitsbilanz durchführen. Die bei Beginn des Prozesses vorhandenen Meterkilogramm müssen auch am Ende desselben vorhanden sein. Diese Berechnung nach der Arbeitsbilanz führt jedoch nicht zum Ziele bei Aufgaben, bei denen der Arbeitsweg einer Kraft durch die Bewegung zweier Körper gegeneinander festgelegt ist. Man kann bei ihnen nicht direkt bestimmen, welcher Teil s_1 des Gesamtweges s und welcher Teil $P_1 \cdot s_1$ der Gesamtarbeit $A = P \cdot s$ an den Körper 1 und welcher an den Körper 2 abgegeben wird. Zur Bestimmung der Einzelgrößen A_1 und A_2 aus der gegebenen Summe $A = A_1 + A_2$ ist die Verfolgung des Arbeitsvorganges nach den Gleichungen der Bewegungsgröße erforderlich.

Ein Fall der oben geschilderten Arbeitsabgabe liegt vor beim Abfeuern eines Geschosses, wenn ein Teil der Explosionsarbeit an das rücklaufende Geschütz abgegeben wird. Ähnlich liegen die Verhältnisse bei den Aufgaben vom Stoß. Die Kraftabgabe, welche bei der Formänderung aufeinander stoßender Körper vor sich geht und die Kraftabgabe, die beim Zurückgehen des Formänderungsprozesses auftritt, ist eine Arbeitsabgabe einer Kraft auf zwei Wegteilen. Der eine Wegteil bestimmt die Arbeit, die der eine Körper erhält bzw. abgibt, der andere Wegteil bestimmt die Arbeit, welche auf den anderen Körper entfällt. Diese Vorgänge müssen nach den Gleichungen von der Bewegungsgröße gelöst werden.

a) Die Geschwindigkeitsänderungen beim vollkommen unelastischen, geraden, zentrischen Stoß.

Es wirkt auf einen Körper von der Masse m während einer Zeitdauer t die Kraft P beschleunigend oder verzögernd. $P = m \cdot p$. Setzt man für den Wert p den Wert $\frac{v}{t}$ ein $(v = p \cdot t)$, so geht diese Gleichung über in $P = \frac{m \cdot v}{t}$, $P \cdot t = m \cdot v$. Man bezeichnet die Werte $P \cdot t$ und $m \cdot v$ als Bewegungsgröße.

Besitzt ein Körper die Masse m und die Anfangsgeschwindigkeit v_0, so wird sich bei einer Einwirkung der Kraft P während der Zeit t die Geschwindigkeit erhöhen von v_0 auf v. Aus der Arbeitsbilanz folgt $P \cdot s = m \cdot \left(\frac{v^2 - v_0^2}{2}\right)$. Setzt man für s den bei gleichförmig beschleunigter Bewegung geltenden Wert $s = \frac{v_0 + v}{2} \cdot t$ [Gleichung (6)] ein, so geht die vorstehende Gleichung über in

$$P \cdot \frac{v_0 + v}{2} \cdot t = \frac{m}{2}(v^2 - v_0^2) = \frac{m}{2}(v + v_0)(v - v_0),$$

$$\boldsymbol{P \cdot t = m \cdot (v - v_0) = m \cdot v - m \cdot v_0.} \tag{98}$$

Da man für einen unendlich kleinen Zeitteil eine konstante Kraft P annehmen darf, ist die Benutzung der Gleichungen (6) und (20) zulässig.

Ändert sich die Größe der Kraft während des Arbeitsvorganges, so ergibt sich für den ersten Zeitteil t_1 der Kraftabgabe mit der Kraft P_1 und der zu Anfang vorhandenen Geschwindigkeit v_0 die Gleichung

$$P_1 \cdot t_1 = m \cdot v_1 - m \cdot v_0.$$

Wirkt während des darauffolgenden Zeitteilchens t_2 die Kraft P_2, so geht die Geschwindigkeit v_1 zu Anfang dieser Bewegung über in v_2 nach der Gleichung

$$P_2 \cdot t_2 = m \cdot v_2 - m \cdot v_1.$$

Bei einer weiteren Einwirkung von P_3 während der Zeit t_3 folgt $P_3 \cdot t_3 = m \cdot v_3 - m \cdot v_2$.

Faßt man die ganzen Werte $P_1 \cdot t_1 \ldots$, $P_2 \cdot t_2 \ldots$, $P_3 \cdot t_3 \ldots$ zusammen als Summe aller $P \cdot t (\Sigma P \cdot t)$, die vom Anfangszustande mit der Geschwindigkeit v_0 zum Endzustande mit der Geschwindigkeit v_n führt, so folgt aus

$$P_1 \cdot t_1 + P_2 \cdot t_2 + P_3 \cdot t_3 \cdots = (m \cdot v_1 - m \cdot v_0) + (m \cdot v_2 - m \cdot v_1)$$
$$+ (m \cdot v_3 - m \cdot v_2) \cdots + (m \cdot v_n - m \cdot v_{n-1}).$$

Es heben sich in der Summe rechts alle Glieder bis auf das erste $- m v_0 -$ und das letzte $- m \cdot v_n -$ heraus.

$$\left. \begin{aligned} \Sigma \cdot P \cdot t = \textbf{Summe aller } \boldsymbol{P \cdot t} &= m \cdot v_n - m \cdot v_0 \\ &= \boldsymbol{m \cdot (v_n - v_0).} \end{aligned} \right\} \tag{99}$$

v_0 Anfangsgeschwindigkeit, v_n Endgeschwindigkeit.

Die Wirkung der verschiedenen Werte P in den Zeitteilchen t_1, t_2, t_3 ... wird also charakterisiert durch die Geschwindigkeitsänderung $v_n - v_0$, welche der Körper erfährt.

Treffen zwei Körper K_1 und K_2 von den Masseninhalten m_1 und m_2 aufeinander, so platten sie sich an den Aufschlagstellen ab. Dabei verzögert sich der Körper der höheren Anfangsgeschwindigkeit v_1, während der andere seine Anfangsgeschwindigkeit v_2 erhöht. Dieser Verzögerungs- bzw. Beschleunigungsvorgang erfährt sein Ende in dem Augenblick, in welchem die Abplattung ihren Höchstwert erreicht hat. Dann haben die beiden Körper die gleiche Geschwindigkeit c (Abb. 240).

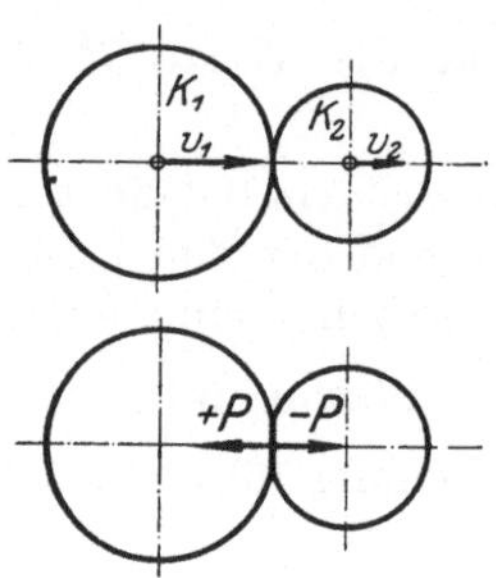

Abb. 240. Gerader zentraler Stoß.

Nach der Gleichung von der Bewegungsgröße gilt für den Körper K_1, dessen Geschwindigkeit von der Größe v_1 auf die Größe c herabgegangen ist:

$$\Sigma P \cdot t = m_1 \cdot v_1 - m_1 \cdot c \,.$$

Für den von der Geschwindigkeit v_2 auf die Geschwindigkeit c beschleunigten Körper K_2 von der Masse m_2 gilt

$$\Sigma P \cdot t = m_2 c - m_2 v_2 \,.$$

Durch Gleichsetzung der beiden Werte $\Sigma \cdot P \cdot t$ — die auf den einen Körper wirkende Kraft ist in jedem Augenblick gleich der auf den anderen Körper wirkenden — erhält man

$$m_1 \cdot v_1 - m_1 \cdot c = m_2 c - m_2 v_2 \,,$$

$$c = \frac{m_1 v_1 + m_2 v_2}{m_1 + m_2} \,. \tag{100}$$

Bei unelastischen Körpern endet der Stoßvorgang mit dieser Geschwindigkeit c. Die Endgeschwindigkeit bei einem umelastischen Stoße ist gleich der Summe der Bewegungsgrößen zu Beginn des Aufeinandertreffens, dividiert durch die Summe der Massen.

Bei der Ableitung sind v_1 und v_2 als gleich gerichtet eingesetzt. Bei einer Bewegung der Körper gegeneinander sind die beiden Geschwindigkeiten durch das Vorzeichen als $+$ und $-$ zu unterscheiden. Es folgt, wenn man die Richtung von v_1 als negativ und die von v_2 als positiv ansetzt:

$$c = \frac{m_2 \cdot v_2 - m_1 \cdot v_1}{m_1 + m_2} \,.$$

Ergibt das Resultat für c einen negativen Wert, so bedeutet das, daß c die Richtung von v_1 besitzt. Ein mit positivem Vorzeichen errechnetes c hat die Richtung von v_2.

(Treffen zwei gleich große Körper mit gleichen Geschwindigkeiten gegeneinander, so ist die Endgeschwindigkeit gleich Null:

$$c = \frac{m_2 \cdot v_2 - m_2 \cdot v_2}{m_2 + m_2} = 0 \,.)$$

b) Die Geschwindigkeitsänderungen beim vollkommen elastischen, geraden, zentrischen Stoß.

Beim elastischen Stoß folgt auf die oben erklärte erste Periode der Deformation der beiden Körper eine zweite. Es gehen die Deformationen wieder zurück. Dabei geht die Geschwindigkeit des schon vorher verzögerten Körpers K_1 um einen weiteren Betrag herunter. Gleichzeitig beschleunigt sich der andere Körper um einen weiteren Betrag. Von der beiden Körpern gleichen Geschwindigkeit c ausgehend, kommt der Körper K_1 auf die weiter verringerte Geschwindigkeit v_I und der Körper K_2 auf die weiter erhöhte Geschwindigkeit v_{II}. Es wiederholt sich während dieser zweiten Periode der während der ersten sich abspielende Kraftzeitverlauf, den die Summe aller Werte $P \cdot t$ festlegt. In umgekehrter Reihenfolge spielt sich der Deformationsvorgang erneut ab. Es geben die elastisch zusammengepreßten Materialteilchen nunmehr die in sie hineingesteckte Arbeit zurück. Der Wert der Summe aller Beträge $P \cdot t$ bleibt derselbe, wennschon dieser zweite Vorgang mit der größten Druckkraft beginnt und mit der kleinsten endet, während sich in der ersten Periode die Abstufung vom kleinsten Werte P zum größten Werte vollzog. Aus der Gleichheit der Summe $P \cdot t$ folgt, daß die Endgeschwindigkeiten der zweiten Periode v_I und v_{II} um genau den gleichen Betrag von den Anfangsgeschwindigkeiten c der zweiten Periode abweichen, wie die Endgeschwindigkeit c der ersten Periode von den Anfangsgeschwindigkeiten v_1 und v_2 der ersten Periode. Es wird also die Differenz:

$$v_I - c = c - v_1, \qquad v_I = 2c - v_1,$$

$$v_{II} - c = c - v_2, \qquad v_{II} = 2c - v_2.$$

Mit

$$c = \frac{m_1 \cdot v_1 + m_2 \cdot v_2}{m_1 + m_2}$$

wird

$$v_I = \frac{2 \cdot (m_1 v_1 + m_2 v_2)}{m_1 + m_2} - v_1 = \frac{2 m_1 v_1 + 2 m_2 v_2 - m_1 v_1 - m_2 v_1}{m_1 + m_2},$$

$$v_I = \frac{(m_1 - m_2) v_1 + 2 m_2 v_2}{m_1 + m_2}. \tag{101}$$

$$v_{II} = \frac{2 (m_1 v_1 + m_2 v_2)}{m_1 + m_2} - v_2 = \frac{2 m_1 v_1 + 2 m_2 v_2 - m_1 v_2 - m_2 v_2}{m_1 + m_2},$$

$$v_{II} = \frac{(m_2 - m_1) v_2 + 2 m_1 v_1}{m_1 + m_2}. \tag{102}$$

Beispiel 126. Zwei Körper von den Gewichten $G_1 = 40$ kg und $G_2 = 50$ kg treffen mit den gegeneinander gerichteten Geschwindigkeiten $v_1 = 3$ m/sek und $v_2 = 6$ m/sek aufeinander. Welche Endgeschwindigkeiten erhalten die Körper bei vollkommen elastischem Stoß?

$$m_1 = \frac{G_1}{g} = 4, \qquad m_2 = \frac{G_2}{g} = 5.$$

Die Richtung der Geschwindigkeit v_1 des Körpers vom Gewicht G_1 als positiv, diejenige der Geschwindigkeit v_2 als negativ bezeichnet.

$$v_\mathrm{I} = \frac{3(4-5) + 2\cdot(-6)\cdot 5}{4+5} = \frac{-63}{9} = -7 \text{ m/sek.}$$

v_I hat die gleiche Richtung wie v_2.

$$v_\mathrm{II} = \frac{-6(5-4) + 2\cdot 3\cdot 4}{4+5} + \frac{18}{9} = +2 \text{ m/sek.}$$

v_II hat die gleiche Bedeutung wie v_1.

Für $m_1 = m_2 = m$ folgt:

$$v_\mathrm{I} = \frac{2\cdot m\cdot v_2}{2\cdot m} = v_2\,,$$

$$v_\mathrm{II} = \frac{2\,m\cdot v_1}{2\cdot m} = v_1\,.$$

Die aufeinandertreffenden Massen m_1 und m_2 tauschen ihre Geschwindigkeiten aus. m_1 hat nach dem Stoße die Geschwindigkeit v_2, m_2 die Geschwindigkeit v_1.

c) Die Geschwindigkeitsänderungen beim unvollkommen elastischen, geraden, zentrischen Stoß.

Da die Körper nicht vollkommen elastisch sind, kann in Wirklichkeit nicht damit gerechnet werden, daß die Rückbildung in der zweiten Stoßperiode der Deformation in der ersten gleichwertig ist. Man muß vielmehr damit rechnen, daß ein Teil der hineingesteckten Deformationsarbeit als Deformationsarbeit in den Körpern verbleibt und nur ein Teil als mechanische Arbeit zurückgewonnen wird. Es wird, wenn man diesen Teil mit k bezeichnet, nicht $\Sigma P\cdot t$, sondern nur $k\cdot\Sigma P\cdot t$ zurückgewonnen, wobei „k" ein Zahlenwert kleiner als 1 ist.

Unter Einsetzen von

$$m_1 v_1 - m_1 c \quad \text{für} \quad \Sigma P\cdot t \quad \text{und} \quad m_2 c - m_2 c - m_2 v_2 \quad \text{für} \quad \Sigma P t$$

folgt aus

$$k\Sigma P\cdot t = m_1\cdot c - m_1\cdot v_\mathrm{I} \quad \text{und} \quad k\cdot\Sigma P\cdot t = m_2\cdot c - m_2\cdot v_\mathrm{II}\,,$$

$$k\cdot(m_1 v_1 - m_1 c) = m_1 c - m_1 v_\mathrm{I}\,, \qquad k\cdot(v_1 - c) = c - v_\mathrm{I}\,,$$

$$v_\mathrm{I} = c - k(v_1 - c) = (k+1)c - k\cdot v_1\,,$$

$$k\cdot(m_2 c - m_2 v_2) = m_2 v_\mathrm{II} - m_2 c\,, \qquad k\cdot(c' - v_2) = v_\mathrm{II} - c\,,$$

$$v_\mathrm{II} = c + k(c - v_2) = (k+1)c - k\cdot v_2\,.$$

Durch Einsetzen von $c = \dfrac{m_1 v_1 + m_2 v_2}{m_1 + m_2}$ ergibt sich:

$$\left.\begin{aligned}
v_\mathrm{I} &= \frac{(k+1)(m_1 v_1 + m_2 v_2)}{m_1 + m_2} - k\cdot v_1 \\[4pt]
&= \frac{k\cdot m_1 v_1 + m_1 v_1 + k\cdot m_2 v_2 + m_2 v_2 - k\cdot m_1 v_1 - k\cdot m_2 v_1}{m_1 + m_2} \\[4pt]
&= \frac{m_1 v_1 + m_2 v_2 + m_2\cdot(v_2 - v_1)\,k}{m_1 + m_2}\,.
\end{aligned}\right\} \tag{103}$$

$$v_\mathrm{II} = \frac{m_1 v_1 + m_2 v_2 + m_1(v_1 - v_2)\,k}{m_1 + m_2}\,. \tag{104}$$

(Für $k = 0$, d. i. für den unelastischen Stoß, wird

$$v_\mathrm{I} = v_\mathrm{II} = \frac{m_1 v_1 + m_2 v_2}{m_1 + m_2}.$$

Für $k = 1$, d. i. den vollkommen elastischen Stoß, wird

$$v_\mathrm{I} = \frac{(m_1 - m_2) v_1 + 2 m_2 v_2}{m_1 + m_2} \qquad \text{und} \qquad v_\mathrm{II} = \frac{(m_2 - m_1) v_2 + 2 m_1 v_1}{m_1 + m_2}.)$$

d) Die Arbeitsumwandlung beim Stoß.

Stellt man die Arbeitsbilanz für den Augenblick des Zusammentreffens und für den Augenblick des Wiederauseinandergehens auf, so kann man aus dem Vergleiche der für diese beiden Augenblicke ermittelten Arbeitswerte den Betrag errechnen, der als Deformationsarbeit A_d in den Körpern geblieben ist.

Im Körper K_1 steckt eine lebendige Kraft von $A_1 = \frac{m_1 v_1^2}{2}$ vor und $A_\mathrm{I} = \frac{m_1 v_\mathrm{I}^2}{2}$ nach dem Stoß. Im Körper K_2 sind enthalten vor dem Stoß $A_2 = \frac{m_2 v_2^2}{2}$ mkg und nach dem Stoß $A_\mathrm{II} = \frac{m_2 v_\mathrm{II}^2}{2}$ mkg.

$A_d = (A_1 - A_\mathrm{I}) + (A_2 - A_\mathrm{II})$ ist die in Deformationsarbeit umgesetzte Arbeit.

Für den vollkommen unelastischen Stoß ergibt sich unter Benutzung der Gleichung (100):

$$A_d = \frac{m_1 \cdot v_1^2}{2} + \frac{m_2 \cdot v_2^2}{2} - \frac{m_1 + m_2}{2} \cdot \left(\frac{m_1 \cdot v_1 + m_2 \cdot v_2}{m_1 + m_2}\right)^2,$$

$$A_d = \frac{(m_1 v_1^2 + m_2 v_2^2)(m_1 + m_2) - (m_1 v_1 + m_2 v_2)^2}{2(m_1 + m_2)},$$

$$A_d = \frac{m_1 m_2 v_2^2 + m_1 m_2 v_1^2 - 2 m_1 m_2 v_1 v_2}{2(m_1 + m_2)},$$

$$A_d = \frac{m_1 m_2 (v_1^2 - 2 v_1 v_2 - v_2^2)}{2(m_1 + m_2)} = \frac{m_1 m_2 (v_1 - v_2)^2}{2(m_1 + m_2)}. \tag{105}$$

Treffen gleich große Körper mit gleich großen, aber entgegengesetzten Geschwindigkeiten $(v_1 = -v_2)$ aufeinander, so daß sie nach dem Zusammenstoß zum Stillstand kommen, so wird ihre Gesamtarbeit $\frac{m v_1^2}{2} + \frac{m v_2^2}{2}$ in Deformationsarbeit umgesetzt.

$$A_d = \frac{m[(-v_2)^2 - v_2]^2}{2} = m v_2^2.$$

Für den vollkommen elastischen Stoß muß die Deformationsarbeit gleich Null werden. Aus den obigen Gleichungen folgt:

$$A_\mathrm{I} = \frac{m_1 \cdot v_\mathrm{I}^2}{2} = \frac{m_1}{2} \cdot \left(\frac{(m_1 - m_2) v_1 + 2 m_2 v_2}{m_1 + m_2}\right)^2, \qquad A_1 = \frac{m_1 v_1^2}{2},$$

$$A_\mathrm{II} = \frac{m_2 v_\mathrm{II}^2}{2} = \frac{m_2}{2} \left(\frac{(m_2 - m_1) v_2 + 2 m_1 v_1}{m_1 + m_2}\right)^2, \qquad A_2 = \frac{m_2 v_2^2}{2},$$

$$(A_1 - A_I) + (A_2 - A_{II}) = \frac{m_1}{2}\left[v_1^2 - \left(\frac{(m_1 - m_2)\,v_1 + 2\,m_2\,v_2}{m_1 + m_2}\right)^2\right]$$

$$+ \frac{m_2}{2}\left[v_2^2 - \left(\frac{(m_2 - m_1)\,v_2 + 2\,m_1\,v_1}{m_1 + m_2}\right)^2\right]$$

$$= \left(\frac{1}{m_1 + m_2}\right)^2 \cdot \left[\frac{m_1}{2}\left[(m_1 + m_2)^2 \cdot v_1^2 - (m_1 - m_2)^2\,v_1^2\right.\right.$$

$$- 4 \cdot m_2(m_1 - m_2]\,v_1\,v_2 - 4\,m_2^2\,v_2^2 + \frac{m_2}{2}\left[(m_1 + m_2)^2\,v_2^2\right.$$

$$\left.\left. - (m_2 - m_1)\,v_2^2 - 4 \cdot m_1(m_2 - m_1)\,v_1\,v_2 - 4 \cdot m_1^2\,v_1^2\right].\right.$$

$$\left(\frac{1}{m_1 + m_2}\right)^2 \cdot \frac{1}{2} \cdot [v_1^2(m_1^3 + 2\,m_1^2\,m_2 + m_1\,m_2^2 - m_1^3 + 2\,m_1^2\,m_2 - m_1\,m_2^2 - 4\,m_2\,m_1^2)$$

$$+ v_1 \cdot v_2(4\,m_1^2\,m_2 - 4\,m_1\,m_2^2 + 4\,m_1\,m_2^2 - 4\,m_1^2\,m_2)$$

$$+ v_2^2(4\,m_1\,m_2^2 + m_1^2\,m_2 + 2\,m_1\,m_2^2 + m_2^3 - m_2^3 + 2\,m_1\,m_2^2 - m_1^2\,m_2)].$$

Da die Klammerausdrücke gleich Null sind, folgt, wie schon oben
.erklärt,

$$A_d = \text{Null}.$$

Für den unvollkommen elastischen Stoß folgt:

$$A_I = \frac{m_1\,v_I^2}{2} = \frac{m_1}{2}\left(\frac{m_1\,v_1 + m_2\,v_2 + m_2(v_2 - v_1)\,k}{m_1 + m_2}\right)^2, \qquad A_1 = \frac{m_1\,v_1^2}{2}.$$

$$A_{II} = \frac{m_2\,v_{II}^2}{2} = \frac{m_2}{2}\left(\frac{m_1\,v_1 + m_2\,v_2 + m_1(v_1 - v_2)\,k}{m_1 + m_2}\right)^2, \qquad A_2 = \frac{m_2\,v_2^2}{2}.$$

$$A_d = \frac{1}{2}\,\frac{m_1\,m_2}{m_1 + m_2}\,(v_1 - v_2)^2\,(1 - k^2). \tag{106}$$

Bei der Anwendung des Stoßes zu Formänderungsarbeiten (Schmie-
den) muß man bestrebt sein, den Wert A_d möglichst groß zu erhalten.
Bei Dampfhämmern ist die Geschwindigkeit v in gewissen Grenzen
variabel, die Größe des Schlagkörpers ist durch das Gewicht des Bärs
usw. festgelegt. Um die Deformationsarbeit auf einen möglichst hohen
Wert zu bringen, wird man bestrebt sein, die ruhende Masse des ge-
schlagenen Körpers möglichst groß zu halten. Es steigt der Wert von
A_d mit steigendem m_2.

Durch Kürzung mit m_2 geht die Gleichung (106) über in

$$A_d = \frac{1}{2}\,\frac{m_1}{\dfrac{m_1}{m_2} + 1}\,(v_1 - v_2)^2\,(1 - k^2).$$

m_2 kommt nur im Nenner vor. Eine Vergrößerung von m_2 verkleinert
den Nenner und erhöht damit den Wert von A_d.

Aus dieser Gleichung leitet sich das Bestreben, die Chabotte eines
Dampfhammers möglichst groß zu machen, ab. Die Chabottenmasse
bildet mit der Masse des zu bearbeitenden Stückes zusammen den
Wert m_2.

Beispiel 127. Ein Dampfhammer vom Bärgewicht $G = 4000$ kg kann mit den
Schlaggeschwindigkeiten zwischen 2,5 m/sek und 4,5 m/sek arbeiten. Das Ge-

samtgewicht des Arbeitsstückes samt Chabotte usw. beträgt 50000 kg. Welche Formänderungsarbeit verrichtet der Bär bei einem $k = 5/9$? Welchen Wirkungsgrad hat der Hammer?

$$A_d = \frac{1}{2}\, \frac{m_1 m_2}{m_1 + m_2}\, (v_1 - v_2)^2 (1 - k^2)\,,$$

$$m = \frac{G_1}{g} = 400\,, \qquad m_2 = \frac{G_2}{g} = 5000\,, \qquad v_1 = 2,5 \text{ m/sek (4,5 m/sek)}\,, \qquad v_2 = 0\,, \qquad k = \frac{5}{9}\,.$$

$$A_d = \frac{1}{2} \cdot \frac{400 \cdot 5000}{400 + 5000} \cdot 2,5^2 \cdot \left(1 - \frac{25}{81}\right) = \frac{2000000 \cdot 6,25 \cdot 0,692}{2 \cdot 5400}$$

$$= \mathbf{800\ mkg\ (2600\ mkg)}.$$

$$\eta = \frac{A_d}{\dfrac{m_1 v_1^2}{2} + \dfrac{m_2 v_2^2}{2}}\,, \qquad \eta = \frac{800}{\dfrac{400 \cdot 2,5^2}{2}} = \mathbf{64,2\%}\,.$$

Bei einer Anwendung des Stoßes zum Eintreiben eines Körpers (Einschlagen eines Nagels) ist die vom schlagenden Körper dem ruhenden Körper zugeführte Arbeit die Nutzarbeit. Es wird der Nagel um so tiefer in die Wand eindringen bzw. um, so mehr Arbeit für das Eindringen zur Verfügung haben, einen je größeren Wert von $\frac{m_2 v_{\mathrm{II}}^2}{2}$ ihm durch die auftreffende Masse m_1 gegeben wird.

Nimmt man einen völlig unelastischen Stoß mit $v_2 = 0$ an $(v_{\mathrm{II}} = c)$,

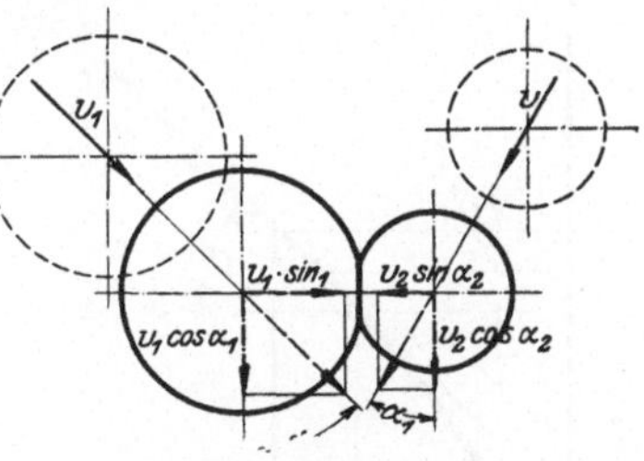

Abb. 241. Schiefer Stoß.

so erreicht $c = \frac{m_1 v_1}{m_1 + m_2}$ bei gegebenem Werte m_2 und v_1 dann den Höchstwert, wenn m_1 einen Höchstwert hat.

d) Der schiefe zentrische Stoß.

Treffen zwei Massen so aufeinander, daß ihre Geschwindigkeiten im Augenblicke des Aufeinandertreffens nicht in die Richtung senkrecht zur Aufschlagfläche fallen, so nennt man den Stoß einen schiefen Stoß (Abb. 241).

Man behandelt denselben wie einen geraden Stoß, indem man an Stelle der Geschwindigkeiten v_1 und v_2 die Komponenten $v_1 \sin\alpha_1$ und $v_2 \sin\alpha_2$ einsetzt. Aus ihnen gewinnt man die Endgeschwindigkeiten v_{I} und v_{II} nach den Gleichungen (101) bis (104). Durch Zusammensetzung von v_{I} und v_{II} mit $v_1 \cos\alpha_1$ und $v_2 \cos\alpha_2$ gewinnt man die endgültigen Endgeschwindigkeiten v_{I}' und v_{II}'.

Anmerkungen.

Anm. 1. In der Schreibweise der höheren Mathematik ist

$$v = \frac{ds}{dt}\ \text{m/sek}\ \left(\frac{\text{Wegzunahme}}{\text{Zeitzunahme}}\right).$$

ds wie dt sind unendlich kleine Größen. In dem Zeit-Weg-Diagramm der Abb. 242 stellt sich v dar als $\operatorname{tg}\alpha$.

Anm. 2. Ändert sich die Geschwindigkeit, wie es Abb. 243 zeigt, so wird im Punkte A diese Geschwindigkeitsänderung in der Zeiteinheit charakterisiert

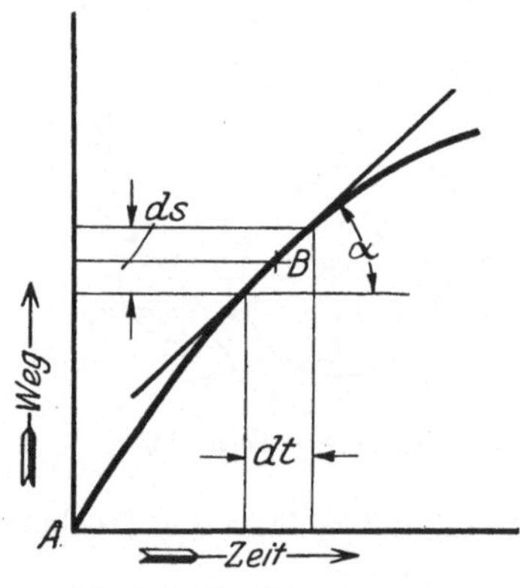

Abb. 242. Zeit-Weg-Diagramm.

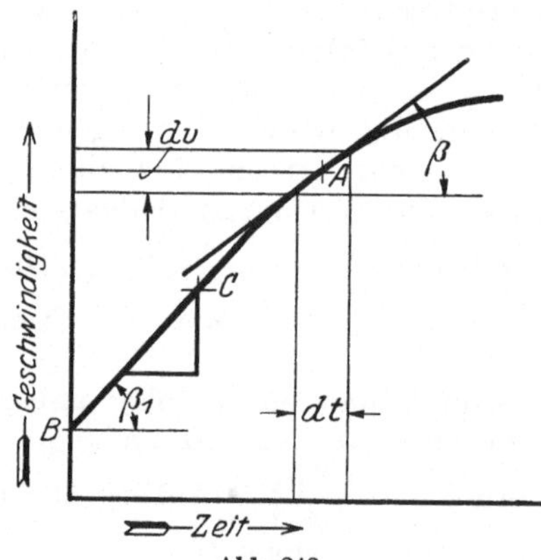

Abb. 243.

durch den $\operatorname{tg}\beta$. $\operatorname{tg}\beta = \dfrac{dv}{dt}$. Man bezeichnet diese Geschwindigkeitsänderung in der Zeiteinheit mit Beschleunigung und gibt ihr den Buchstaben p.

$$p = \frac{dv}{dt} \qquad dv = p \cdot dt.$$

Integriert man diese Gleichung in den Grenzen $0\!-\!v$ und $0\!-\!t$, so folgt

$$\int_0^v dv = \int_0^t p\,dt.$$

Das Maß für den Wert p bestimmt sich ganz allgemein, d. h. für die **ungleichförmig veränderte Bewegung** aus

$$p = \frac{dv}{dt} = \frac{d\dfrac{ds}{dt}}{dt} = \frac{d^2 s}{dt^2}.$$

Ist p unverändert, wie es z. B. der Vorgang nach Abb. 243 zwischen den Punkten B und C mit konstantem $\operatorname{tg}\beta_1$ zeigt, so folgt

$$\int_0^v dv = p \int_0^t dt, \qquad v = p \cdot t.$$

Betrug die Anfangsgeschwindigkeit v_0, so kommt als Integrationskonstante hinzu v_0, und die Gleichung lautet

$$v = v_0 + p \cdot t.$$

Anm. 3. Der Weg bei einer gleichförmig beschleunigten Bewegung berechnet sich aus

$$s = \int v\,dt = \int p \cdot t \cdot dt,$$

$$s = p \int t\,dt = \frac{p \cdot t^2}{2}.$$

Anm. 4. Analog $v = \dfrac{ds}{dt}$ ist $\omega = \dfrac{d\alpha}{dt}$ und nach $p = \dfrac{dv}{dt}$ wird

$$\varepsilon = \frac{d\dfrac{d\alpha}{dt}}{dt} = \frac{d^2\alpha}{dt^2}.$$

Anm. 5. Die Kreuzkopfgeschwindigkeit leitet sich aus dem Kreuzkopfweg mit $v = \dfrac{dx}{dt}$, wie folgt, ab.

$$v = \frac{dx}{dt} = \frac{d\left(r(1 - \cos\alpha) \pm \dfrac{r^2}{2l} \cdot \sin^2\alpha\right)}{dt}$$

$$= \frac{+r \cdot \sin\alpha\,d\alpha \pm \dfrac{r^2}{2l} \cdot 2\sin\alpha \cdot \cos\alpha \cdot d\alpha}{dt}.$$

Da $\dfrac{d\alpha}{dt} \cdot r$ die Umfangsgeschwindigkeit u ist, folgt

$$v = u\left(\sin\alpha \pm \frac{r}{l} \cdot \sin\alpha \cdot \cos\alpha\right) = u\left(\sin\alpha \pm \frac{1}{2}\frac{r}{l}\sin 2\alpha\right).$$

Die Kreuzkopfbeschleunigung erhält man aus $p = \dfrac{dv}{dt}$ mit

$$p = \frac{u\,d\left(\sin\alpha \pm \dfrac{1}{2}\dfrac{r}{l} \cdot \sin 2\alpha\right)}{dt}, \qquad p = u\left(\cos\alpha \pm \frac{r}{l}\cos 2\alpha\right)\frac{d\alpha}{dt}.$$

Da $\dfrac{r \cdot d\alpha}{dt} = u$ und $\dfrac{d\alpha}{dt} = \dfrac{u}{r}$ zu setzen ist, folgt

$$p = \frac{u^2}{r}\left(\cos\alpha \pm \frac{r}{l}\cos 2\alpha\right).$$

Anm. 6. Nach Abb. 91 ergibt sich mit der höheren Mathematik dieses Resultat im genau gleichem Ableitungsverlauf. Es wäre nur schreibtechnisch anders zu fassen:

$$\text{Bogen} \times y_0 = \int y\,db = \int ds \cdot \frac{MD}{ME}\,y = \int ds \cdot \frac{MD \cdot y}{y} = \int ds \cdot MD$$

$$= \int ds \cdot r = r \int ds.$$

$$y_0 = r \cdot \frac{s}{b}.$$

Anm. 7. Die Gleichung $S_1 = S_2 e^{\mu \alpha}$ leitet sich mit Hilfe der höheren Mathematik wie folgt ab. In dem kleinen Teilchen steigt die Spannkraft S auf $S + dS$

(Abb. 244). Der Anpressungsdruck N, den die 2 Kräfte S und $S + dS$ auf die Scheibe ausüben, bestimmt sich aus Abb. 244 mit $\frac{1}{2} N = S \sin \frac{d\alpha}{2}$. Man nimmt statt der 2 Kräfte (S) und $(S + dS)$ 2 gleich große Kräfte S an, da dS in der Summe $(S + dS)$ verschwindet.

Der Wert $\sin \frac{d\alpha}{2}$ kann durch $\frac{d\alpha}{2}$ ersetzt werden, da es sich um kleine Werte von α handelt. Daraus folgt

$$\frac{1}{2} N = S \cdot \frac{d\alpha}{2}, \qquad N = S \cdot d\alpha.$$

Die Reibung läßt die Kraft S auf $S + dS$ anwachsen. Der Zuwachs dS berechnet sich aus der Gleichung „Reibungswiderstand = Normalkraft mal Reibungskoeffizient" mit

$$dS = N \cdot \mu = \mu \cdot S \cdot d\alpha, \qquad \frac{dS}{S} = \mu\, d\alpha.$$

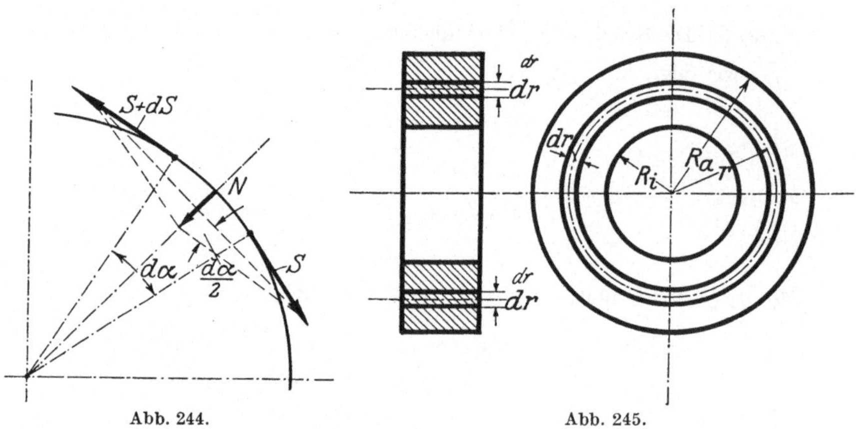

Abb. 244.   Abb. 245.

Die Integration dieser Gleichung in den Grenzen S_1 und S_2 ergibt

$$\log \operatorname{nat} \frac{S_1}{S_2} = \mu \cdot \alpha, \qquad S_1 = S_2 e^{\mu \alpha}.$$

Anm. 8. Mit Hilfe der höheren Mathematik leitet man die Gleichung $J = \frac{m}{2} r^2$ wie folgt ab.

Die Masse eines dünnen Ringes vom Radius r hat die Größe $\dfrac{2 \cdot r \cdot \pi \cdot b \cdot dr \cdot \gamma}{g}$. Ihr Abstand ist r vom Mittelpunkt. Daraus folgt ihr Trägheitsmoment $m \cdot r^2$ mit

$$\frac{2 \cdot r \cdot \pi \cdot b \cdot dr \cdot \gamma}{g} \cdot r^2 = \frac{2 \cdot \pi \cdot b \cdot \gamma}{g} r^3 dr.$$

In den Grenzen R (äußerer Radius) und Null (Mitte der Scheibe) integriert, folgt

$$J = \frac{2 \cdot \pi \cdot b \cdot \gamma}{g} \frac{R^4}{4} = \frac{\pi \cdot b \cdot \gamma}{g} \frac{R^2}{2}$$

Da die Masse u der Scheibe $\dfrac{R^2 \cdot \pi \cdot b \cdot \gamma}{g}$ ist, folgt

$$J = \frac{M}{2} R^2.$$

Anm. 9. Für einen Kreisring von den Radien R_a und R_i ist die Integration des Wertes $\dfrac{2\pi \cdot b \cdot \gamma}{g} \cdot r^3 dr$ in den Grenzen R_a und R_i auszuführen. Damit folgt

$$J = \frac{2\pi \cdot b \cdot \gamma}{g}\left(\frac{R_a^4 - R_i^4}{4}\right).$$

Daraus ergibt sich, wie auf S. 163 abgeleitet,

$$J = \frac{m}{2}\left(R_a^2 + R_i^2\right).$$

Anm. 10. Mit Hilfe der höheren Mathematik leitet man die Gleichung $J = \dfrac{ml^2}{3}$ wie folgt ab.

Die Masse eines kleinen Stückchens von der Länge dl und dem Querschnitte q im Abstande von $r = l \cdot \sin\alpha$ hat die Maße

$$\frac{dl \cdot q \cdot \gamma}{g} \cdot (l \cdot \sin\alpha)^2 = \frac{q \cdot \gamma}{g} \cdot \sin^2\alpha \cdot l^2 \cdot dl.$$

Die Summe zwischen den Grenzen o und l ergibt $J = \dfrac{l^3}{3}\dfrac{q \cdot \gamma}{g} \cdot \sin^2\alpha$. Da die Masse m der Stange $\dfrac{l \cdot q \cdot \gamma}{g}$ ist und der Wert $l \cdot \sin\alpha = r$ beträgt, folgt

$$J = \frac{m \cdot r^2}{3}.$$

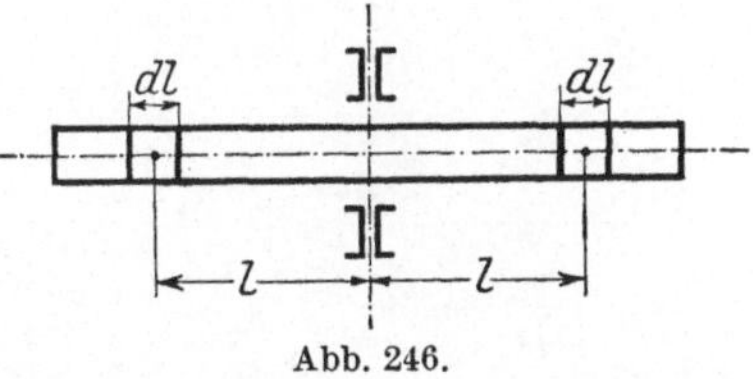

Abb. 246.

Anm. 11. Für eine Stange, die um ihren Mittelpunkt rotiert, folgt:

Das Massenteilchen hat den Wert $\dfrac{q \cdot \gamma}{g} \cdot dl$. Es hat den Abstand l und damit das Trägheitsmoment $\dfrac{q \cdot \gamma}{g} d \cdot l \cdot l^2$. In den Grenzen 0 und $\dfrac{l}{2}$ integriert, folgt aus $\dfrac{q \cdot \gamma}{g} \cdot \dfrac{l^3}{3}$, $\dfrac{q\,\gamma}{g} \cdot \dfrac{l^3}{3 \cdot 2^3}$. Das gilt für die halbe Stange. Die ganze Stange hat also ein $J = \dfrac{q \cdot \gamma}{g} \cdot \dfrac{l^3}{12}$, mit $m = \dfrac{q \cdot \gamma}{g} \cdot l$ ergibt das

$$J = \frac{m \cdot l^2}{12}.$$

Theoretische Mechanik. Eine einleitende Abhandlung über die Prinzipien der Mechanik. Mit erläuternden Beispielen und zahlreichen Übungsaufgaben. Von Professor **A. E. H. Love** in Oxford. Autorisierte deutsche Übersetzung der zweiten Auflage von Dr.-Ing. **Hans Polster.** Mit 88 Textfiguren. XIV, 424 Seiten. 1920. RM 12.—; gebunden RM 14.—

Ingenieur-Mechanik. Lehrbuch der technischen Mechanik in vorwiegend graphischer Behandlung. Von Dr.-Ing. Dr. phil. **Heinz Egerer,** Dipl.-Ingenieur, vorm. Professor für Ingenieur-Mechanik und Materialprüfung an der Technischen Hochschule Drontheim.
> Erster Band: **Graphische Statik starrer Körper.** Mit 624 Textabbildungen sowie 238 Beispielen und 145 vollständig gelösten Aufgaben. VIII, 380 Seiten. 1919. Unveränderter Neudruck. 1923. Gebunden RM 11.—

Lehrbuch der technischen Physik. Von Professor Dr. Dr.-Ing. **Hans Lorenz,** Geheimer Regierungsrat, Danzig. Zweite, neubearbeitete Auflage.
> Erster Band: **Technische Mechanik starrer Gebilde.** Zweite, vollständig neubearbeitete Auflage der „Technischen Mechanik starrer Systeme"
>> Erster Teil: **Mechanik ebener Gebilde.** Mit 295 Textabbildungen VIII, 390 Seiten. 1924. Gebunden RM 18.—.
>> Zweiter Teil: **Mechanik räumlicher Gebilde.** Mit 144 Textabbildungen. VIII, 294 Seiten. 1926. Gebunden RM 21.—

Autenrieth-Ensslin, Technische Mechanik. Ein Lehrbuch der Statik und Dynamik für Ingenieure. Neu bearbeitet von Dr.-Ing. **Max Ensslin**, Eßlingen. Dritte, verbesserte Auflage. Mit 295 Textabbildungen. XVI, 564 Seiten. 1922. Gebunden RM 15.—

Christmann-Baer, Grundzüge der Kinematik. Zweite, umgearbeitete und vermehrte Auflage. Von Professor Dr.-Ing. **H. Baer** in Breslau. Mit 164 Textabbildungen. VI, 138 Seiten. 1923. RM 4.—; gebunden RM 5.50

Leitfaden der Technischen Wärmemechanik. Kurzes Lehrbuch der Mechanik der Gase. und Dämpfe und der mechanischen Wärmelehre. Von Professor Dipl.-Ing. **W. Schüle.** Vierte, vermehrte und verbesserte Auflage. Mit 110 Textfiguren und 5 Tafeln. IX, 294 Seiten. 1925.
RM 6.60; gebunden RM 7.50

Lehrbuch der Hydraulik für Ingenieure und Physiker. Zum Gebrauche bei Vorlesungen und zum Selbststudium. Von Professor Dr.-Ing. **Theodor Pöschl,** Prag. Mit 148 Abbildungen. VI, 192 Seiten. 1924.
RM 8.40; gebunden RM 9.90

Statik für den Eisen- und Maschinenbau. Von Professor Dr.-Ing. **Georg Unold** in Chemnitz. Mit 606 Textabbildungen. VIII, 342 Seiten. 1925.
Gebunden RM 22.50

Festigkeitslehre für Ingenieure. Von Studienrat Dipl.-Ing. **Hans Winkel (†).** Nach dem Tode des Verfassers bearbeitet und ergänzt von Dr.-Ing. **K. Lachmann.** Mit 363 Textabbildungen. VII, 494 Seiten. 1927.
Gebunden RM 26.—

Einführung in die höhere Mathematik unter besonderer Berücksichtigung der Bedürfnisse des Ingenieurs. Von Professor Dr. **Fritz Wicke,** Chemnitz.

Erster Band: Mit den Abbildungen 1—231 und einer Tafel. IV, Seiten 1—427. 1927.
Gebunden RM 24.—
Zweiter Band: Mit den Abbildungen 232—404. IV, Seiten 429—921. 1927. Gebunden RM 24.—

Lehrbuch der darstellenden Geometrie. In zwei Bänden. Von Professor Dr.-Ing. e. h., Dr. phil. **G. Scheffers** in Berlin.

Erster Band: Zweite, durchgesehene Auflage. (Neudruck.) Mit 404 Textfiguren·
X, 424 Seiten. 1922. Gebunden RM 18.—
Zweiter Band: Zweite, durchgesehene Auflage. (Manuldruck.) Mit 396 Textfiguren.
VIII, 441 Seiten. 1927. Gebunden RM 18.—

Angewandte darstellende Geometrie insbesondere für Maschinenbauer. Ein methodisches Lehrbuch für die Schule sowie zum Selbstunterricht. Von Studienrat **Karl Keiser** in Leipzig. Mit 187 Abbildungen im Text. 164 Seiten. 1925. RM 5.70

Weickert-Stolle, Praktisches Maschinenrechnen. Die wichtigsten Erfahrungswerte aus der Mathematik, Mechanik, Festigkeits- und Maschinenlehre in ihrer Anwendung auf den praktischen Maschinenbau.

I. Teil: **Elementar-Mathematik.** Eine leichtfaßliche Darstellung der für Maschinenbauer und Elektrotechniker unentbehrlichen Gesetze von Oberingenieur **A. Weickert.**
Erster Band: **Arithmetik und Algebra.** Zehnte Auflage. (Unveränderter Neudruck der neunten, durchgesehenen und vermehrten Auflage.) X, 220 Seiten. 1926.
RM 5.10; gebunden RM 6.—
Zweiter Band: **Planimetrie.** Zweite, verbesserte Auflage. Mit 348 Textabbildungen. VIII, 230 Seiten. 1922. RM 4.20; gebunden RM 4.80
Dritter Band: **Trigonometrie.** Zweite, verbesserte Auflage. Mit 106 Textabbildungen. VI, 161 Seiten. 1923. RM 2.70; gebunden RM 3.75
Vierter Band: **Stereometrie.** Zweite, verbesserte Auflage. Mit 90 Textabbildungen. VI, 112 Seiten. 1923. RM 2.70; gebunden RM 3.30
II. Teil: **Allgemeine Mechanik.** Eine leichtfaßliche Darstellung der für Maschinenbauer unentbehrlichen Gesetze der allgemeinen Mechanik als Einführung in die angewandte Mechanik. Achte Auflage, neu bearbeitet von Dipl.-Ing. Professor **Hermann Mayer** in Magdeburg, und Dipl.-Ing. **Rudolf Barkow,** Zivil-Ingenieur in Charlottenburg. Mit 152 in den Text gedruckten Abbildungen, 192 vollkommen durchgerechneten Beispielen und 152 Aufgaben. X, 221 Seiten. 1921. Vergriffen. Neue Auflage in Vorbereitung.
III. Teil: **Festigkeitslehre und angewandte Mechanik** mit Beispielen des praktischen Maschinenrechnens in elementarer Darstellung. Bearbeitet von Oberingenieur **A. Weickert.**
Erster Band: **Festigkeitslehre.** Achte Auflage. (Unveränderter Neudruck der siebenten, umgearbeiteten und vermehrten Auflage.) Mit 94 Textabbildungen, vielen vollkommen durchgerechneten Beispielen, Aufgaben und 20 Tafeln. VIII, 232 Seiten. 1926. RM 5.40; gebunden RM 6.30
Zweiter Band: **Angewandte Mechanik.** In Vorbereitung
IV. Teil: **Ausgewählte Kapitel aus der Maschinenmechanik und der technischen Wärmelehre.** Zweite Auflage. In Vorbereitung

Maschinenbau und graphische Darstellung. Einführung in die Graphostatik und Diagrammentwicklung. Von Dipl.-Ing. **W. Leuckert** in Berlin und Dipl.-Ing. **H. W. Hiller** in Berlin. Zweite, verbesserte und vermehrte Auflage. Mit 72 Textabbildungen und 2 Tafeln. VI, 90 Seiten. 1922. RM 1.80

Für den Konstruktionstisch. Leitfaden zur Anfertigung von Maschinenzeichnen. Von Dipl.-Ing. **W. Leuckert** in Berlin und Dipl.-Ing. **H. W. Hiller** in Berlin. Zweite, verbesserte und vermehrte Auflage. Mit 44 Abbildungen im Text, 15 Normblättern und 3 Tafeln. IV, 62 Seiten. 1927. RM 3.60